「これからの化学物質管理」

～広がりゆく化学物質管理の裾野～

一般社団法人化学物質管理士協会：編

化学工業日報社

著者一覧

一般社団法人　化学物質管理士協会
秋葉 恵一郎　林 誠一

本書出版までの経緯

WSSD2020年目標により化学物質管理の方向が、ハザード（有害性）管理からばく露（環境排出量）を考慮したリスク（有害影響が及ぶ可能性：確率）管理へと移行している。平たく言うと、化学物質のリスクを評価して、人が健康で快適な生活を送るために使用上の危険性を許容出来るレベル以下に管理する、すなわち、有用な化学物質ならばリスクを回避して“上手く使え”という方向にパラダイムシフトしている。

この動きは、上流の化学物質を取扱う事業者のみでなく、サプライチェーンに沿って川中・川下の事業者にも及び、更に物流に応じてグローバル化している。欧州ではITツールを駆使したリスク評価と情報公開を求める“REACH規則”という法制が出来、「人の健康と環境の保護」のみならず「EU化学産業の競争力の強化」も目指している。その結果、世界の製品・商品市場は、REACH規則がグローバルスタンダードになって“No Data, No Market”という考えが支配するようになった。そのためREACH規則が産業面、規制面で、全世界のビジネス面に与える影響は極めて大きく、当然わが国の産業界にもパラダイムシフトの波が押し寄せ、化学物質管理への対応をこの国際動向に合わせる努力が求められている。

筆者ら（公社）日本技術士会化学部門の技術士は、2010年11月25日（木）の定例講演会で（一社）日本化学工業協会の庄野文章常務理事による「化学物質の総合管理の動向」～国際的な標準化の流れの中で～という講演を聞いた。その時、筆者の心に響くものがあった。「この分野は、化学部門の技術士が多くの知見を有する分野で、専門家として何らかの貢献をしなくてはいけないのではないか」と。これが『化学物質管理士』を着想したキッカケであった。この頃は、REACH規則が発効してから3年後、改正化審法が公布された翌年であった。

化学物質管理分野は分け入ってみると非常に奥が深く、勉強しなくてはならないエリアは著しく広い。例示すると、並々ならぬ毒性学への造詣、化学物質の物理化学的性状等への理解、人の健康、身の回りの環境や地球環境、それらの相互関係、身の回りや職場の労働安全を規制する化学物質規制法、細部が異なる世界の化学物質規制法、各国で発生する化学物質による事故や事件、パラダイムシフトに対応を余儀なくされている国内外企業の動向、業績がまだら模様の企業の環境経営への取組み等、知識だけではなく経営上の問題まで裾野が拡がっている。この広い分野を一人でカバーすることはできない。

この広い分野をカバーするコンテンツをどの程度まで書籍の内容として盛り込むかは中々難しい。いろいろな場所でセミナーや講演会の講師を務め質疑に対応すると、聴講者の経歴はいろいろだが、多くの方々の持っている知識は深いが、狭い範囲のものだという印象を持った。

本書の作成にあたり、最初は企業で化学物質管理に携わっていたOB技術士に情報を提供してもらい各人が持っている知見を、作成した目次に当てはめて行った。編者となる（一社）化学物質管理士協会の母体となっている（公社）日本技術士会化学部会内「化学物質管理研究会」では、広範な分野の中でポイントとなる事項について講演会を実施しているので、それらの知見を活用させて頂くことになった。

特に、当初から化学物質管理士資格創設に向けた準備会合に参加され、4年程前にがんで病没された住友化学㈱OBの木村修氏（技術士化学部門、近畿化学協会 化学技術アドバイザー）からは多くの資料の提供を受けた。氏は「実践的ヒューマンエラー防止法」、「人の健康と安全に及ぼす化学物質の影響」、「ＥＵの新化学物質管理規則 －REACHの影響－」等多くの講演に登壇され、また新興化学工業㈱へ出向時には技術顧問として都市鉱山からセレンやテルルなどレアメタルの取り出しに関連して、REACHへの対応を経験した方である。この場を借りて、本書作成に対してお礼の言葉を申し述べ、併せてご冥福をお祈り致します。

以上の経緯の中で本書の内容の充実性や正確性を担保し、読者の要望に応えられるような実務に役立つ化学物質管理の基礎知識を提供できるようにするために、化学物質管理に造形の深い２人の専門家に意見や知見の提供を受けていることを、ここに紹介したい。

一人は石川勝敏氏（技術士化学部門）で、三井化学㈱の化学物質管理部門で実務を行い、製品評価技術基盤機構（NITE）で公的かつ汎用的な化学物質管理の造詣を深めた業務を行ってこられた方である。いろいろなセミナーの講師も歴任されており、優れた内容の資料も多数作成されている。本人の了解を得て、本書にもその一部を使用させて頂いている。

もうお一方は大木伸高氏で、富士フイルム㈱の環境管理部門で化学物質管理業務の実績を積まれ、現在（公社）日本技術士会化学部会副部会長をされている方である。実務経験から蓄積された多くの知見を本書作成のために提供していただいている。

この場を借りてお二方に御礼申し上げたい。

令和２年８月31日

（一社）化学物質管理士協会　副代表理事　秋葉 恵一郎

目次

I はじめに

II 化学物質管理とは

III 化学物質管理の内容

IV 化学物質管理に関する国際的取組と国内外法規制

V 化学物質の姿と作用

VI 化学物質が原因の事故と安全対策

VII 企業の責務、産業界の対応

Ⅷ 化学物質管理士資格制度

Chapter

I

はじめに

化学物質は、我々の生活に不可欠である一方、取扱いを誤ると人の健康や環境を脅かす有害な物質として作用する。そのため原料の受入れから製造工程のみならず、流通過程を経て廃棄に至る製品の全ライフサイクル（図－１）の各段階において様々な主体が取り扱うことから、サプライチェーンの各段階で適切な管理を行い、人の健康や環境に対する悪影響を未然に防ぐことが今や全世界的に望まれている。

我が国の高度経済成長の時代には、水俣病、イタイイタイ病、四日市喘息、光化学スモッグ等の公害問題が発生し、近年でも内分泌攪乱物質による生態系への異変や1,2－ジクロロプロパンによる胆管がん等の健康被害が疑われるようになっている。

我が国では、以下に示す化学物質のライフサイクルの各段階で大気中、水中、土壌中への排出、運送中での安全管理、廃棄による住環境でのばく露を低減して安全を担保するために各種法整備が行われ、そして新たな不安全事態が発生する度毎に法改正が重ねられてきた。

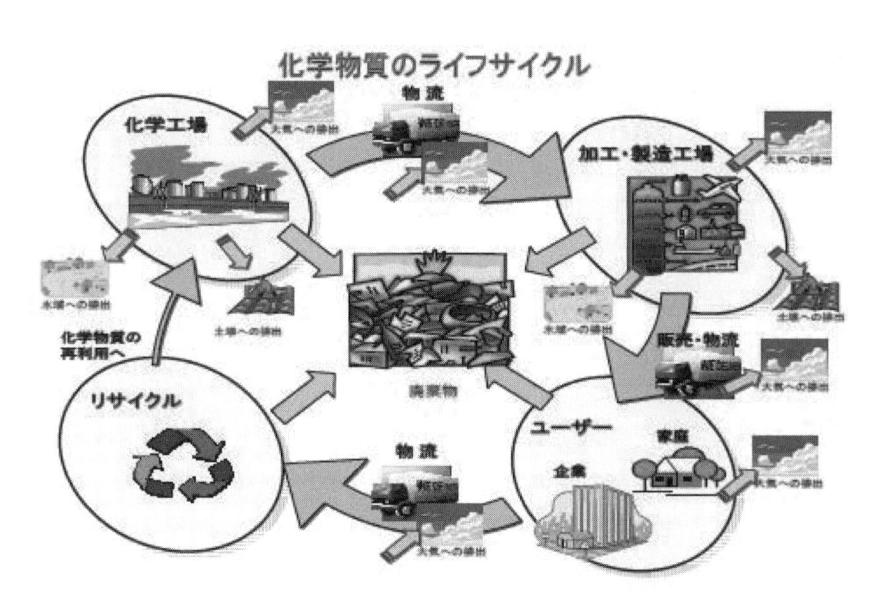

図－1　化学物質のライフサイクルと環境への排出（経済産業省Webサイトより転載）[1)]

この辺の事情は海外でも同様で、REACH 規則を生み出した欧州でも酸性雨等の環境汚染を防止する他、英国のフィリックスボロでのナイロン原料工場の爆発事故、イタリアのセベソでの大量ダイオキシンの放出事故、米国 UCC がインドで起こした農薬工場からのイソシアン酸メチルの漏洩事故等のような、化学物質による大事故を防止する必要性に迫られていた。また、化学物質に起因する公害の防止や化学物質を取扱う生産現場、貯蔵倉庫での安全性向上は、最近起きた韓国での加湿器用殺菌剤による肺損傷事件、中国での各種爆発事故等を見る迄もなく、新興国、発展途上国でも望まれている。

我が国でも世界でも、人や環境へ牙をむく化学物質による悪影響に手をこまねいていたわけではない。我が国では化審法や安衛法等の安全対策法規の制定・改訂、世界では国連がリーダーシップを発揮して国連人間環境会議（ストックホルム会議）を開催して安全意識の啓蒙に努めた。しかし、それでもなくならない化学物質による各種災害を抑え込むために、国連は国連環境計画管理理事会特別会合（ナイロビ会議）、国連環境開発会議（地球サミット）を開催して世界の国々や産業界等の危機感を集約して、化学物質を安全・安心に製造し、かつ使用する方策を考え出すよう訴えた。その先頭をきったのは EU である。域内にあった 40 以上の化学物質関連規定を統合し、人の健康、環境を保護し、併せて EU 化学産業の競争力を向上させることを目的として、REACH 規則を制定した。

世界は EU の REACH 規則を国際標準として捉え、各国は追随して 2020 年に向けて化学物質の管理水準を REACH 規則に近づけるべく、自国の法律を整備することになった。なお、REACH 規則は、併せて EU の化学産業の競争力強化を図ることも同時に目指しているので、日本での化学物質の管理水準を国際動向に合わせる努力は、日本企業の国際競争力やブランド力の強化につながるものである。

このような事情に鑑み、化学物質の生産や使用が人の健康や環境にもたらす悪影響を 2020 年までに最小化することを目指す「持続可能な開発に関する世界首脳会議（WSSD)」の合意および、その他の関連国際機関による「化学物質管理」に関するその後の合意事項が発表されている。我が国でもこの合意の達成を目指し、化学物質の管理水準を高度に保つ社会的要求を満たすことが求められている。

既に「ハザード管理からリスク管理」、「川上の化学産業から川中・川下企業までのサプライチェーン全体での化学物質管理」、「化学物質の安全・安心な製造・使用」への移行を求める“パラダイムシフト”は世界各国で始まっている。この動きは化学産業にとって、自動車の排ガス規制強化と同じく辛い。安全性情報が製品の付加価値となり、透明性のあるリスク情報の提供が企業の信頼性に直結するように変わるとなると、これまでの機能や利益重視のビジネスモデルから脱皮しなければならない。つまるところ、企業活動を構成している「人、物、金」に安全性を担保する『情報』が付け加えられることになった。

日本のみならず世界各国はREACH対応の法規制を整えてきており、法規に違反する製品は市場から撤退することを余儀なくされ、また当該製品の製造や輸入の責任者に対し厳しい罰則が科せられることになってきた。

これらを背景にして、企業は経営資源をどう重点配分するか、またコストパフォーマンスを勘案して不採算製品を市場からどう撤退させるかの選択を迫られることになり、「化学物質管理」は企業経営における重要な経営戦略課題になって来た。

本書は、『化学物質管理士』資格制度（民間資格：後述）を創設するに際して、化学物質管理分野の現状と課題を分かりやすく解説する目的で作成されたものである。

[参考文献]
1）http://www.meti.go.jp/policy/chemical_management/law/information/seminar09 /pdf/01.pdf

Chapter

II

化学物質管理とは

1 人と化学物質

我々は多くの化学物質に囲まれた生活を送っている。食品の保存性を求めて食品添加物、生活の美観を求めて染料や顔料、美しさを求めて化粧品、健康を求めて医薬品等が使用されている。また、洗剤には界面活性剤、プラスチック製品には劣化防止剤、柔軟剤、木材には防腐剤等が使用されている。

しかし、ご存じのように化学物質には固有の性質として有害性というリスクもある。家を新築した場合、建材や塗料などに含まれているホルムアルデヒド等が気密性の高い室内に放散されると「シックハウス症候群」が起こる。他方、界面活性剤や油溶性フェノール樹脂等の原料に使用されているノニルフェノールは水生生物や陸上生物にリス

表－1　「化学物質」の捉え方

一般的にイメージされている「化学物質」	マスコミ等でよく報道される一般的にイメージされる「化学物質」は、天然の化学物質ではなく、合成品であってもその状態が固体のままで、蒸発や溶出等により状態変化しないものは含まれないことが多い。逆に、大気中に蒸発したり、溶出する可能性のある低分子化学物質、排気ガスや排水等に含まれるもの、工場での製造工程から非意図的に排出されるものを「化学物質」と呼ぶことが多い。
科学的な観点から定義される「化学物質」	科学的には、化学物質はあらゆる物の構成成分といえる。我々の身の回りの自然界に存在するものも、人為的に作られたものも総て化学物質の集合である。従って、石油から得られるベンゼンやトルエン等だけでなく、自然界に存在する水や窒素、酸素、食塩、あるいは酒類に含まれるエチルアルコール、人体を構成しているタンパク質や脂質、ペットボトルの素材であるポリエチレンテレフタレート等も、科学的に見て全て化学物質である。
法律で対象となる「化学物質」	化学物質を対象とした法律は多くある。それぞれの法律の目的の違いや「同じ内容を複数の法律で規制しない」という原則から、化学物質の定義も異なっている。例えば、化学物質の審査及び製造等の規制に関する法律（化審法）」では　「元素または化合物に化学反応を起こさせることにより得られる化合物」と定義しており、労働安全衛生法（安衛法）では「元素または化合物」と異なる文言で定義している。

出典：独立行政法人製品評価技術基盤機構公表資料より作成。[2)]

クを及ぼすとEUで判定されている。

人はイノベーションによりナイロン、炭素繊維等自然界にない優れた素材を生み出し、また、ロボットやIoT（モノのインターネット）それにAIを用いた革新的生産プロセスやIT技法で新製品を生み出し、各種製品の物流を作り出し、我が国の経済構造や生活を一変させている。

現在、世界全体で天然物由来の物質を含めると、2,800万種類の化学物質が発見・生産されたり、研究・開発の対象になったりしている。その中で工業的に生産されて世の中で流通している化学物質は10万種類ほどといわれている。人は、好むと好まざるとに関わらず、それらの化学物質に囲まれて日々の生活を営んでいる。

ところで、「化学物質」には、一般的にイメージされている「化学物質」、科学的な観点から定義される「化学物質」および法律で対象とされる「化学物質」等様々な捉え方（表－1）がある。

2015年7月14日、米国化学会（ACS）の情報部門であるケミカルアブストラクトサービス（CAS）は、化学物質データベース「CAS

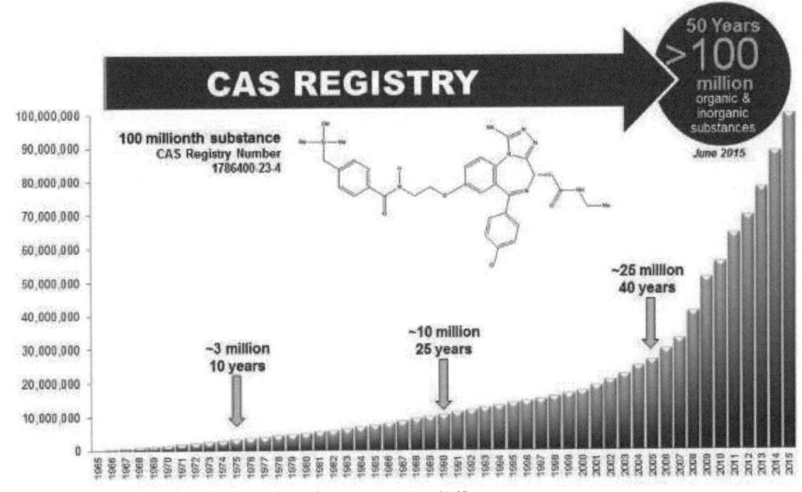

出典：Chemical Abstracts Service（CAS）Webサイトより転載

図－2　CAS REGISTRYに登録された化学物質数

REGISTRY」に１億件目となる物質が登録されたと発表した。「CAS REGISTRY」は作成が開始されてから2015年で50周年の節目を迎えるが、１億件のうちの約7,500万件はこの10年間に登録された物

携帯電話
＜化学製品＞
・表示パネルの液晶やレジスト

電子回路
＜化学製品＞
・エポキシ封止剤
・ポリイミド

めがね
＜化学製品＞
・プラスチックレンズ

おむつ
＜化学製品＞
・吸水ポリマー
・通気性フィルム

スポーツシューズ
＜化学製品＞
・発泡ウレタンソール

エアバッグ
＜化学製品＞
・瞬時に膨らませるために用いられているガス発生剤

タイヤ
＜化学製品＞
・合成ゴム
・無機充填剤
・カップリング剤

ベアリング
＜化学製品＞
・合成潤滑油

トンネル
＜化学製品＞
・コンクリートの強度を高める混和剤
・水漏れ防止のためのシール材

高層ビル
＜化学製品＞
・コンクリートの強度を高める混和剤
・水漏れ防止のためのシール材

水族館
＜化学製品＞
・コンクリートの強度を高める混和剤
・水漏れ防止のためのシール材

医薬品
＜化学製品＞
・抗がん剤など

人工肝臓
＜化学製品＞
・生体適合性ポリマー

食品
＜化学製品＞
・多孔質膜のミクロフィルター

製紙ロール
＜化学製品＞
・紙を作る際に使われる脱墨剤や消泡剤

出典：日本レスポンシブル・ケア協議会（現日本化学工業協会内レスポンシブル・ケア委員会）資料より作成

図−３　暮らしや産業を支える化学製品の例

質である。このペースが続けば、次の50年間に新たに6億5,000万件以上の新規化学物質が追加されることになるという。

化学物質は多くの製品の構成材料となり、機能達成に寄与するため、我々の身の回りの製品では、特定の用途に向けて化学物質が利用されている。自動車ではベアリング、バッテリー、エアバッグ、タイヤ、各種プラスチック等が構成素材になっており、それらには潤滑油、エポキシ樹脂、耐熱性フィルム、ガス発生剤、合成ゴム、無機充填剤等が使われている。また携帯電話、めがねやおむつといった直接人の身体に触れる製品、人工臓器等の医療機器等の直接人の体内に入る製品にも吸水性ポリマー、通気性フィルム、医薬品、生体適合性ポリマー等の化学物質が使用されている。

ただし、体内に取り込まれる医薬品、人工臓器類等に含まれる一部の化学物質を除き、製品に含まれている化学物質の多くは、使用時に人にばく露する可能性が少ないので、使い方を工夫すれば、これらの製品は安全で生活を便利で快適なものにしてくれる。化学物質は、こ

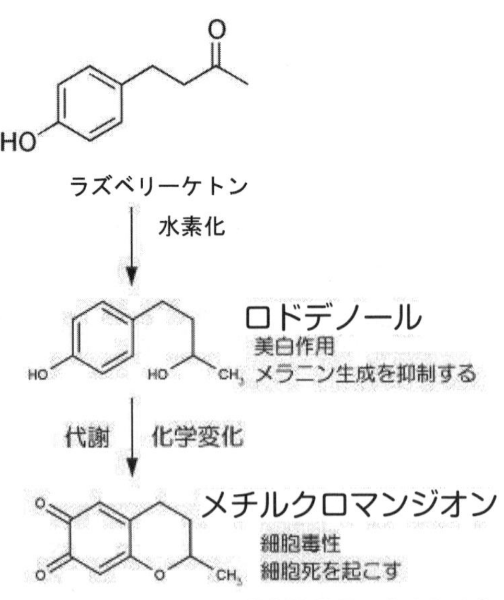

図－4　美白化粧品に含まれる白斑化の原因物質

のように暮らしや産業界で使用される様々な製品中に用いられており、我々の生活に不可欠なものとなっている。

しかしながら、2013年7月に、日本の有名化粧品会社の販売する美白化粧品を使用した女性に「白斑」が生じたため製品を回収するという事件があった。白斑は、顔だけでなく手や腕等の皮膚の一部だけが白くなってしまう症状で、原因物質が「ロドデノール」だといわれている。ロドデノールはラズベリーケトンを水素化した物質で、厚生労働省から医薬部外品として認可が下りている[3)]。認可物質が含まれている化粧品を正しく用いても、代謝による化学変化があるので安心できないことがある。

また、職場でも問題が起こっている。

福井県の洗顔料中間体製造メーカーの三星化学工業で、芳香族アミンによる膀胱がんが多発した。当該事業所は1989年より操業を開始し、芳香族アミン（オルトトルイジン、パラトルイジン、オルトアニシジン、アニリン、オルトクロロアニリン、2,4－キシリジン）を原料にしてアセトアセチル化反応を行い、固液分離後乾燥・収袋する作業を行ってきた。その作業所の労働環境は、ガス、溶剤、粉じんが蔓延する劣悪な環境であったという。夏場は暑いので作業員は上半身Tシャツ一枚で作業をしており、問題の芳香族アミンが経気や経皮吸収されていたと推測される。

ばく露より20年間余りが経過した2014年、50歳代の在職者に膀胱がんが発生し、2015年2月には40歳代の在職者、同年8月には別の50歳代の在職者、同年9月には別の40歳代の在職者に膀胱がんが発生した。

三星化学工業で使用されていたオルトトルイジンを含む芳香族アミンは、我が国では法規制がないため同社の事業場では使い続けられていたが、オルトトルイジンはIARC（国際がん研究機関）により、2012年にグループ1（ヒトに対して発がん性がある）に分類されており、膀胱がんを引き起こすことが指摘されていた[4)]。

以上のように、合成化学物質には人体に危険なものもあるのは事実だが、一方で天然物なら大丈夫という神話がそのまま信用できる訳でもない。

我々が嗜好品としてよく飲むコーヒーの中には1,000種ほどの化学物質が含まれている。そのうち28種類についてげっ歯類動物に最大耐量（Maximum Tolerated Dose：許容できない副作用を引き起こすことなく、投与できる薬物または治療の最大の用量）を与え続けると、19種類に発がん性が証明されたという。なお、野菜や果物は自分自身を昆虫の食害から守るための化学物質を自らの体内に保有しているが、そのうち63種類を同じくげっ歯類動物に与えて発がん性を調べたところ、35種類は発がん性が陽性だったという[5)]。その他、後になって発がん性が見つかったり、或いは疑われる天然物は少なくない。

以上より化学物質を我々の生活に役立てて安全に使用しようと思ったら、十分な毒性検証や化学物質管理が必要なことが分かる。

2 環境と化学物質

1962年にレイチェル・カーソンが「沈黙の春」を著わし、発売後半年で50万部売れ、その日本語訳が1964年に刊行された。合成殺虫剤、特に塩素系殺虫剤が使用された結果、自然界から鳥や昆虫がいなくなり本来の自然界が沈黙してしまったこと、残留化学物質が食物連鎖により濃縮され、自然界を汚染して行く様やそれが人体に蓄積していく経緯等が、事実を基にしてこと細かに記述されている。

その後しばらくして、1997年にはシーア・コルボーン、ダイアン・ダマノスキ、ジョン・ピーターソン・マイヤーズが共著で「奪われし未来」を著わした。内分泌攪乱物質（e.g.DDT、PCB、ダイオキシン）が生体のホルモン作用を撹乱し、生殖障害を引き起こし、雌化現象や人間の精子減少等が現実のものになっていることを警告した。このように化学物質は、残念ながら時には予期せぬ被害を引き起こす可能性があることが分かり、人々は驚愕し化学物質を悪者として見るようになった。

しかしながら、DDTは1938年に米国で開発された有機塩素系殺虫剤で、急性毒性が低い割に殺虫力が高く、安価なことから世界的に広く使用され、年配者らは子供の頃お世話になった。またPCBは電気絶縁性が高く、耐熱性や耐薬品性に優れているので加熱用や冷却用の熱媒体、変圧器やコンデンサーといった電気機器の絶縁油、可塑剤、塗料、ノンカーボン紙の溶剤等幅広い分野に用いられてきた。両製品とも以前は非常に有用な化学物質であったが、使用分野でのリスク研究が進んでくると、リスクが有用性を上回ってしまったのである。

また、女性ホルモン様の作用を持つ化学物質（e.g.エストロゲン様物質）によって、魚類はいとも簡単に「雌化」することが知られている。もともと魚類が暮らす水圏は、人間が使用した化学物質のたまり場と言っても過言ではない。家庭排水や工場廃水に含まれる化学物質

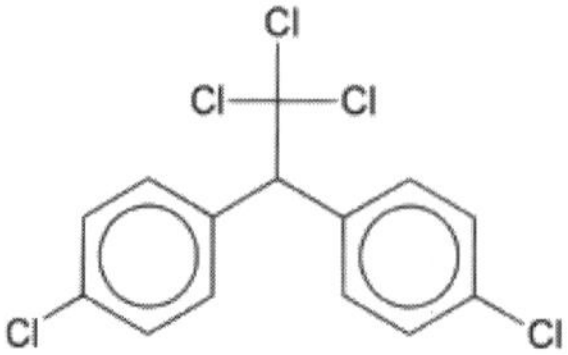

【DDT】 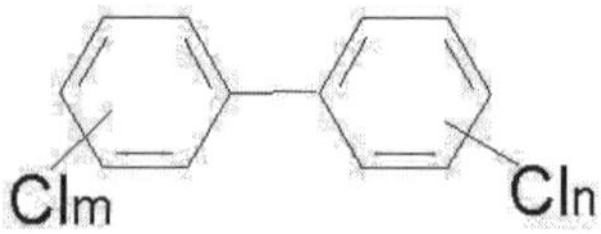　　　　【PCBの一般構造式】

図－5　DDTとPCBの化学構造式

は、様々な経路を経て水圏へと運ばれる。農薬や排気に含まれる化学物質も、降雨によって水圏に入ってくる。元来魚類は水温等でも性転換する揺らぎの大きい性決定や性分化機構を持っているばかりではなく、「雌化」を惹き起こす化学物質にばく露され易い環境中で生きている。また、環境省はメダカを用いた試験結果から、界面活性剤の代謝物のノニルフェノール、オクチルフェノール等のリスク評価を行い、これらが魚類に対して生理的影響を及ぼす可能性を指摘している。

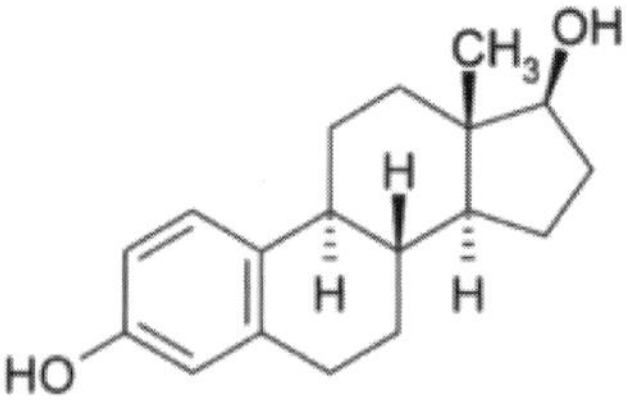

【エストロゲン】 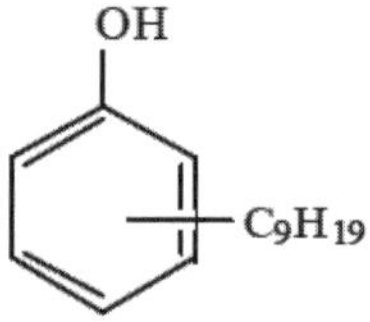　　　　【ノニルフェノール】

図－6　エストロゲンとノニルフェノールの化学構造式

このように環境中に化学物質が排出されると思いもよらぬ事象が起こる。

その他、実際に起こった化学物質が環境中の生物に影響を及ぼしていると考えられる実例を、もう少し見てみよう。

(1)残留性有機汚染物質(POPs)

PCB、DDT、ダイオキシン等のPOPs(Persisitent Organic Pollutants)は、人の健康への影響に加え、北極圏の海棲哺乳類等にも蓄積していること等から、地球規模で環境中の生物へ影響を与えていることが懸念されている。これらPOPsへの対策を講ずるため、POPsの廃絶・削減を図り、人の健康および環境の保護を図ることを目的として、「残留性有機汚染物質に関するストックホルム条約」が2001年5月に採択されている(日本は2002年8月30日に加入)。

第1回POPs条約政府間交渉会議に提出されたPOPs12物質(条約発効当初の対象物質)の評価レポートでは、POPsの人の健康への影響に加えて環境への影響についても報告されている。

様々な生態環境への毒性を示唆する実験データの他に、実際の生物へ影響する事例としては、ヘプタクロルによるカナダガン等複数の野生鳥類の数の減少(米・コロラド盆地)、鳥類の生殖障害(米・オレゴン)、DDTによるカモメの性転換(米・五大湖、カリフォルニア南部)、アルドリンによる鳥類の死亡(米・テキサス湾岸)等が報告されている。

(2)トリブチルスズ化合物

トリブチルスズ(TBT)化合物はごく低濃度で、前鰓(ぜんさい)類(巻貝類のうち、鰓(えら)が心臓より前にあるものの総称)に影響を与え、雌を雄化させることが明らかになっている。このTBTは、巻貝や藻類が船底に付着するのを防ぐため塗料として船底に塗装されるもので、塗装後に船底からごく微量が海水中に溶出し、海底の土壌や生物に蓄積し、長期にわたり環境中に残留する。TBT化合物による環境中の生物への影響としては、世界各地での巻き貝の生殖障害・数の減少、ヒラメの免疫機能の低下、牡蠣等の奇形が報告されている。

2001年10月には、船舶用の防汚剤による海洋環境および人の健康への悪影響を削減または廃絶することを目的とし、「船舶についての有害な防汚方法の管理に関する国際条約」（AFS 条約）が採択された。この条約は、TBT を含む有機スズ化合物を含有した船舶用防汚塗料を当面の対象とし、2003 年 1 月 1 日以降全ての船舶に殺生物剤として機能する有機スズ化合物を含有する防汚塗料の塗装禁止、そして 2008 年 1 月 1 日以降は全ての船舶の船体外部表面に殺生物剤として機能する有機スズ化合物を含有する防汚塗料があってはならないことが決議された。

（注）国内においては、14 種類の TBT 化合物が化学物質審査規制法（化審法）の対象となっており、これらの製造・輸入は行われていない。また、船舶用防汚塗料向けのその他の TBT 化合物も製造・輸入はされていない。

3　労働環境と化学物質

人が働く職場では、日常生活では使うことがないような危険物を扱ったり、危険な場所での作業が必要なことがある。かつて日本が高度経済成長期にあった昭和30年代後半から40年代前半には、年間6,000人を超える人が、業務上の災害によって尊い命を落としている。こうした悲劇を少しでも減らすため、国は昭和33年からこれまで13次にわたって「労働災害防止計画」を策定するとともに、昭和47年には労働災害の防止を目的とする「労働安全衛生法」を労働基準法の規定から分離独立させて制定し、関係業界、専門家などと協力しながら、対策に取り組んできた。労働安全衛生法は、労働基準法と相まって、労働災害の防止のための危害防止基準の確立、責任体制の明確化および自主的活動の促進措置を講ずる等総合的対策を推進することにより職場の安全と労働者の健康を確保し、快適な職場環境の形成を促進することを目的とする法律である（1条）。

労働安全衛生法と企業の努力により、労働災害は大幅に減少してきたが、現在に至ってもなお、仕事中の事故や急性中毒などで亡くなる労災死亡者は年間909人、また怪我を負ったり病気になったり、4日以上仕事を休んだ休業災害者は、年間127,329人に達している（平成30年統計）。最近では、2018年4月～2022年3月までの5年間を計画期間とする「第13次労働災害防止計画」を策定し、誰もが安心して健康に働くことができる社会の究極的な目標である「労働災害をゼロにすること」の実現に向け、以下の目標を計画期間中に達成することが目指されている。

（1）死亡災害の撲滅を目指して、労働災害による死亡者数を2017年（平成29年）と比較して、2022年（令和4年）までに15％以上減少させること

（2）死傷災害（休業4日以上の労働災害）については、死傷者数

の増加が著しい業種、事故の型に着目した対策を講じることにより、死傷者数を2017年（平成29年）と比較して、2022年（令和４年）までに５％以上減少させること

（３）化学物質による健康障害防止対策を採ること

化学品の分類および表示に関する世界調和システム（GHS）による分類の結果、危険有害性を有するとされる全ての化学物質について、ラベル表示と安全データシート（SDS）の交付を行っている化学物質譲渡・提供者の割合を80％以上にすること（ラベル表示60.0％、SDS交付51.6％：2016年（平成28年））

等が目的として挙げられている。特に職場では、発がん性に着目した化学物質管理が最重点課題となっており、また平成28年には改正安衛法が施行されリスクアセスメントが義務化されていることもあり、以下が留意事項となっている。

・国際動向等を踏まえた化学物質による健康被害を防止する対策
・リスクアセスメントの結果を踏まえた作業等の改善
・化学物質の有害性情報の的確な把握
・有害性情報等に基づく化学物質の有害性評価と対応の加速
・遅発性の健康障害の把握
・化学物質を取り扱う労働者への安全衛生教育の充実化

なお、有害性が明らかになっていない化学物質について、以下の点への注意が求められている。

①特定化学物質障害予防規則等による規制のない化学物質について、有害性情報の活用、変異原性試験等の実施、がん原性試験の効率化等により、化学物質による発がん性の可能性の評価を加速する。

②発がん性があると評価された化学物質は、速やかに職場での労働者のばく露の状況を把握してリスク評価を行い、労働者の健康障害防止のための規制の要否の判定を行う。

③新たに規制を行うこととなった化学物質は、局所排気装置設置等により作業者へのばく露を防止する措置、発散抑制措置および作業環

境測定基準等の策定による作業環境管理対策を採るとともに、防毒マスクの使用等の作業管理対策を速やかに策定し徹底を図る。

④化学物質のうち、強い変異原性等が確認され、労働者の健康障害のリスクが考えられる物質は、健康障害防止のための技術指針を作成し、周知、措置の徹底を図る。

労働安全衛生法は、職場の安全衛生に関する事項に対して網羅的に法律の網をかぶせている。労働災害に対しては、各事業場においては事業者が責任をもって防止しなければならない安全衛生管理体制を採るようになっている。事業者はそのために、総括安全衛生管理者、安全管理者、衛生管理者、安全委員会、衛生委員会といった事業規模に見合った専門の役職やチームを設置することが求められている。

有害物質に関しては、労働者に重大な健康障害をもたらす物質のうち、通常の安全対策では健康障害の発生を完全には防止できないものについては、製造、輸入、そして譲渡、提供等が禁止されている。そこまで至らないものでも、労働者に危険や健康被害が生じそうな物質は、製造に関し厚生労働大臣の許可が必要になり、また当該物質を入れた容器には有害性を表示することが義務付けられている。

以上のような各種安全対策において最も中心的な責任を負うのは事業者となっている。自主管理こそが最善の対応策だとされていることによる。

4 暮らしに役立つ製品と化学物質

化学物質は、暮らしや産業で重要な様々な製品の中に用いられており、我々の生活に不可欠なものとなっている。また人間の身体を含め身の回りにあるものはすべて化学物質からできているので、化学物質とは何かを知らないでは済まされないことは前述した。専門書や新聞紙上で見る公害問題のニュースを紐解くと、化学物質はうまく使えば安全で有用だが、絶対に安全な化学物質はないことが分かる。使い方、付き合い方が大切である。

今や、化学物質を扱う企業等は、化学物質のライフサイクルを通して安全性を考慮した責任ある管理を行いながら、革新的な技術と製品を開発することによって、持続可能な社会や価値を作り出すよう貢献する時代になってきた。

(1) 化学物質のイメージ

化学的知識が余り無い人は、一体化学物質に対してどのようなイメージを抱いているのだろうか？　想像だが以下のようになるのではないかと思われる。

①化学物質は、毒だろうが薬だろうが、実体が見えない。→　潜在的に不安感を持つ。

②新聞等に大きく報道される化学物質による事件は、大体が毒物による事件が多い。→　公害、薬害や化学兵器、テロ、殺人に使われる等、化学物質に良いイメージが持てない。

③世の中には人工的に合成された化学物質が多く、これらは自然界にはないものなので何か悪さをするのではないか。→　天然物なら安心だけど（トリカブト成分であるアルカロイドやフグの毒を例にとれば、この考えは間違っている）人工的に合成された化学物質は、何となくこわい。

④化学物質がどのような作用を及ぼすか、よく分からなくて不安。→
　権威ある人から正しい情報を与えてもらい、安心したい。

大体こんなところだと思うが、これらを総合してみると、化学物質に不安を抱かせているのは、「よく分からないためだ」ということが分かる。「幽霊の正体見たり枯れ尾花」、化学物質が幽霊に見えているのではないかと思われる[6)]。

一例としてダイオキシン類を挙げて見る。人々にはどのように思われているのだろうか。ダイオキシン類の主な発生源はごみの焼却による燃焼だが、その他に製鋼用電気炉、たばこの煙、自動車排出ガスなど様々な発生源がある。一定組成のものが燃える結果発生し、焼却処理施設で除去しきれなかったものが大気中に排出される。

環境中に出た後の動きはよく分かっていないが、例えば、大気中の粒子などに付着したダイオキシン類は、地上に落ち土壌や水中に入り込み、様々な経路から長い年月を経て、底泥など環境中や水圏中での移動により、プランクトンや魚介類に取り込まれ、食物連鎖を通して生物にも蓄積されていくと考えられている。既に地球上に広く薄く分散して蓄積されていることは周知になっている。

このダイオキシン類は、動物実験によると、発がん性を促進する作用、甲状腺機能の低下、生殖器官の重量や精子形成能の減少、免疫機能の低下を引き起こすことが報告されている。しかしながら、人に対しても同じような影響があるかどうかについては、まだよく分かっていない。

「いろいろと毒性を確かめる研究はされているものの、世の中に薄く広範に排出されたダイオキシン類を取り除くすべはない」と、大体このようなところだろうか。

現代社会において、化学物質の利便性について異論はない。化学物質は我々の生活を支えるあらゆるモノに使われており、その生産量が増え、種類も多くなり、多機能化が進んでいる。その結果、それらの取り扱いを誤った甚大な事故が発生し、規制する法律も多岐、多様化、細分化してきている。従って、専門知識や技術がないと適切な管理が困難な状況になってきている。全ての化学物質は何らかの有害性を有しており、使用によるリスク・ベネフィットの関係の解析が重要になってきている。

(2)化学物質の形態

化学物質は最終製品になるまでの形態で、次の三つに分類される。これらの区分は法規や公的基準にもよく出てくるものである。

①化学物質（サブスタンス）

単一の化学物質のこと。e.g. 酸化鉛、塩化ニッケル、ベンゼン等

②混合物（ミクスチャーまたは調剤（プレパレーション））

二種類以上の化学物質を混合した製品。e.g. 塗料、インク、接着剤、使用前のハンダ、合金等

③成形品（アーティクル）

特定の形を持つもの。e.g. パソコン、テレビ、携帯電話、自動車、部品（ネジ、ボルト）等

なぜこのような区分が必要かというと、化学物質や混合物は形そのものは意味を持たないが、成形品は機能を発揮するために形が意味を持っている。また化学物質や混合物には管理すべき物質が直接人に触れる場合に注意が必要なものが多く、他方、成形品の場合は成形された製品中の安定剤や未反応モノマー等の化学物質が低濃度であったり、製品中に閉じ込められているため直接人に触れることが少ないという点が区分わけした理由になっている。

(3)製品含有化学物質

人の健康や環境への配慮は、川上の化学産業のみでなくサプライチェーンの川中・川下産業にとっても重要な留意点の一つであり、中でも、近年、大きな課題となってきているのが、「製品含有化学物質」の管理である。製品含有化学物質とは、文字通り、製品に含まれ、そ

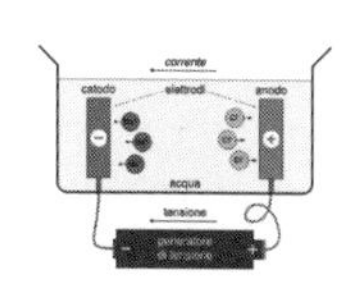

図－7　化学物質を含む製品例

の一部となっている化学物質のことを指す。

EUに輸出されるテレビ、パソコンや携帯電話等の電気電子製品、玩具や自動車等に含有されている化学物質に対する規制が強化されている。これらの製品を製造している企業（セットメーカー）は、安定剤等が添加されたポリマー等を購入して用いており、通常、購入材料の組成を自ら分析することはしないで部品や材料を製造している仕入先企業に、含有成分の素性を確認することになる。

電気電子製品の含有化学物質の規制法の代表がEUのRoHS指令であり、EU標準のEN50581に基づき「多くの部品や材料で構成されている複雑な製品の製造者にとって、最終組み立て製品に含まれる全ての材料に独自の有害性試験を実施することは非現実的である。代替手段として、製造者はサプライヤーと連携し法令を順守していることを示し、法令順守の証拠として技術文書を集める」ことがセットメーカーに求められている。

なお、EUのRoHS指令以外にもREACH規則で、半年毎に対象物質が増えるとされているSVHC（Substances of Very High Concern：高懸念物質）について、製品含有化学物質の情報を求められることが増えているという。

このような法規制を背景にすると、EUに輸出している電気電子製品等のセットメーカーから、サプライチェーンの上流に遡って「化学物質の管理状態の確認」や「そのための必要証拠書類の収集あるいは情報伝達」が要請されているため、上流に位置する企業はそれらへの対応が求められている。

(4) サプライチェーンに沿った化学物質管理

現在では、経済のグローバリゼーションの最中、さまざまな日本製品が世界各地で取り引きされている。また、逆に世界各国の製品も同様に日本に相当量輸入されている。これらの製品が使用・廃棄・リサイクルされた際、その後の処理によっては、含有化学物質による人への健康被害や、環境汚染を引き起こす可能性がある。製品にどのような化学物質がどの程度含有され、また、その化学物質がどのようなリスクを有するかを把握し、管理することは大変重要なことである。そのためには、化学物質の製造から最終製品の使用・廃棄・リサイクルに至る製品ライフサイクルの全過程において、サプライチェーンに沿ってそれぞれの事業者が、使用する化学物質やその取扱い上の注意、使用環境などに関する情報を共有することが必要である。

このような情報共有を円滑に進めるために事業者が行うべきこと

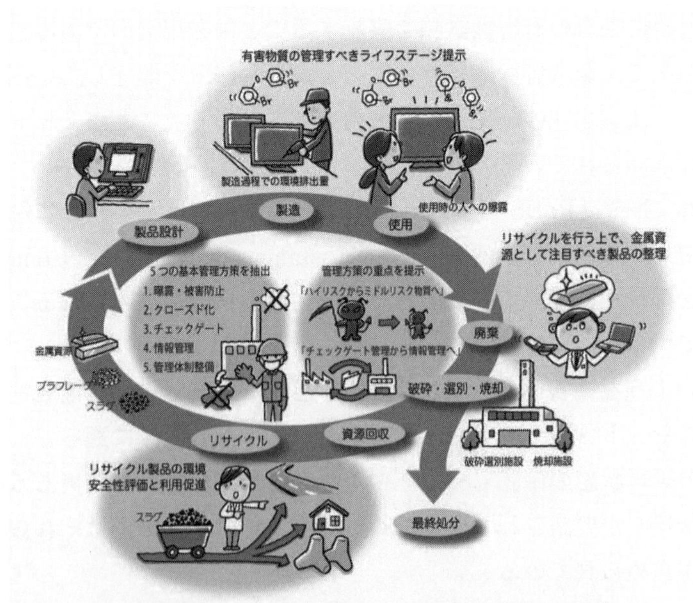

図－8　製品ライフサイクルにおける化学物質の管理[7)]

は、社内の各部門が連携・協同し否が応でも「製品含有化学物質の管理基準を明確にする」、「設計や開発の段階から製品含有化学物質のリスクに配慮する」、「調達品の製品含有化学物質を管理する」、「製品含有化学物質の観点から製造工程を管理する」、「製品含有化学物質管理の観点による原料の変更管理」、「自社製品の含有化学物質情報を提供する」ことが求められる。またこれらへの合理的、効率的な対応が企業の競争力につながる。

既に、ハザード情報の流れとは逆に、サプライチェーンの下流から上流へ、ばく露情報が流れて共有化される構造ができつつある。ハザード情報とばく露情報の相互交流により、関連企業間でリスクの認識の共有化がこれから一層進展して行くものと思われる。当該企業間でリスク評価についての共通認識が得られ、リスク管理を協調して行うことができれば、より効果の高い化学物質管理が可能になるものと思われる。化学物質の総合管理は既にそこまでの段階まで進みつつある。そこで、化学物質管理に関わる企業の経営戦略上の留意点を挙げてみる。

①自社のもの作りと化学物質の関わりをまず確認する

自社のもの作りと化学物質との関わりを正しく把握することが、製品含有化学物質管理の第一歩となる。購入原材料中の化学物質管理、例えば、金属材料中での有害重金属の有無、被覆電線、プラスチック材料中での有害化学物質の有無は当然注意しておくべきことである。また製造工程や職場環境では、例えば、塗装工程では潜在的なリスクを有する溶剤、金属洗浄剤等の薬剤を扱うことがある。自社製品の製造時、設備の運転や保守保全の時に、化学物質管理は、法令順守ならびに従業員の健康管理のために避けては通れない。

②自社製品について化学品安全情報管理システムで情報の一元化を図る。

例えば「SAP / EHS（企業の化学品総合管理システム)」を使用すると、自社で取り扱うすべての製品、原料および化学物質情報を一元管理し、国内外法規制への法適合確認、製造や輸入数量の管理、多言語SDS、製品のラベルおよびchemSHERPA（2018年6月にMSDSplusから移行）等の安全性情報の自動作成、顧客への情報提供の迅速化や化学品法規制に関わるコンプライアンスの強化ができる。

③化学物質について仕入先からの情報収集、顧客への情報伝達を十分に行う。

通常、複数の仕入先から多種の化学物質、材料、部品が納入される。企業規模にもよるが、購入品の用途は多岐に渡り、開発・製造から使用・廃棄に至るまで当該製品は多段階に渡り流通する。リスクの程度に応じ社会全体として化学物質を管理していくためには、用途や用法に応じサプライチェーン全体で管理する必要がある。そのためには化学物質の情報を確実に入手し、自社管理し、顧客に正確に伝達することが不可欠である。

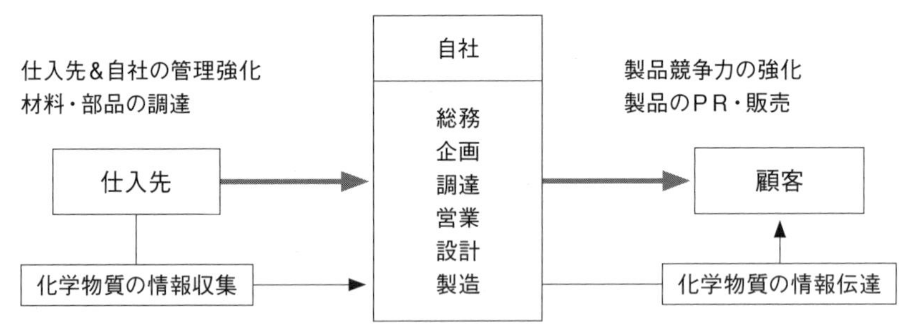

図－9　化学物質管理の方法

表－2に従って、もう少し詳しく企業が取り組むべき管理項目を見てみよう。

まず仕入品と自社製品が、化学物質または混合物（製剤）、それに成形品（部品、最終製品等）のどれに該当するかを確認する。そして、仕入品と自社製品の組合せに従い、代表的なものづくりの例を参考にして、自社で必要となる管理項目を確認する。

このように、自社の物づくりと化学物質との関わり方を正しく把握することが、製品含有化学物質管理の第一歩となる。

表−2　中小企業のための製品含有化学物質管理実践マニュアル2014[8)]

調達品	自社製品
□化学品	□化学品
□成形品	□成形品

☆ 化学品（化学物質、混合物）の例

工業用原料、塗料、インク、めっき薬剤、接着剤、樹脂ペレット、合金インゴット、溶接棒 など

☆ 成形品（部品、最終製品など）の例

鉄鋼製品、フィルム、電線、樹脂部品、金属部品、めっきや塗装等表面処理後の成形品、電気電子機器、自動車 など

調達品	自社製品	ものづくりの例	取り組むべき主な管理項目
化学品＋化学品	化学品	混合物の製造（種々の調剤、塗料、インク、接着剤等）	【設計・開発】反応、濃縮、揮発などの様々な工程により製造される自社製品が、法規制等を遵守できるように調達基準、製造工程・製造条件などを定める。
			【購買】含有化学物質情報の確認と供給者の管理状況の確認によって、調達する化学物質や混合物を管理する。
			【製造】設計時に定めた製造条件に従って製造工程を管理し、濃度や組成変化後の自社製品が法規制等を遵守できるようにする。誤使用・混入汚染にも注意する。
			【販売】】調達品の含有化学物質情報や工程管理の結果等に基づいて、自社製品の含有化学物質情報を整備し、供給先に提供する。
化学品＋化学品	成形品	樹脂の成形、鋳造等	【設計・開発】自社製品は、化学物質や混合物から成形品への変換工程によりサプライチェーンで最初の成形品となることを認識し、法規制等を遵守できるように調達基準、製造工程・製造条件などを定める。
			【購買】含有化学物質情報の確認と供給者の管理状況の確認によって、調達する化学物質や混合物を管理する。
			【製造】設計時に定めた製造条件に従って製造工程を管理し、変換工程を経て製造される自社製品となる成形品が法規制等を遵守できるようにする。誤使用・混入汚染にも注意する。
			【販売】調達品の含有化学物質情報や工程管理の結果等に基づいて、新規の成形品となる自社製品の含有化学物質情報を整備し、供給先に提供する。
化学品＋成形品（母材）	成形品	塗装、めっき等（母材の加工等をしない場合）	【設計・開発】自社製品は、母材となる成形品に、化学物質や混合物から成形品への変換工程を経て生成される成形品を付与するものであることを認識し、法規制等を遵守できるように調達基準、製造工程・製造条件などを定める。
			【購買】含有化学物質情報の確認と供給者の管理状況の確認によって、調達する化学物質や混合物、成形品を管理する。
			【製造】設計時に定めた製造条件に従って製造工程を管理し、母材と新たに生成される表面処理層等の部分からなる自社製品となる成形品が法規制等を遵守できるようにする。誤使用・混入汚染にも注意する。
			【販売】調達品の含有化学物質情報や工程管理の結果等に基づいて、母材と新たに付与した部分からなる自社製品の成形品としての含有化学物質情報を整備し、供給先に提供する。

調達品	自社製品	ものづくりの例	取り組むべき主な管理項目
化学品＋成形品（接合等の対象）	成形品	電子部品の実装、接着剤による接合、溶接等	【設計・開発】自社製品は、接合等の対象となる成形品に、化学物質／混合物から変換工程を経て生成される成形品を付与しているものであることを認識し、法規制等を遵守できるように調達基準、製造工程・製造条件などを定める。
			【購買】含有化学物質情報の確認と供給者の管理状況の確認によって、調達する化学物質や混合物、成形品を管理する。
			【製造】設計時に定めた製造条件に従って製造工程を管理し、接合等の対象物と新たに生成される接合部分からなる自社製品の成形品が法規制等を遵守できるようにする。誤使用・混入汚染にも注意する。
			【販売】含有化学物質を把握し、製品を供給する。調達品の含有化学物質情報や製造工程の管理結果等に基づいて、入手した接合の対象物と新たに付与した成形品部分の情報も新たに作成・追加して自社製品の含有化学物質情報を整備し、供給先に提供する。
成形品＋成形品＋成形品	成形品	機械的な加工や組立(プレス加工や切断、ネジやボルトによる接合)等	【設計・開発】自社製品の含有化学物質は、調達品に大きく影響を受けることを認識し、法規制等を遵守できるように調達基準、製造工程・製造条件などを定める。
			【購買】含有化学物質情報の確認と供給者の管理状況の確認によって、調達する化学物質や混合物、成形品を管理する。
			【製造】通常、製造工程で含有化学物質が変化することはないが、誤使用・混入汚染も防止して、自社製品の成形品が法規制等を遵守できるようにする。
			【販売】調達品の含有化学物質情報や工程管理の結果等に基づいて、自社製品の含有化学物質情報を整備し、供給先に提供する。

表－２では取り上げられていないが、副資材、製造装置に用いる洗浄剤、オイル類および梱包材等にも視野を広げて管理しなければならないだろう。特に、製品の中でも化学品に直接接触する資材等は、含有化学物質に影響する可能性がある。

以上より、自社製品に含まれる化学物質を管理する場合、製品含有化学物質の管理基準を明確にすることがポイントであり、法規制や業界基準に基づいて、自社製品に含有させてはいけない化学物質、含有の有無を把握しなければならない化学物質を知っておく必要がある。また、化学物質の管理を推進するためには、統括部署および担当部署、全社で関連の深い部署を定め、企業規模に応じた組織や体制を決める必要がある。

5 化学物質とリスク

私達は多くの化学物質に囲まれて生活を送っていることは前述した。食品添加剤、染料、化粧品、医薬品等は生活必需品である。このように現代社会はどうしても化学物質を必要とする。毎日の生活で人は無意識に身の回りの化学物質と接触しており、過去の事例ではその中に発がん性が疑われる物質が見つかることも多々あった。

科学技術が進歩すれば化学品の中には淘汰されるものもあるが、時代とともに化学物質の種類は増え続け、そして多種多様な使用形態で使い続けられる。川上の化学産業は個別の化学物質を製造するものの、サプライチェーンの川中、川下に位置する企業では用途に従って、各種混合物、部材、部品、機械類等が創り出されるが、川上産業では想像もしなかった化学物質の使い方が川下産業でなされる場合がある。しかしながら、川上産業はそれを知らない。

ただ、安全性を確保するため化学物質に少しでも危険有害性があるからといって使用しないというのでは、現代の社会生活は成り立たない。優れた性能あるいは機能を有している化学物質であれば、リスクを避けて使用したいという考えを採用する筈である。

化学物質のリスク　＝　ハザード　×　ばく露量
（危険有害性）　（環境排出量）

☆ハザード：化学品が本質的に有する有害影響を及ぼす特性
☆ばく露量：当該化学品が対象生物にばく露／摂取される量
☆リスク：当該化学品により対象生物に有害影響、例えば死傷、疾病等が発生する可能性（確率）あるいはその影響の大きさで示される。
◎毒性の強いものも少ないばく露なら安全、毒性の弱いものでも多くばく露すると危険。
リスクアセスメントを行って許容できるレベルに管理
⇩
【“使うな”ということではない。“上手く使え”ということ】

図－10　化学物質のリスク管理

人工物の化学物質のみならず天然物でも、ものによっては人の健康や環境に何らかの影響があり、完全にばく露量がゼロになることはあり得ないので、どんな化学物質でも、社会的に安全なものとして受け入れられるリスクレベル以下に管理する必要がある。そのため科学的な試験やデータに基づいたリスク評価を事業者が自主的に実施することが望まれている。

リスクを、上記のように、化学物質が一定の条件下で害を生じる可能性と捉えると、良くないでき事が起こる可能性（確率）とその良くないでき事の重大性（被害の大きさ）の２要素の対比で考えるという見方がある。被害が大き過ぎて処理しかねる事態に結びつくと考えられる場合、例え確率が低くても被害に結びつく行動は採ってはならない。

化学物質の危険有害性には毒性(急性毒性、発がん性等の慢性毒性)、爆発性および可燃性等がある。また、薬の意図しない副作用、たばこや酒の悪影響等がある。他方、快適さや便利さというベネフィットも化学物質にはある。薬を使えば病気が治る、機能性ある材料を使えば我々は生活を快適に送ることができる、お酒でストレスが解消し気持ちが良くなる等である。猛獣のライオンを檻に入れておけば危険性はほとんどない。こういう観点から化学物質の取扱いを考えることが技術者の使命になる。

そうだとすると必要な視点は、まず明確な影響、例えば、急性毒性のようなハザードを天秤の一方に置き、他方にはベネフィットを置いたバランス感覚、もう一つは長期・不明確な慢性毒性を発現させる可能性を一方に置き、他方にはばく露量とばく露時間を掛け合わせ、In silico 解析等を活用した科学的根拠に基づくリスク評価を置くというバランス感覚である。

ちなみに、食事や行動等にどれだけのリスクがあるかを寿命の減少で示したものがあるので、それを以下に示す。

表－3　損失余命＊（日）で表したリスク[9)]

原　因	損失余命（日）
喫煙（全死因）	>1,000
喫煙（肺がん）	370
受動喫煙（虚血性心疾患）	120
ディーゼル粒子（上限値）	58
ディーゼル粒子	14
受動喫煙（肺がん）	12
ラドン	9.9
ホルムアルデヒド	4.1
ダイオキシン類	1.3
カドミウム	0.87
ヒ素	0.62
トルエン	0.31
クロルピリフォス（処理）	0.29
ベンゼン	0.16
メチル水銀	0.12
キシレン	0.075
DDT類	0.016
クロルデン	0.009

表－3から分かることは、以下のようである。日頃人々が思っている感覚と異なるように思える。

① 喫煙は、環境汚染物質に比べて圧倒的に大きなリスク因子である。

② 重金属のリスクは比較的大きい。

③ 有機化学物質のリスクは余り大きなものではない。

④ 有機塩素系の殺虫剤のリスクは小さい。

6 ハザード管理からリスク管理へ

国際連合は、1972年6月にスウェーデンのストックホルムで環境問題に対する初の国際会議を開催した。この頃は、社会全体が躍動していた反面、どの国も大気汚染、水質汚濁などの公害に直面し、環境の修復に苦闘し、必死の公害対策が行われ始めていた時期である。多くの国の工業化の勢いが猛烈だったため、大気汚染は一国内に留まらず、国を超えて移動し、ヨーロッパの酸性雨の悪影響が顕著になっていた。特にスウェーデンで顕著であり、湖沼への影響が指摘され、湖沼の藻類などの沈澱物が調査されている。1960年頃からpHの低下が始まり、1979年には6.0から4.5程度になったことが報告されている。この会議には、世界の110カ国以上の国々が参加し、「かけがえのない地球」をスローガンとして掲げて、「人間環境宣言」が採択された。

海洋では、中東などからの油輸送船が増加し、油による汚染も国境を越えた汚染問題として認識されていた。そうした中、多数の人々がかけがえのない地球の環境を護る必要性を理解し、狂奔しつつ ある都市・工業文明に警鐘を鳴らす人たちも出てきた。そうした時代背景の中で、スウェーデン政府が口火を切り、国連に対し、この人間環境問題を広く議論する場の開催を呼びかけ、国連総会が開催を認めることになったのが国連人間環境会議（ストックホルム会議）である。

ストックホルム会議の後でも化学物質のハザードが猛威を振るう事故が起こっている。

1976年7月10日の夕方、イタリアミラノ郊外のセベソの化学工場で、農薬原料の2,4,5－トリクロロフェノールの製造工程での反応終了後、通常の操作マニュアルを順守しなかったため、反応容器内の温度が200℃を超えた。その結果、ダイオキシンを含む大量の反応生成物が大気中に放散されるという大事故があった。汚染地域は1800ヘクタールに及び、広範な土壌が汚染され、22万人が慢性皮膚炎や内臓疾患に悩まされ、がん患者や奇形児も多数生まれたという。事故後、安全を現場が軽視し、工程管理責任を放棄した企業の管理体制が非難された。

我が国でも、化学品の取扱いを誤って起こった事故が少なくない。京都にある化学工場で、従業員がドラム缶を使って、廃液の処理作業を行っていたところ、200L ドラム缶が突然爆発し、東海道新幹線の線路の高架を飛び越え、およそ 120 メートル離れた駐車場に落下した。人的被害はなかったものの、停めてあった車２台を破損した。

不要となったクーリングタワーの冷却水の「スライム除去剤（過酸化水素が主成分)」を処理するにあたり、内容物の確認を十分行わず、誤って苛性ソーダ水溶液により中和処理をしたため、望まぬ反応が起こってしまったことが原因である。

大阪でも、かつて水道水に発がん性物質トリハロメタンが検出された事例があった。

少し古いが、我が国で起こった化学品に関連した事故事例を以下に示す。

表－4　我が国で起こった化学品関連事故事例[10)]

タイトル	発生年月日	発生地
JCOウラン加工工場での臨界事故	1999年 9月30日	茨城県
動燃アスファルト固化処理施設における火災爆発事故	1997年 3月11日	茨城県
一般廃棄物焼却施設における水素ガス爆発事故	1995年 7月 6日	神奈川県
水島のタンク破損による重油流出事故	1974年12月18日	岡山県
地下鉄工事現場での都市ガス爆発事故	1970年 4月 8日	大阪府
新潟地震による石油タンク等の火災事故	1964年 6月16日	新潟県

こうした国外、国内の化学物質が関係した事故や事件の続発は、世界的な危機として受け止められ、このような公害・事故の放置はできない、国際社会はどう対応したらよいか、化学物質をどう有用かつ安全に取り扱うかに英知を注ぐため、世界各国が動きだした。上記および以下のような国内外の事故の防止および安全を求める国際会議を経

て、国連環境開発会議（リオ・サミット）が開催されるという動きに繋がって行く。そして、1992年の地球環境会議（リオ・サミット；UNCED）では、アジェンダ21, 19章に化学物質について取り組むべき課題が示された。

【国連主催の環境や開発を議題とする会議】
1972年6月：「国連人間環境会議」（ストックホルム会議）
1974年　★英国フリックスボロでのナイロン原料工場の爆発
1976年　★イタリアセベソでの大量のダイオキシンの放出事故
1981年　★水道水に発がん性物質トリハロメタンを検出（大阪）
1982年5月：「国連環境計画管理理事会特別会合」（ナイロビ会議）
1987年　★モントリオール議定書（オゾン層破壊物質の削減・廃止）
1992年6月：「国連環境開発会議」（リオ・サミット）

図－11　「国連環境開発会議」までの動き

リオ・サミットから10年後の2002年に、南アフリカのヨハネスブルグで開催された環境開発サミット（WSSD）で『透明性ある科学的根拠に基づくリスク評価およびリスク管理を実施することによって、予防的アプローチに留意しつつ、人の健康および環境への深刻な影響を最小限にする方法で化学物質を製造し使用することを2020年までに達成することを目指す』という“ヨハネスブルグ実施計画”が採択された。これにより、国際社会ではこれまでの機能・利益重視のビジネスモデルから、安全性情報が製品の付加価値となり、透明性のあるリスク情報の提供が企業の信頼性に直結する“ハザード管理からリスク管理”へのパラダイムシフトが起こっている。

ハザードからリスクへという化学物質管理手法の変化には、関係者間の情報交換や共有化が必要で、さまざまな形で企業活動に影響を及ぼし始めている。

【化学物質管理への国際的取組み】

1992年　国連環境開発会議（リオ・サミット）

⇒アジェンダ21の19章で“化学物質の分類と表示の国際調和”を提起

2002年　環境開発サミット（WSSD）

⇒ヨハネスブルグ実施計画（ヨハネスブルグ宣言）

◎化学物質の悪影響を2020年までに最小化

◎化学品の分類表示の国際的調和（GHS）の実施

2006年　第1回国際化学物質管理会議（ICCM－1）

⇒SAICM（国際的な化学物質管理に関する戦略的アプローチ）採択

“世界中はこれを目指している”

2009年　ICCM－2

⇒米国：TSCA改正、カナダ：DSL、メキシコ：Inventoryへの引き金

2012年　国連持続可能な開発会議

図－12　「国連環境開発会議」以後の動き

ハザードが基準であれば、製造や使用の禁止、当局への生産数量報告やSDS等による情報開示など、生産者への規制が主になるが、リスクが基準になると、規制は特定の用途への使用禁止、制限並びに廃棄方法の指定等のように、ライフサイクル全体に目を向けることが必要になってくる。

前述のWSSDの合意事項を具体化するために、我が国では化審法の改正が行われ、取扱量、使用形態等のばく露の可能性に応じた段階的な審査を行い、化学物質のリスク管理手法として、全物質を対象とする段階的評価システム、国による優先評価化学物質リスク評価ガイダンスを基にする管理手法を取り入れた化審法の改正が行われた。一方、安衛法では、職場で扱う化学物質のリスク評価によりリスク管理に対応するようになった。このようにハザードからリスクに目を向け

る化学物質管理が、化管法の改定と相俟って喫緊の課題になってきた。

多くの化学物質は摂取しすぎると毒性を示す場合があり、ばく露量、ばく露時間が増えると閾値を超え急性毒性や慢性毒性を示すものとなる。我々の産業活動や社会生活を考えると化学物質のゼロ使用、完全ばく露ゼロはあり得ず、リスクとベネフィットのバランスを比較衡量し化学物質を賢く使用することが現実的な対応策となる。

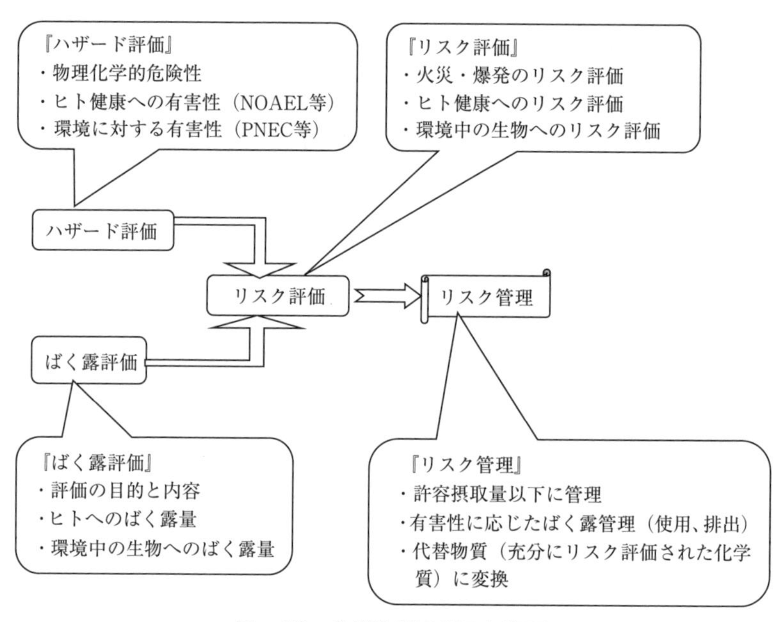

図－13　化学物質のリスク管理

練習問題

1 化学物質は最終製品になるまでに、サプライチェーンを移行して、化学物質（サブスタンス）、混合物（ミクスチャー）、成形品（アーティクル）へと形を変え、最終的には廃棄される。

以下の問いに答えよ。

（1）この化学物質のライフサイクルの中で、化学物質の環境への排出を規制する法律を五つ挙げよ。

（2）上記で挙げた法律のうち一つを選び、法律の目的、制定の背景を述べ、規制する化学物質を１例選び、その物質が規制されるに至った理由を述べよ。

（3）サプライチェーンの川下企業が、製品含有化学物質を管理するために取り組むべき管理項目を具体的に述べよ。

2 人間は多くの化学物質に囲まれた生活を送っており、毎日の生活で無意識に多くの化学物質と接触している。生活は便利になるものの、これまで化学物資の取り扱いを誤った末の事故や発がん性等のリスクが疑われる物質も多数見つかった。しかしながら、リスクがあるからといって化学物質を使用しないというのでは、近代の社会生活は成り立たない。

以下の問いに答えよ。

（1）化学物質のリスクの考え方を簡単に説明し、リスクを避けて化学物質を使用する方法を述べよ。

（2）貴方が考える化学物質のリスクを工場の作業者に説明するための手順を、段階的に説明せよ。

（3）リスクの低減化の結果、かえって別のリスクが現れることがあり、これをリスクトレードオフと呼んでいる。リスクトレードオフの実例を一つ挙げ、具体的に述べよ。

[参考文献]

2）http://www.meti.go.jp/committee/materials/downloadfiles/g60612c05j.pdf
3）http://www.cosme-hakusyo.com/12523.html
4）堀谷昌彦「中間体製造メーカーで膀胱がんが多発」新しい薬学を目指して　45，205－211（2016）
5）高山昭三、安福一恵「発がん物質と化学物質の人に対するリスク評価」モダンメディア　51 巻3号　2005［トピックス］pp20－23
6）林「安全・安心を目指す有機化合物の取り扱いと技術士の役割」IPEJ Journal 2017 技術士 8　pp20－23
7）http://www.nies.go.jp/risk/chemsympo/2011/image/5-abstract_takigami.pdf
8）https://www.chuokai.or.jp/hotinfo/chemical-manual-v2.pdf
9）http://www.env.go.jp/chemi/entaku/kaigi06/shiryo/gamo/gamo23.pdf
10）http://www.jst.go.jp/pr/info/info161/hyou2.html

化学物質管理の内容

1　化学物質のハザード

前述したレイチェル・カーソン女史が発表した「沈黙の春」は、農薬の使用が生態系に及ぼす影響を具体的に示した。DDT 等有害な化学物質が生態系に入り込むと、拡散後食物連鎖を通じて生物体内に濃縮され、上位にいる動物ほど体内から高濃度の DDT 等が検出されることを明らかにし、人間の環境に対する関わり方について一石を投じた。

ご承知のように、技術革新とともに人間生活を便利にする目的で新しい合成化学物質が次々と登場し、それらが使用された後に環境へ放出されるようになってきた。この流れは仕方がないことではあるが、前述したように PCB が環境中に排出されると、生態環境に悪影響を及ぼすことが懸念されるようになってきた。また、PCB は哺乳類に対する毒性も高く、脂肪組織に蓄積しやすい上に発がん性があり、また皮膚障害、内臓障害、ホルモン異常を引き起こすことが分かっている。

更に、1960 年代から 1980 年代にかけて、北米五大湖の猛禽類や魚食性水鳥で繁殖率および個体数の低下や、奇形個体の発生が多数報告されるようになった。

また、北海やバルト海ではアザラシが大量死し、タンカーから流出した油によって汚染された海鳥がどす黒く汚れた。マスコミの映像を通してこの姿を見ると、海洋汚染の深刻さを感じざるを得ない。

1990 年代には、シーア・コルボーンの「奪われし未来」の中で、農薬やプラスチックなどに含まれる化学物質が生態系で人や野生生物へのばく露があると、極微量でも当該生物の内分泌系を撹乱する危険性があることが指摘された[11)]。

また、冷凍機の冷媒やスプレー缶の噴射剤に使われているフロンガス等による環境汚染は 1960 年代以降になってから表面化した。このような環境汚染は、かつての局地的な汚染とは異なり、オゾン層の破壊という地球規模での広がりを持つものとなった。

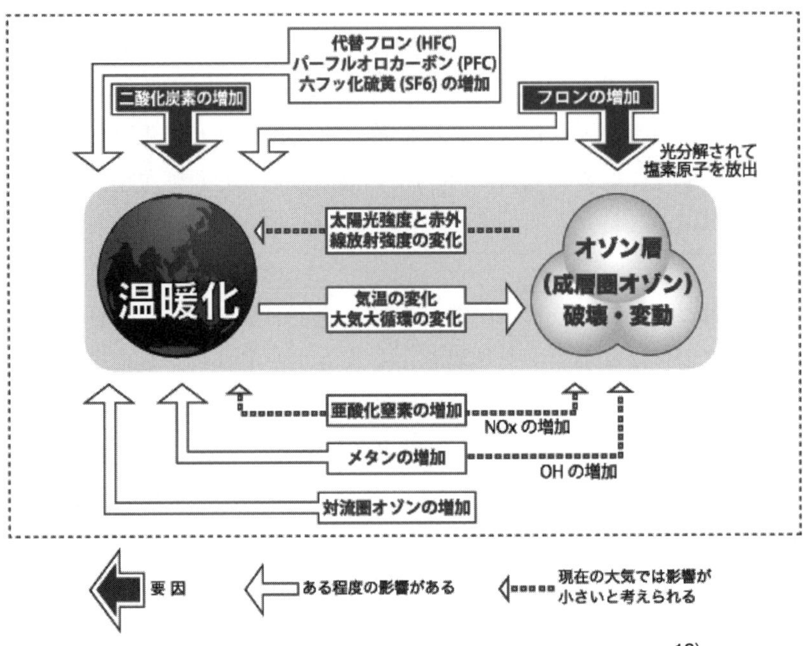

図−14　温暖化とオゾン層破壊との関係、およびその要因[12)]

このように、各種有用な化学物質でも有害性等が内在するという物質固有の特性がある。化学物質のハザード（有害性）の種類を仔細に見ると、図－15のように分けられる。法的に見ると、物理化学的ハザードの例としては可燃性、爆発性があり、高圧ガス取締法や消防法で管理され、人への毒性としては、急性毒性、例えば青酸カリなどのように飲んで急に影響が生じるものがあり、これは毒物および劇物取締法で管理されている。また、長期毒性（慢性毒性）には、例えば、1,2－ジクロロプロパンのようにじわじわと時間をかけて影響が生じるものもあって、出現する毒性にも様々な種類がある。

さらに、環境中に化学物質が放出されると生態毒性が生じる。例えば、水棲生物は、藻類（一次生産者）、ミジンコ（一次消費者）、そして魚類（二次消費者）といった連鎖でハザード物質が濃縮されていく。

その他に、図－14に示したように、地上すべてのものを紫外線から守ってくれるオゾン層が破壊されて地球環境全体へ影響が及び、紫外線による発がん性のリスク等が地球全体に拡散していく場合もある。このような地球環境へ影響する有害性については、それぞれのハザードを抑え込むことを目的とした法律で管理されている。

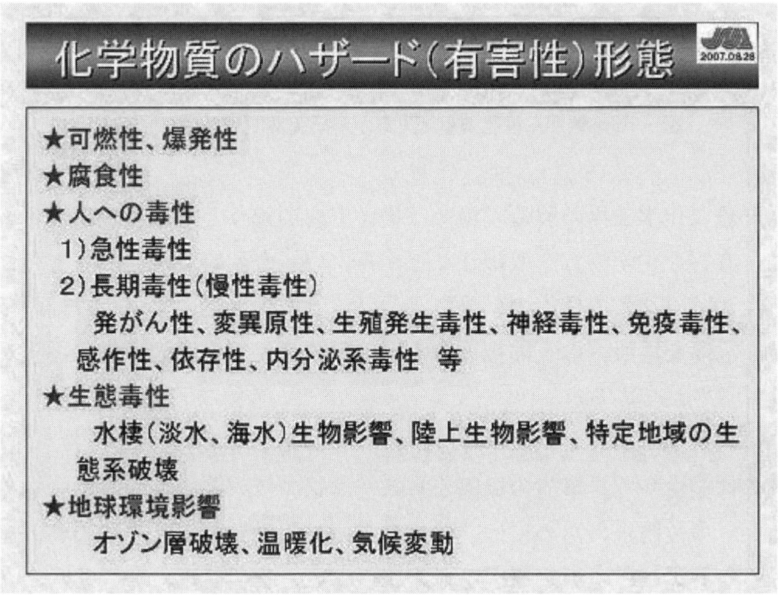

化学物質のハザード（有害性）形態

★可燃性、爆発性
★腐食性
★人への毒性
1）急性毒性
2）長期毒性（慢性毒性）
発がん性、変異原性、生殖発生毒性、神経毒性、免疫毒性、感作性、依存性、内分泌系毒性　等
★生態毒性
水棲（淡水、海水）生物影響、陸上生物影響、特定地域の生態系破壊
★地球環境影響
オゾン層破壊、温暖化、気候変動

図－15　化学物質のハザードの形態[13)]

権威ある発がん性の研究機関であるIARC（国際がん研究機関）は、発がん性物質の分類を行い、その結果を公表している。発がん性物質は非常に多く存在するが、人に対して、発がん性があるからといって必ずしも発がん性が強いということを意味するものではない。

ピーナツのカビ毒であるアフラトキシンは、最強の発がん物質として知られており、少量でも肝臓にがんを発生させる。またサーフィンやスキーで若者が気にせずに浴びている紫外線にも発がん性がある。

図－16を見ても分かる通り、我々の身の回りの生活で人が触れたり、飲んだりしているものも安全とは言い切れない。

≪化学物質≫
ベンゼン、エチレンオキサイド、塩化ビニル、2－ナフチルアミン、ベンジジン、ニッケル化合物、カドミウム、カドミウム化合物、アスベスト（ケイ酸塩を主成分とする繊維状の鉱物）、石英等
≪化学物質の混合物≫
タバコの煙、アルコール飲料、煤、コールタール、木のほこり等

図－16　発がん性物質例（国際がん研究機関のリストから）

一般に化学工場の製造現場では扱い方を間違うと事故につながる危険・有害な化学物質を取扱うことから、いったん事故が起こると死傷者数が多くなる。個々の事故をよく見ると、保護具の欠陥、設備の不足、危険な場所への人の接近、安全情報の不足等が原因の労働災害が繰り返されている。

また、「請負」、「下請け」、「派遣」や「無資格者」、「資格者不在」等の作業も多く、事故の原因がヒューマンエラーというものも少なくない。事故防止のためには、背後にある原因物質の毒性発現の要因をしっかり調べ、エラー原因を仔細につぶし、再発防止に努める必要がある。以下に化学物質が原因の被害が拡散した事故例を示す。

なお、化学物質のハザードは意図的に悪用されると、兵器やテロに利用される。これらの化学剤は、大別して、相手への殺傷を目的とする有毒化学剤と、相手を一時的に動けなくするなどして戦闘能力を奪うことを目的とする無傷害化学剤がある。前者には神経剤（e.g. サリン）、びらん剤（e.g. マスタードガス）、窒息剤（e.g. ホスゲン）、血液剤（e.g. シアン化水素）が、後者には無能力化剤（e.g. リゼルグ酸ジエチルアミド（LSD））、催涙剤（e.g. クロロアセトフェノン）、嘔吐剤（e.g. ジフェニルクロロアルシン）がある[14)]。

表−5　化学物質のハザードが原因となった事項例

ハザード	年代	状況
カネミ油症	1968年	PCBなどが混入した食用油を摂取した人々に障害（顔面等への色素沈着、肌の異常、肝機能障害等）が発生
水俣病	1956年	メチル水銀汚染の食物連鎖で起きた公害病。四肢末端の感覚障害、運動失調、求心性視野狭窄、中枢性聴力障害を主要な症状とする中枢神経系の疾患
イタイイタイ病	1955年	更年期以降の出産経験のある女性に多くみられた全身の痛みを主訴とする慢性カドミウム中毒
第二（新潟）水俣病	1965年	日本の化学工業会社である昭和電工㈱の廃液による水銀汚染の食物連鎖で起きた、上記症状を起こす公害病
四日市喘息	1960〜1972年	石油コンビナートからの亜硫酸ガスが三重県四日市市の空気を汚染。その大気汚染によって工場周辺の住民に引き起こされた喘息

2 ハザードの評価

化学物質のハザードは、その物質にどの程度毒性等の有害影響がばく露対象に対してあるかで評価され、幾つかの評価項目がある。事故等への危険性としては可燃性や爆発性であり、人の健康に対する影響としては急性毒性や慢性毒性であり、環境に対する影響としては藻類、ミジンコ、魚類等への生態毒性が評価項目になる。すなわち、社会、財産、人間および環境に不利益な影響を及ぼし得る化学物質、混合物および化学物質が関わるシステムに固有の危険有害性がハザードである。このハザードを適正に管理し、作業者や一般の人々の安全を確保するために必要な危険有害性情報や取扱情報を、SDS（Safety Data Sheet）と呼ばれる書式に記載して提供することになっている（詳細は後述）。

化学物質には、自己反応性、可燃性、禁水性、酸化性、反応危険性、混合危険性等の本来物質固有のエネルギー上の危険特性や加熱、混合、粉砕等の製造プロセスにまつわる危険特性が付随している。これらの特性を看過すると事故が起こる。

何も有機化学製品に留まらず、無機化学製品による事故も起こっている。取扱製品が粉体だと粉じん爆発が起こる可能性がある。東京都町田市にある金属加工会社でマグネシウムの取り扱い中に爆発火災事故が発生し、工場長が死亡した（2014年5月）。工作機械の電源を入れたところ何らかの原因でマグネシウムの粉塵爆発が起こった。このマグネシウムが水に触れると反応して水素が発生し、燃焼が加速されたり、爆発したりすることがあるため消火作業ができなかったという15)。同様の事故は中国でも起こっており、アルミニウムの粉塵爆発で75名が死亡している。

化学物質は天然物のお酒（エタノール）でも一気飲みすると急性アルコール中毒のような強い急性毒性を示し、また2－ナフチルアミン、ベンジジン等も職業性ばく露により発がん性を示し、その他では外来性の化学物質が、生体にホルモン作用を起こしたり、逆にホルモン作用を阻害する内分泌攪乱という慢性毒性を示す場合もある。

以下のような評価項目からなる化学物質安全性(ハザード)評価シートが、NITEや一般財団法人化学物質評価研究機構（CERI）から提案されている[16),17)]。

① 名称等

官報公示整理番号、CAS番号、名称、構造式、分子式、分子量、市場で流通している商品の代表例

② 物理化学的性状データ

③ 発生源・ばく露レベル

製造番号、排出・ばく露量、用途

④ 環境運命

分解性、濃縮性、環境分布・モニタリングデータ

⑤ 生態毒性データ

⑥ 哺乳動物毒性データ

急性毒性、刺激性・腐食性、感作性、反復投与毒性、変異原性・遺伝毒性、発がん性、生殖・発生毒性

⑦ ヒトへの影響

急性毒性、慢性毒性、変異原性、発がん性

⑧ 生体内運命

⑨ 分類（OECD分類基準）

⑩ 総合評価

危険有害性の要約、指摘事項

⑪ 参考資料

⑫ 別添資料

生態毒性図、哺乳動物毒性シート、哺乳動物毒性図

1）毒性試験によるハザード評価

ラット等の動物を使用して、実際にその化学物質がどれだけの毒性があるかを評価する場合、以下に示す評価指標に留意する必要がある。一つはNOEL（無影響量）、もう一つはNOAEL（無毒性量）である。

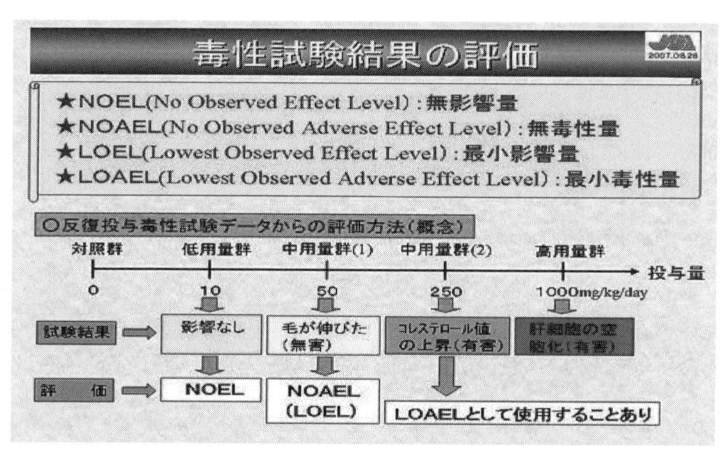

図－17　試験動物に対する毒性試験結果例と評価指標[13)]

図－17で試験動物に対して何ら影響が出なかった10mg／kg／dayがNOELであり、無害ではあるが「毛が伸びた」という影響があった50mg／kg／dayがNOAELである。これより、使用した化学物質をNOAEL以下で使用すれば有害性は現れないことになる。このNOELやNOAEL等と閾値の関係を、分かり易くグラフ表示したものが以下の「用量反応関係線」である。

毒性試験から得られる用量反応曲線

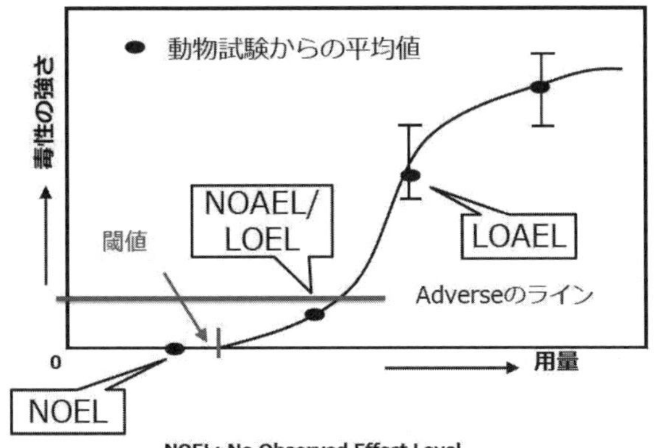

NOEL: No Observed Effect Level
NOAEL: No Observed Adverse Effect Level
LOEL: Lowest Observed Effect Level
LOAEL: Lowest Observed Adverse Effect Level

図－18　毒性試験から得られるデータと用量－反応曲線[18)]

この用量反応関係線から次のことが分かる。例えば、お酒は少し飲んだだけでは酔わない。これは閾値以下だからであって、もっと飲んで酔って閾値を超えると生理機能的変化が起こる。影響量の範囲に入るからである。更に飲んでかなり酔っぱらって来るとNOAEL、次いでAdverseラインを超えて中毒を起こす領域内に入る。お酒以外、例えば食塩でもこの関係線のような生理現象（e.g. 過剰な溶質を排出する腎臓の機能を低下させる）が起こる。その他多くの化学物質でこの用量反応関係線が存在するがNOAELやLOAELの位置、そして関係線の傾きは化学物質の種類によって異なっている。従って、各化学物質の閾値を調べ、その範囲内で用いれば化学物質のハザードは顕

閾値（いきち、しきいち）

「これより少なければ生理的影響なし」という化学物質の摂取量またはばく露量を『閾値』という。従って、ばく露量がゼロにならない限り有害な生体影響が出る場合は閾値がなく、一定量以下なら有害な生態影響が生じない場合は閾値があることになる。

在化しないと言える。

2）疫学的手法によるハザード評価

なお、実験動物を使用する毒性評価の方法以外に、労働災害などの実績を統計処理する「疫学的ハザード評価方法」がある。人間集団の中で時間的経過を通じて被爆群と対照群（非被爆群）との間で、がんの発生のような疾病の発生率を統計的に調べる方法である。例えば、アスベスト吸引環境下で働いていた人の肺がん罹患率、ベンゼン吸引環境下で働いていた人の白血病発症率を対照群と比較して、疾病の発生率の有意差を統計的に処理、解析、評価する方法等も実際に行われている。

臨床で行われている研究には、実際の患者に参加してもらって試験する「臨床試験」、検査データや血液サンプルの提供を受ける「観察研究」等がある。臨床試験の代表的なものには、コホート研究（特定の地域や集団に属する人々を対象に、長期間 にわたってその人々の健康状態と生活習慣や環境の状態など様々な要因との関係を調査する研究）やケースコントロール（臨床研究方法の一つで、既に起こったことを事後的に過去に遡ってする調査）がある。 この臨床試験は時間軸の方向によって「前向きか後ろ向きか」で分けることができ、コホート研究は前向きの研究（未来へ向かって調べる）でケースコントロールは後ろ向き研究（過去へ向かって調べる）に分類される。

前者は、がんと喫煙の関係性を調べるときに、40 ～ 50 歳の無造作に選んだ男性 1,000 人にアンケートを取り、今までに喫煙をしたことがあるかどうかを聞く。その後の 10 年間において、何らかのがんが発生したかを調査するような場合である。

後者は、50 ～ 60 歳でがんと診断された 600 人と無造作に選んだ健常者 400 人について、今までに喫煙していたかどうかを調査するような場合である。

実際に起こった事象を基礎としているため、これら疫学的評価方法は動物実験の結果よりも重く見られている。但し、この方法では無影響量を求めることはできないだろう。

反応性化学物質が安全、健康および環境面に及ぼすハザードを評価する方法としてSREST（substance、reactivity、equipment and safety technology）手法が提案さている。

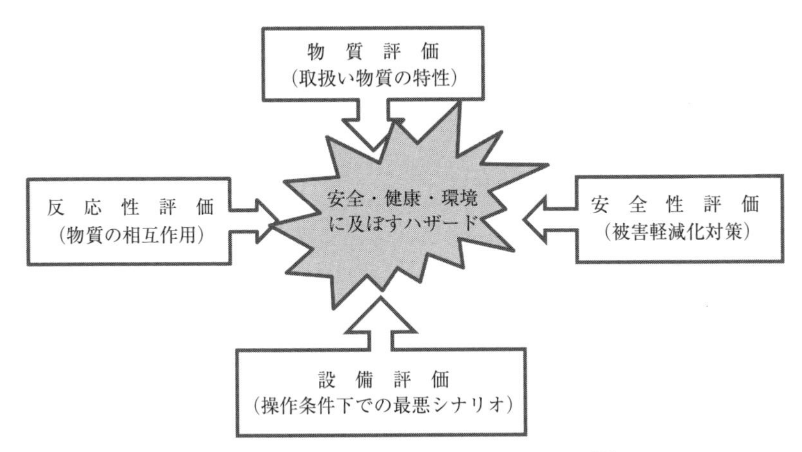

図−19　反応性化学物質のハザード評価[19)]
〜FischerらのSREST手法〜

3 ばく露の評価

化学物質のばく露は、どの化学物質がどれだけ人の体に触れそして取り込まれ、また生態環境に排出されたかを評価することである。その際に、人や環境中の生物がばく露する化学物質の種類と取り込まれる量を知ること、ならびに人や環境中の生物がどのようなケースを通してばく露するかを明らかにしておくことが必要である。

(1)化学物質のばく露ケース

化学物質の製造から廃棄に至る全ライフサイクル中で、人や環境中の生物がばく露するケースは四つある。

ケース1:「作業者への直接・間接ばく露」

住宅用断熱材、畳材、カーテン、自動車用ファブリック(シート)には1,2,5,6,9.10－ヘキサブロモシクロドデカン(HBCD)という難燃剤が使用されてきた。この物質は、難分解性かつ生物蓄積性に加えて長期毒性を有することが明らかとなり、国際的に製造や使用が原則禁止(廃絶)にすることが決った。我が国では代替物質に変える取り組みが着実に進みつつある。しかしながら、これまでは当該製品を製造していた作業者は、製造時にHBCDを吸い込んだり、接触したりすることで経口や経皮ばく露していたことが疑われる。HBCDに限らず、問題ありとされた化学物質では、川上から川下にかけてサプライチェーン全体の作業者への直接・間接ばく露を注意して見守る必要があるだろう。

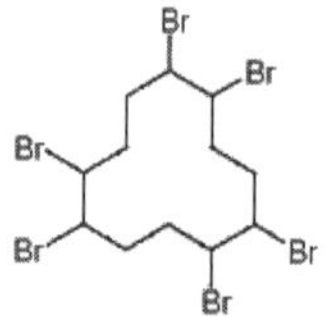

Br
Br
Br
Br
Br
Br

【HBCDの化学構造】

ケース２：「大気・水域・土壌から環境経由のばく露」

化学物質を扱う事業所等から大気や土壌を通じて牧草から家畜そして牛肉、乳製品、農作物へ、また河川へ流入した排水を通じて飲料水、淡水魚、海水魚へと、微量にしても化学物質は順次食物連鎖を通じて濃縮され、人の食卓に移行する。製造、使用、流通、消費または廃棄の過程で環境中に排出された化学物質は、その化学物質の性状（蒸気圧、水溶解度、オクタノール－水分配係数等）に応じて大気、水域、土壌、更に生物濃縮によって一部は魚類内に蓄積する。人がこれを摂取すると人へのばく露になる。

ケース３：「事故時のばく露」

化学物質による事故は、インドボパールの農薬工場の事故や日本を含む世界各地で起こった化学工場の事故、米国メキシコ湾の BP 社が起こした石油流出事故や中国重慶の天然ガス田でのガス噴出事故のように安全性に掛けるコストを削減した結果起こったものもあれば、人間の不注意が原因のものもある。いずれも被害がいつ、どこで起きるか分からず、概して化学物質は環境中に拡散・放出される。人間がばく露する化学物質の詳細はすぐには分からず、また被害は拡大する。化学物質は事故が起こった後、物理化学的性質に応じて速やかに拡散しその場から消滅する場合もあれば、その場に残存して毒性効果が長く続く場合もある。事故の場合、ばく露は環境経由で拡散的に起こる。

ケース４：「製品含有化学物質の消費者へのばく露」

建物の建材には防腐剤や接着剤が含まれており、洗濯後の衣類には洗剤が残留している可能性がある。その他芳香剤や殺虫剤等は直接消費者が過剰に使用したり、間違った使い方をすることは我々自身も経験しているし、日常生活でよく見聞きすることでもある。手紙に貼る切手は舌でなめるし、蚊や蠅が来ると食品が傍にある場合でも殺虫剤スプレーを撒いてしまう。化学物質が食品に移行する可能性があるのに、我々はその辺無頓着である。

成形品では、含有化学物質がゆっくり浸み出してきて、人の体や環境中に移行してばく露を起こすことがある。特に幼児は手にした遊具や製品を口に入れてしまうので、製品経由のばく露もよく起こることである。また成形品には同じ材料（物質）が形を変えて用いられることがあるので、化学物質によるリスクを評価するときは、成形品の材料の用い方や用途を勘案してリスク評価することが必要になる。

(2) 化学物質のばく露ルート

人へのばく露経路は、吸入、経皮、経口の３ルートがある。揮発性物質、粉体あるいはミストの場合、吸入が人へのばく露の主要ルートであり、固体や液状の化学物質の場合、手や露出した肌からの経皮が主要ばく露ルートになる。化学物質を取り扱う作業者は原則保護具を使用するが、それでも吸入、経皮ルートのばく露リスクはあると考えるのが現実的である。一般的な作業では、経口ばく露量は無視して良いと思われる。

他方消費者製品については、ばく露経路が単純ではない。吸入は製品中の揮発性物質等が人にばく露する場合の主要ルートであり、経皮は消費者の手や露出した肌に製品が触れることが多いので、その種の製品では主要なばく露ルートになり、経口は特に幼児や子供の遊びの特性から大いに考えられるルートである。従って、一般消費者向け製品からのばく露は、これら全経路を考慮してばく露量を算定すべきである。

加えて、消費者製品のばく露を考えるときに一つ考慮すべき点がある。風呂用の洗剤で台所のシンクを洗浄するとか、カーワックスで家電を磨いた場合等である。人によっては、このように非常識な使用と正常な使用の中間に位置する、メーカーが意図しない使用方法でも使用者がメリットがあると自負して行う「予見可能な誤使用」をする場合がある。

事業者はこのような消費者の使用法を容認する必要はないが、最近では、誤使用や異常使用を問わず、想定される全ての危害シナリオをリスクアセスメントの対象に含めて評価を実施する企業も現れている。しかし、明白な違反行為、異常使用は合理的に予見可能とはいえないため、事業者としては対応不要である。

これらを踏まえた上でばく露量を知る必要があるので、ばく露量を知る方法は次の２種類を考えたらよい。

方法－１：「実測法（環境モニタリング調査）」

人の周囲の呼吸領域、例えば作業所内にある化学物質の気中濃度や家屋等の室内にある化学物質の気中濃度等、ならびにヒトの身体への付着量を測定して、個人へのばく露量を求める方法である。吸入経路の実測法には、「アクティブ法」と「パッシブ法」がある。前者は、環境測定等で使用される粉塵用、ガス用サンプラーと小型ポンプを身体に取り付けて製品使用時等にポンプを一定期間作動させ呼吸領域の空気を補集する方法である。後者は、拡散型のサンプラーで呼吸域の空気を捕集するものであり、服の襟元等の位置に取り付け、ポンプは使用しないで空気中の物質を捕集する方法である。また前者は、後者よりも短時間で空気中の物質を捕集でき、後者は長時間の生活行動に伴う平均濃度を知ることができる。いずれの測定法を選ぶかは測定目的により選択すべきである。

化審法第二種特定化学物質に指定されている代替フロン合成原料のトリクロロエチレンを、実測法でリスク評価する例を示して見よう[20]。ばく露は、同一地点で連続24時間サンプリングした測定値（原則月1回以上）を算術平均した年平均値により評価する。

環境省から2015年3月31日付けで「平成25年度　大気汚染状況について（有害大気汚染物質モニタリング調査結果）」としてトリクロロエチレンの大気中の濃度が報告されているので、以下に示す。

表－６　トリクロロエチレンの大気中の濃度[20]

物質名	測定地点数	環境基準 超過地点数	全地点平均値 （年平均値）	環境基準 （年平均値）
トリクロロエチレン	369	0	0.53μg/m3	200μg/m3以下

【吸入経路の実測法の例】[21)]

$$吸入ばく露=\frac{Ca \times Q \times t \times a\ (inha)}{BW}$$

吸入ばく露：吸入ばく露量（mg／kg／day）、Ca：ばく露期間中の平均空気中濃度（mg／m3）、Q：呼吸量（m3／h）、t：ばく露時間（h／day）、a（inha）：体内吸収率（吸入）（無次元）、BW：体重（kg）

方法－２：「推定法（数理モデルによる推計）」

この方法は、ばく露シナリオ、ばく露係数、アルゴリズムを基にして人へのばく露量を推算する方法である。対象製品が普通に使用される場面では人へのばく露がどのようになるか、また製品中の化学物質の物理化学的性状、含有量、排出挙動がどうなるかは、標準的なばく露シナリオとして考えておく必要がある。人の通常の習慣、無意識・うっかり・ぼんやり・時代の移り変わりを含めた行動様式等を考慮したばく露形態が考慮対象になる。

【数理モデルによる推計】[20)]

○ばく露シナリオの設定

↓

○環境（媒体）中濃度の推計

・数理モデルの選定（e.g.ECETOC － TRA、METI － LIS）

↓

・入力データの収集・設定

↓

・環境（媒体）中の濃度の推計

↓

○（人の場合）摂取量の推計

【数理モデルの例：河川の化学物質の水中濃度】

$$C\ (mg/m3) = \frac{M\ mg/sec\ (\text{化学物質の排出量})}{Q\ m3/sec\ (\text{河川の流量})}$$

2013年5月に残留性有機汚染物質に関するストックホルム条約（POPs条約）に基づき、廃絶や制限の対象物質に追加されることが決定した難燃剤の1,2,5,6,9,10－ヘキサブロモシクロドデカン（HBCD）は、A. 住宅用断熱材、B. 畳床の芯材、C. 難燃カーテン、D. 自動車ファブリック等の身の回りの製品中に含有されている。そこで上記4品目を対象として、それらを基にしたばく露によるリスクを推定法で評価して見る[21)]。

≪前提≫

A．住宅用断熱材

ア）断熱材は壁材、壁紙で覆われているので、人への直接の接触はない

イ）むき出しの状態の断熱材からHBCDが放散していると仮定

ウ）壁4面、天井、床には断熱材が使用されていないと仮定

B．畳床の芯材

ア）畳床の芯材からHBCDが放散すると仮定するが、放散は極微量と考える

イ）芯材は畳表の下に位置するので、芯材に人が触れることは考慮しない

C．難燃カーテン

ア）HBCDの繊維関係の使用量のうち、カーテンに8割使用

イ）三つのばく露経路を仮定

- ・カーテンから放散したHBCDの吸入経路によるばく露
- ・HBCD吸着ダストの経口経路によるばく露（食品等に移行した物質の摂取）
- ・乳幼児のマウジング行動（口に入れる行為）による経口経

路によるばく露

D．自動車ファブリック

ア）HBCD の繊維関係の使用量のうち、２割使用

イ）二つのばく露経路を仮定

・自動車ファブリックからの放散による吸入経路のばく露

・自動車ファブリックに皮膚が触れる経皮経路のばく露

表－７より、AからDの製品について、人へのばく露量の推定値（合計推定ばく露量）を求め、有害性項目になっている一般毒性、生殖発生毒性と比較すると、いずれも上限値以下であり難燃剤 HBCD のリスクが懸念されるレベルにないことが証明された。

表−7　難燃剤HBCDのリスク評価結果＊

製品の種類	経路	推定ばく露量（μg／kg／day）		
		生涯平均化※	成人	乳幼児
住宅用断熱材	吸入	0.021	0.02	0.032
畳床の芯材	吸入	−	−	−
難燃カーテン	吸入	2.8×10^{-3}	2.7×10^{-3}	4.4×10^{-3}
	経口：ダスト	0.18	0.091	1.1
	経口：マウジング	0.17	-	5.9
自動車ファブリック	吸入	9.6×10^{-6}	9.1×10^{-6}	1.5×10^{-5}
	経口：ダスト	−	−	−
	経口：マウジング	−	−	−
	経皮	4.5×10^{-5}	4.3×10^{-5}	7.0×10^{-5}
合計推定ばく露量		0.4	0.1	7
有害性項目		一般毒性	生殖発生毒性	
		50μg／kg／day	100μg／kg／day	
リスク評価結果（ハザード比：HQ）		0.008	0.001	0.07
		リスクが懸念されるレベルにない		

※：生涯平均化＝（成人時のばく露量×64年＋乳幼児期のばく露量×６年）÷70年

4 リスクの評価

リスクの評価について、NITEのホームページの用語・略語集に「人や環境中の生物等に対して悪影響が起こる可能性を、科学的な方法により予測評価し、有害性評価（ハザード評価）によって得られる、化学物質が有害な影響をもたらさないと考えられる摂取量やばく露濃度と、ばく露評価によって推計される摂取量やばく露濃度を比較してリスクを定量化し、不確実性を加味したうえでリスクの懸念の高さを明らかにするものである。」と記述されている[22]。リスク評価は、この説明を念頭におきつつ、有用な化学物質を閾値以下でコントロールしながら使用する為の指針を与える手法であると捉えると分かりやすい。

(1) リスク評価の方法

リスク評価の方法には、ハザード比（Hazard Quotient：HQ）やばく露マージン（Margin of Exposure：MOE）といった指標が使われている。HQは、人への推定ばく露量（Estimated Human Exposure：EHE）を耐用一日摂取量（Tolerable Daily Intake：TDI）で割った数値で表される。

$$\mathrm{HQ} = \frac{\text{EHE（呼吸や食事量、体重等の数値が一律であるとの仮定で推定したばく露量）}}{\text{TDI（ヒトが一日当たりに摂取しても安全な量）}}$$

HQでリスク評価するときは、以下の基準によってなされている[23]。

表−8　HQ（ハザード比）を用いたリスク評価

HQ（ハザード比）≧ 1の場合	リスクの懸念あり
HQ（ハザード比）＜ 1の場合	リスクの懸念なし

また、MOE（ばく露マージン）でリスク評価する場合は、NOAEL（無毒性量）を EHE（人への推定ばく露量 ）で割った数値が使用される。

MOE ＝ NOAEL（この量以下なら病気等の有害影響が出ないとされた最大量）／ EHE（呼吸や食事量、体重等の数値が一律であるとの仮定で推定したばく露量）

MOE でリスク評価するときは、以下の基準によってなされている[23)]。

表－9　MOE（ばく露マージン）を用いたリスク評価

MOE（ばく露マージン）≦ UFs（不確実係数積）の場合	リスクの懸念あり
MOE（ばく露マージン）＞ UFs（不確実係数積）の場合	リスクの懸念なし

上述の NOAEL はラット等の動物実験で求められた数値ゆえ、MOE には人に対する無毒性量（不確実性の考慮）が含まれていない。よって MOE を UFs（Uncertainty Factors：不確実係数積））と比較して、それと同等かどうかで評価することになる。

一般的な方法では、動物と人との間に種差があり、また人同士でも感受性の違いがあるために、前者では種差（× 10）、後者では個人差（× 10）を考慮した数値“100”を基本とする UFs を設けている。但し、国際的なルールはなく、国や評価機関が妥当と思われる数値を選択している[24)]。

なお、複数の項目を考慮しなくてはならない場合は、係数（不確実係数：UF）同士を掛け合わせて、UFs（不確実係数積）として使用することになる。

そして、UF や UFs の値が大きいと有害性評価の信頼性が低いことになる。

【不確実係数の例】[24)]
・動物実験で得られたNOAELを用いて人への影響を推定する場合の種差を考慮する係数
・人集団内でも感受性の違いによる個人差を考慮する係数
・長期間にわたるばく露の影響を短期間の試験結果で推定する場合の修正係数　etc
【不確実係数積】
UFs＝種差×個人差×「LOAEL（最小毒性量）またはNOAEL（無毒清量）の使用」×試験期間×修正係数

人の健康への影響は、まず化学物質を扱う作業者へのリスクが考えられる。急性毒性は、取り扱っている化学物質を吸い込んだり、接触することにより生じ、“急性毒性×ばく露量”の値で化学物質が作業者の健康へ影響する。慢性毒性の場合は、それに加えてばく露時間も影響してくる。

また、一般消費者製品に含まれる化学物質は、まず直接接触する消費者へのリスクが考えられる。“露出した皮膚への接触×同製品使用頻度”の程度に応じて、消費者の健康へ影響する。

人の健康への影響を評価する場合、無影響量（e.g.TDI：耐容一日摂取量)、取り込み量（e.g.EHE:人への推定ばく露量)、発がんスロープファクター等を考慮要素として総合的に評価する必要がある。スロープファクターは用量反応関係式の傾きのことで、単位ばく露量あたり発がんリスクを求めるときの係数である。

閾値のない化学物質のリスク（e.g.発がんリスク：生涯ばく露の生涯発がん確率）を疫学調査や動物実験により評価する場合、発がんリスクは、ばく露量[mg／kg体重／日]に図－20に示すスロープファクター[mg／kg体重／日]を掛け合わせて求める。

【生涯過剰発がんリスク（ExcessLlifetime Cancer Risk）】
問題とする化学物質によるばく露のみが原因で増加する生涯での発がん確率は，一般的には（スロープファクタ）×（ばく露量（摂取量））により算出される。

> 1日当たり，体重1kg当たり，1mgの化学物質を生涯にわたって摂取した場合の過剰発がんリスク。スロープファクタにばく露（mg／kg／day）を掛け合わせると，過剰発がんリスクが計算できる。

【発がんリスクの評価】

生涯発がん確率　＝ばく露量×スロープファクター
（mg/kg/day）（per mg/kg/day）

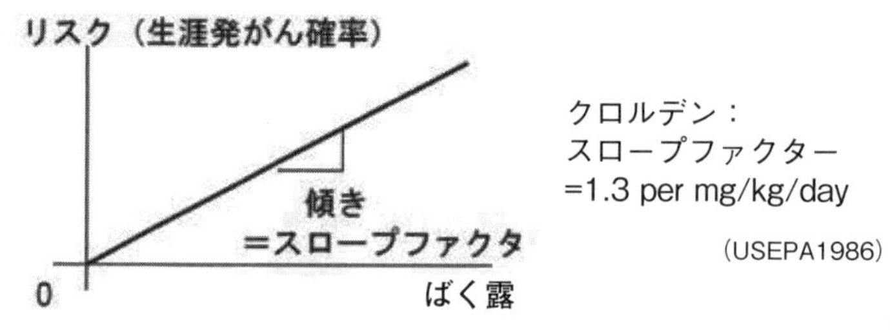

出典：2011年6月15日NITE化学物質管理研究会成果発表会2011於東京会場資料から転載

図－20　スロープファクターと生涯発がん確率[25)]

そして、生態環境への影響を評価する場合、環境中への排出、無影響濃度（NOEC（No Observed Effect Concentration）：試験生物への影響が、対照群と比べて有意な差を示さない無作用濃度のうちの最高試験濃度）等を考慮要素として総合的に評価する必要がある。生態環境に対しては、大気、水域、および土壌中に排出された化学物質により、“慢性毒性値×環境中の生物へのばく露量（濃度）”の大きさに応じて環境中の生物、ひいては人の健康にもリスクが生じる。

なお、爆発や火災等では、設備や建物それに人の命や健康および環境に対してリスクが生じる。この種の事故は、環境中の生物にも“影響の大きさ×事故の発生頻度”の大きさに応じてフィジカルなリスクが及び、かつ影響する範囲は広い。事故等による物理・化学的リスクを評価する場合、事故の頻度・確率、放射熱および火炎飛散物の量を考慮要素として評価する必要があろう。

化学物質によるリスクは古くて新しい事象であり、従来からいろいろと問題を引き起こしてきたが、最近我が国では可燃性気体や液体の事故、大規模石油化学事業所での化学反応を原因とする事故、粉塵爆発等と化学事故の増加が危惧される。また、外国でもこれでもかこれでもかというほど、化学品を原因とする事故が報告されている。今後ともきちんとした原因分析と事前のリスク評価が望まれている[26)]。

(2) 化審法のリスク評価

化審法は、化学物質の上市前の事前審査と上市後の継続的な管理および規制により、化学物質による人の健康や生態環境への汚染防止を目的としている。

改正化審法（平成21年）では、一般化学物質を対象としてスクリーニング評価を行い、環境中への残留の程度等からリスクが十分に低いとは言えない化学物質を「優先評価化学物質（優先的にリスク評価を行う必要がある化学物質）」に指定する。スクリーニング評価は国が実施するもので、届出のあった製造・輸入数量および用途情報等を基にして環境中へのばく露状況を推計し、これに有害性等に関する既知の情報を組み込んで優先評価化学物質を指定する。

有害性が強く、ばく露の度合いが大きい化学物質ほどリスクも大きくなり、リスク評価を行う優先度が高くなる。このような物質が優先評価化学物質となる。

この優先評価化学物質に指定された場合、事業者には有害性や詳細な用途等に関する情報の提供が求められ、この追加情報に基づいて第一次のリスク評価が実施され、必要に応じて事業者に対して有害性情報の提出が求められる。一次スクリーニングでリスクレベルが懸念されるレベルにあると判定された場合は、事業者に対して有害性調査が指示（長期毒性に関する調査、報告、試験の実施指示）される。その後提出された長期毒性に関する情報を踏まえて第一次のリスク評価が実施され、第二種特定化学物質に該当するかどうかが判断される。

ついでながら、一般化学物質ならびに優先評価化学物質を製造、輸入した者は、それぞれの物質について主に以下の事項を経済産業大臣に届け出なければならない。届出期間は4月1日～6月30日、電子届け出は7月31日までとされている[27]。

表－10　届出制度

届出内容	一般化学物質	優先評価化学物質
化学物質の名称	既存化学物質名簿等の官報掲載名称	優先評価化学物質として指定された官報掲載名称
物質管理番号	－	付与されている通し番号
官報整理番号	官報で付与されている物質の番号	既存化学物質名簿等で付与された番号
その他の番号	CAS番号	同左
製造数量	前年度の年間製造数量	前年度の年間製造数量（都道府県毎）
輸入数量	前年度の年間輸入数量	前年度の年間輸入数量（輸入国毎）
用途ごとの出荷数量	前年度の年間用途毎の出荷数量	前年度の年間用途毎の出荷数量（詳細用途、都道府県毎）
出荷に係る用途番号	化学物質用途分類表中の用途番号	同左

なお、新規化学物質（我が国で新たに製造または輸入される化学物質）の場合は、届出機関として３省が関わるが窓口は経済産業省になっている。当事者のパソコンからインターネットを介して経済産業省のサーバに申出データを送信する方法で、申出（電子申出）が受け付けられている。表－11に届出データと申出データを示す。

表－11　届出データと申出データ

項目	届出データ	申出データ
宛先	厚生労働大臣	○
	経済産業大臣	○
	経済産業大臣	○
届出者申出者	氏名又は名称及び法人にあつては、その代表者の氏名	○
記載データ	新規化学物質の名称	○
	新規化学物質の構造式又は示性式	－
	新規化学物質の物理化学的性状及び成分組成	－
	新規化学物質の用途	－
	新規化学物質の製造又は輸入の開始後３年間における毎年の製造予定数量又は輸入予定数量	－
	新規化学物質の製造の場合、製造する事業所名及びその所在地、新規化学物質の輸入の場合、製造国名又は地域名	－

その後は、分解性や蓄積性、それに労働環境下での人の健康への影響および環境に排出された場合の生態への影響が不明の化学物質について、所定の官庁で判断されることになる。以下に新規化学物質、一般化学物質が化審法に基づいてどのようにリスク評価されるかの手順を示す。

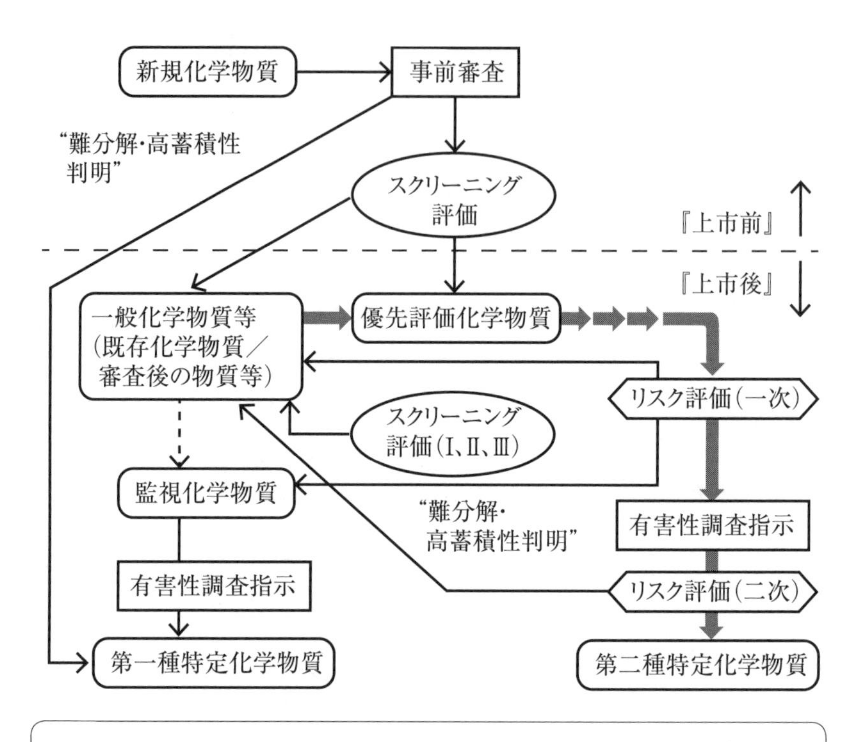

○平成 27 年度スクリーニング評価対象：7,699 物質
○平成 27 年度リスク評価（一次）評価Ⅰ対象：140 物質
○平成 27 年度リスク評価（一次）評価Ⅱ対象：41 物質

図－21　改正化審法（平成21年）のリスク評価スキーム

次に人が、置かれた自然環境中でどのようにリスク評価されるか具体的に見てみる。

トリクロロエチレン（$Cl_2C = CHCl$）は化審法の第二種特定化学物質に指定され、環境挙動情報（e.g. 常温では液体）、環境排出情報（e.g.2012 年の製造輸入数量 46,399T（化審法届出）、同排出量 3,648T（PRTR 情報））、用途（e.g. 代替フロン、脱脂洗浄剤）、自然環境情報（e.g. 2012 年の取扱地での気象条件）から環境中の濃度の概要（e.g. 環境省の 2013 年有害大気汚染物質モニタリング調査結果）が把握されている。そこに、生活環境情報（e.g. 取扱作業場での環境条件）から導き出される平均1日摂取量によって個々の地区でのばく露評価ができる。これにハザード情報、環境毒性情報を掛け合わせると、リスク評価ができる。

仮にリスクが発がん性であったとしても、トリクロロエチレンは上記の用途を持つ優れた化学物質であるため、当該リスクを発しない閾値範囲或いは低リスクの範囲で使用する工夫が求められる。ここから先がリスク管理の領域である。

以上を一般化すると図－22に示すように、リスク評価だけでなく、その物質がどのように役立つのかというベネフィットや必要なコストを考慮して、リスク評価からリスク管理へ進む道筋が浮かび上がってくる。

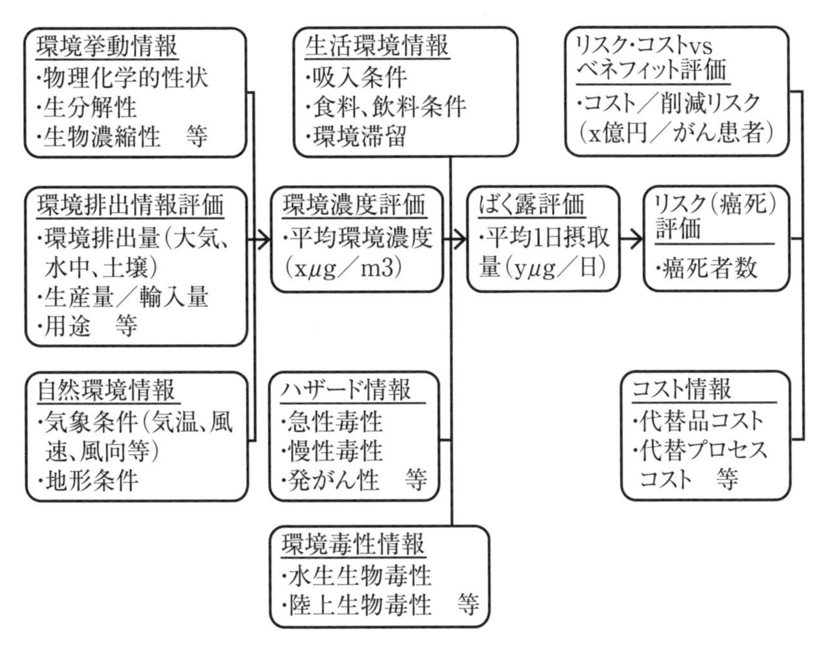

図－22　化学物質のリスク評価[13)]

(3) 環境経由のリスク評価

次の手順でリスク評価が行われる。

①化学物質の取扱い状況の把握：対象化学物質の情報、排出先（e.g. 大気、水系）、排出量の把握

↓　☆何が、何処へ、どの位排出？：環境モニタリング調査

②ばく露シナリオ（※）の設定：対象化学物質、対象者、排出源、ばく露経路等の把握

↓　☆誰にとってのリスクなのか？：環境中の濃度の推計

③有害性評価：どのくらいの量でどのような影響が見られるかの把握

↓　☆急性毒性、生殖毒性、慢性毒性、発癌性？：ハザード比

④ばく露評価：どのくらいの量（濃度）の化学物質に生体がばく露されているかの把握

↓　☆人、生物が化学物質に晒される量？：数理モデル、測定値

⑤リスク評価：リスクがあるかどうかの評価

↓　☆リスク評価の基本は？：出発点は有害性評価

⑥必要に応じ、詳細な評価の実施

↓　☆データの信頼性は？：ばく露シナリオごと、有害性項目ごと

⑦リスク低減のための排出削減措置等の採択

☆リスク評価に基づく化学物質管理？：ばく露量の管理

【(※) ばく露シナリオに必要な情報】

・物質の特徴：単一物質か混合物か、高分子か、成形品中の物質か

・対象者の選定：製造時の作業者か、使用時の消費者か

・発生の状況：主にどのような発生源から、どの位の量が、どういうパターンで発生するか

・排出源からばく露対象までの道筋：排出後どの媒体あるいは媒体間を、どのように移動・分配・分解するか

・ばく露の可能性（経路）：対象者がその物質にばく露する経路は吸入・経口・経皮の全てか、可能性があるとすれば主なものだけに限定できるか、影響を受ける人あるいは環境生態系とどのような形で接するか、生体内での挙動はどうなるか？

5 リスクの管理

リスク管理とはハザード評価とばく露、評価を上述のごとく行い、人や環境へのリスクが許容できない場合には、ハザードを低減、すなわち、効果が同等な低毒性の代替物質に変更するか、ばく露を低減、すなわち、使用量の削減または効果を保持できる混合物質を探索することである。また作業場を閉鎖系にしたり、排出量を削減する設備改造を行う等の方法もある。本来化学物質のハザードは、物質固有の性状で不変だが、ばく露量は排出を抑制する等の製造や使用条件の変更により制御が可能である。

(1)作業場のリスク管理

国は、事業者による自主的なリスク評価、リスク管理を推進する趣旨で2006年（平成18年）に労働安全衛生法を改正し、化学物質その他の危険・有害性等の調査の実施を事業者の努力義務として導入し、さらに2016年（平成28年）6月からは、同法を改正して673の危険有害性化学物質に関係する作業のリスク評価を事業者に義務付け、その後さらに対象物質数は増えている。

このように化学物質のリスク管理のための各種法令が充実化される一方で、近年、大阪の印刷作業場における1,2－ジクロロプロパンによる胆管がんの発生に続いて、芳香族アミン（オルトートルイジン）を使用した福井市の化学工場で膀胱がんが多発するなど、労働者が安心して働ける作業環境の実現には、まだまだ課題が残されている。

「作業環境測定」および「測定結果の評価」は、職場にある有害因子の存在を科学的・客観的な手法で定量的に把握し、作業環境が働く作業者にとって問題がないか否かを判定するものであり、化学物質等を製造し、また取り扱う職場にとって中核をなすのが「リスク評価、リスク管理」である。

石油類、触媒、有機溶剤等多種の化学物質を取扱う作業場の場合、具体的手法として、作業者の有害物質への「ばく露」を「個人ばく露測定」という方法で直接測定し、次いで、その結果とその物質の有害性を基に、ばく露レベルと健康影響度を基にしてマトリックスを作り、リスク（危険性）レベルを推定し、リスクレベルの程度に応じて対応策を採るという方法がある。さらに、リスクが高い場合は、工学的な対策等のリスク低減措置を実施するとともに、作業ルールの設定・改訂や作業者への教育を行う方法も考えられている。

リスク評価に基づいて、労働者の危険や健康障害を防止することがリスク管理の要になっている。作業場の人へのリスク低減措置は概略以下の通りである。

① 有害性や危険性の少ない物質への変更

② 化学物質等の形状を粉状から粒状に変更して飛散によるばく露を防止

③ 反応原料を密閉系にした仕込み方法への変更

④ 防毒マスクや防塵マスクの使用

⑤ 作業場の環境の全体換気化、局所排気装置の設置

⑥ 作業場所に飛散防止用間仕切り、ビニールカーテンの設置

法に定める作業環境測定は確かに必要だが、リスク評価、スク管理の手法として上記のポイントの重要性を改めて事業者に認識してもらう必要がある。

(2)生態環境のリスク管理

環境リスクを管理することは意外と難しい。過去に起こった環境汚染を思い起こすとよく分かる。DDT、PCBはベネフィットがあるので広く使い続けられ、その後に毒性が判明した。また船底防汚塗料として広く用いられたTBT（トリブチルスズ）は海水中に溶けだして底質や生物に蓄積し、長期にわたり環境中に残留した後に海洋生物への毒性が判明した。毒性が判明した後に発生源は断たれたが、汚染は

広範囲に渡ってしまった。従って、効果的に環境リスクを低減させるためには、できるだけ事前に既知情報の中にあるリスクの芽になる情報を注意深く集め、リスク評価をすることが大切である。地域における環境リスク管理では、これまでの地域環境保全に係る施策を十分に活用し、地域の関係者と協働してリスク低減を推進するという協調が重要である。

生態環境にある動植物へのリスク低減措置は、上記の労働環境対策を充実化することになり、概略以下のようになるであろう。

①飛散の可能性を低減させるため、使用する「化学物質」を減らし、また低飛散性の「化学物質」の使用を検討する。

②化管法対象物質は、発生源で補足し、環境中への排出を可能な限り削減する。特に、特定第1種指定化学物質は環境中への排出量を徹底的に削減する。

③化管法対象外物質を用いる場合には、有害性が小さい「化学物質」への代替を検討し、環境中への排出量を削減できるよう検討する。

④「化学物質」の飛散・流出を防止するため可能な限りクローズドシステムを導入し、また可能な限りリサイクルを図り、排出量の最小化を検討する。

⑤使用する「化学物質」についての、より詳細で正確なハザード情報の収集に努める。

⑥常に、BAT（Best Available Technology）、BEP（Best Environmental Practice）というコストや効果の観点から利用可能な最良の技術（e.g. 脱硫装置）や環境への最良の対応（e.g. 水銀の排出を最小化する工程管理）について役立つ情報を収集し、その導入を検討して実践する。

(3) リスクトレードオフ[28]

化学物質のベネフィットを最大限に利用するためには、化学物質由来のリスクをできるだけ低減し、最適に管理する必要がある。例えば、米国の規制に抵触する物質を含む製品を米国に輸出する場合、代替物質を採用することがある。2007年に中国製玩具で使用されていた塗料に鉛成分が含まれていたため米国で鉛の毒性が問題となったので、中国のメーカーが代替塗料を使用したといった場合である。しかし、今度はその代替塗料に腎機能障害を引き起こす可能性があるカドミウムが含まれていたことがあった。また、1991～1992年にはペルーで水道水の塩素消毒によって発がん性物質が副生するリスクを避けようとして塩素の使用を止めたため、結果的にコレラが流行してしまったという事例もあった。

このように、目的とするリスクを減らそうという努力が、逆に意図しない別のリスクが出てきてしまうことが典型的なリスクトレードオフ（図－23）であって、異なった観点からの再度のリスク評価が必要になる。

以下に主なリスクトレードオフの事例を示す。

【リスクトレードオフ】
リスクトレードオフとは、「あるリスクを減らそうとすると、他のリスクが発生したり増加したりすること」である。例えば、水道水の塩素消毒はコレラ、チフス、赤痢などの水系伝染病を防ぐ上でたいへん効果的だが、一方で副産物として発がん性物質のトリハロメタンが生成してしまう。そこで代わりに塩素を用いないオゾン処理に切り替えれば、少なくともトリハロメタンは生成されなくなるが、オゾンを製造するには多大な費用を要し、またそれには大量のエネルギー（化石燃料由来あるいは原子力発電のリスク）を必要とする。これもリスクトレードオフに該当する。化学物質管理上代替物質を選定する上でよく起こり得る問題である。

○穀物の防かび剤の二臭化エチレンの発がん性の恐れによる使用禁止
⟺カビ発生によるカビ毒アフラトキシンの発がんリスクの増大
○臭素系難燃剤からのダイオキシン等発生リスクから臭素系難燃剤の使用禁止
⟺火災事故発生リスクの増大

図－23　リスクトレードオフ

上記の例が示すように、我々の便利な生活には化学物質が欠かせないが、使用するものの大部分が人工的な化学物質である以上、人や生態環境に対し何らかのハザードを有している。短期的、長期的な使用よって何らかのリスクが生じることは本来避けられないのかも知れない。しかし、大阪の印刷工場での胆管がんの発生は、人間にリスク評価の休止を許さないという警告とも受け取れる。我々の社会が化学物質と対峙している場面で直面している課題の多くは、リスクトレードオフを避けては通れない。危険因子を挙げそれを無くするだけでは生活は維持できず、代替物質への変更場面では、リスクトレードオフの問題が生じる可能性をいつも考えておく必要がある。

化学物質にゼロリスクは求めようもないので、課題解決にはリスクの最小化を念頭に置いて、新しい評価ツールを用い、全体としてのリスクを減らしながらベネフィットを求める使用法を考えるのが人間の智恵である。

(4)リスク管理における事業者と国の役割[29)]

化学物質のリスクは上記のごとく特定の場所、地域に限られるものではなく、影響圏は大気、水域、土壌圏になり、動植物体、食物連鎖へと広がって行く。それゆえ、国や地方自治体のみでリスク管理が行えるものではなく、事業者の協力なくしては排出・移動実態を的確に把握することができないだろう。

化審法に基づいて事業者は用途情報を含む製造数量等、有害性等の性状データや取扱いの状況といった情報を国に届け出る。それらの情報に基づいて国は、スクリーニング評価や一次・二次のリスク評価を実施し、評価結果に基づいて対象物質の物質指定（第一種・第二種特定化学物質、監視化学物質）をしたり、取り消したり、また有害性の調査を求めたり、必要な指示をする。一方、化管法では、対象事業者は環境への排出量を国に届け出、国は届出データの集計結果を公表し、また届出データ以外の排出源（家庭、農地、自動車等）については推計結果を公表する。

化管法による国の評価結果に基づく指示等は、今度は事業者が遵守し、指導や助言に基づいて取扱い状況の改善を行い、国と事業者の二人三脚でリスク管理が行われている。

化学物質のリスク管理結果は、事業者からの届出データの物質別、業種別、地域別等の集計結果、届出データ以外の排出源の推計情報が国民に知らされ、化学物質の排出、管理状況について国民の理解が促進される仕組みになっている。

更に、国民はただ情報の受け手に廻るだけではなく、国に対して個別事業所のデータの開示を請求でき、事業者には管理状況にについて国民なりに評価することができる。リスク管理における事業者と国の役割は、化管法に詳細に規定されている（図－24参照）。

なお、届出対象は全ての事業者ではなく、規模等により以下のように定められている。

① 対象業種：製造業、金属鉱業、電気業、ガス業種等23業種
② 常用雇用者数：21人以上の事業者
③ 年間取扱量：第一種指定化学物質の年間取扱量が1トン以上（発

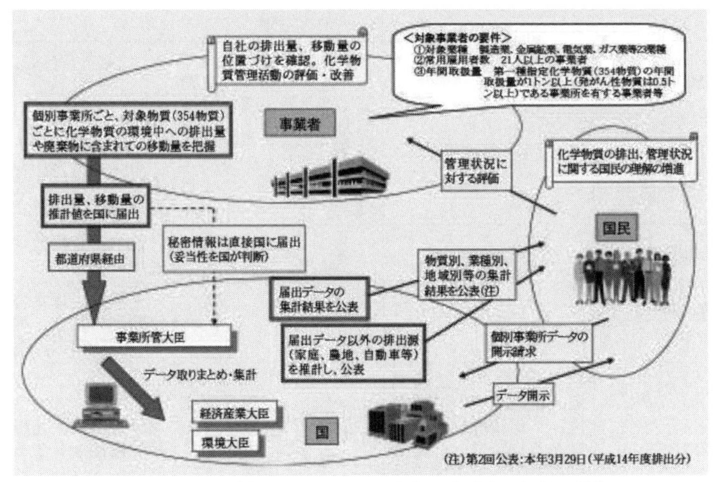

図－24　化管法（PRTR制度）の役割分担体系[29]

がん性物質は0.5トン以上）である事業所を有する事業者等

なお、化審法では、以下のように対象とする化学物質の危険度によっ

表－12　化学物質ごとのリスク管理（化審法）[30)]

物質種／取扱い	第二種特定化学物質	監視化学物質	第一種特定化学物質
取扱いに係る措置	・事業者がとるべき措置を技術上の指針として公表		
	・容器、包装等に環境汚染防止上の措置等の事項を表示		
製造数量等の届出	・本製品の製造・輸入予定数量/実績数量、政令指定製品の輸入予定数量/実績数量の届出	・毎年度、製造・輸入実績数量、用途の届出	・本物質の製造・輸入者は経産大臣の許可が必要
	・製造・輸入予定数量の変更命令可能	・必要に応じ環境中への放出抑制措置を講じる旨の指導・助言が可能	
疑義物質に関する勧告	・本製品要件への該当疑義ある場合、使用者に製造輸入制限等の勧告が可能		
有害性調査指示		・環境汚染生起の恐れある場合、事業者に長期毒性調査の実施指示を行い、第一種特定化学物質となれば速やかにその旨指定	
情報提供の努力義務		・本物質を事業者間で譲渡等する場合、本物質である旨の情報提供努力すること	
製品の輸入禁止			・本物質を使用している製品（政令指定製品）の輸入は禁止
使用の制限			・政令指定用途伊賀の使用は不可
指定等に伴う措置命令			・主務大臣は本物質使用製品の製造・輸入業者に回収等の命令可
備考	難分解性で継続的摂取・暴露で人（長期毒性）、環境動植物に毒性ある物質で、被害を与える恐れある環境残留物質	難分解性＆高蓄積性を有する既存化学物質で、毒性不明確な物質	難分解性、高蓄積性＆長期毒性を有する物質

てリスク管理することが求められている。

次に、作業環境面を少し詳しく見てみる。労働安全衛生に関係するリスクアセスメントとしては次の三つの種類があり、このうち①、②は機械・設備系、③が化学物質に関わるリスクアセスメントである。

①職場および作業のリスクアセスメント（評価）

事業場における機械や設備等に係る危険有害要因を把握し、そのリスクレベルの評価結果に基づき、対策を要するものを明らかにするものである。

②機械や設備の設計・製造時のリスクアセスメント（評価）

機械や設備の製造者（メーカー等）によって実施され、その結果に基づき、本質的な安全設計、安全防護等の安全対策によりリスクレベルをできるだけ抑えるため、安全な機械や設備が職場（ユーザー等）に提供されることになる。

その際の「許容可能なリスク」は、①のリスクアセスメントでは事業場としての政策的判断により、また②のリスクアセスメントでは社会的および企業的な見地から、それぞれ設定されることになる。

③化学品の導入前のリスクアセスメント（評価）

企業が製品の原料として導入する化学品について、当該物質が本来持っているリスクを、SDS 等から評価し、対策を要するリスクを明らかにする（安衛法の通知・表示対象物質についてはリスク評価が義務付けられている）。化学品のリスクアセスメントを行った後に、必要なリスク低減対策を検討し、対策の優先順位を決め、そのための効果、費用並びに時間を検討し、対策を実施してみる。その結果、許容可能なリスクレベルまで低減されたかどうかを確認または見直しを行い、最後に残ったリスクが許容できる場合には、リスクコミュニケーションを行って終了する。この一連の実施手順がリスクマネジメントとなる。

詳しくは、図－25 に従って化学物質の導入前のリスクアセスメントならびにリスクマネジメントを行うことを推奨する。

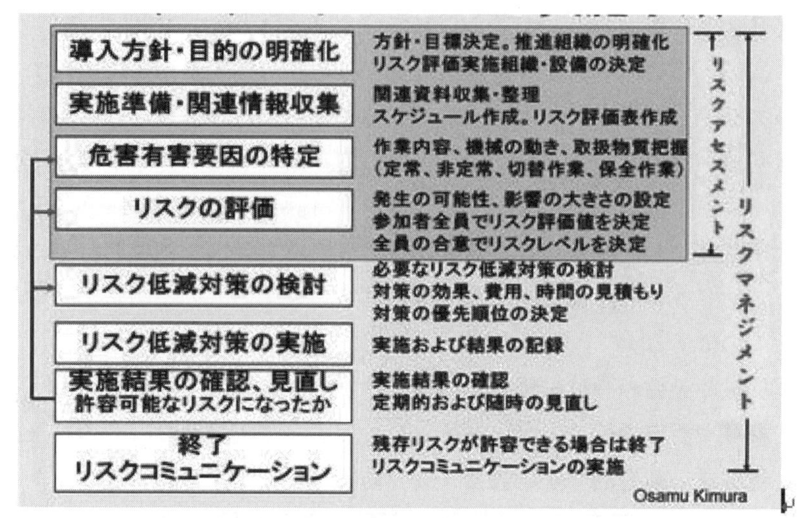

図−25　労働安全衛生関連リスクマネジメントの実施手順

(5)リスクアセスメントの各種方法

リスクアセスメントに関し、実際にどのような方法に基づいて実施すべきかは安衛法には具体的に定められていない。事業者が実情に応じて選択・実施することができるようになっている。

2016年（平成28年）改正安衛法を施行した厚生労働省は、対象物を製造しまたは取り扱う業務ごとに以下の方法（表－13、表－14）を実施するようにリスクアセスメントの指針を公表している。これらの方法は、危険性（火災・爆発等）または有害性（健康障害)、作業負荷、精度、難易度についてリスクの違いがあることから、事業者が技術的、経済的または企業規模等の実情に応じて選定・実施することができるようになっている。

考え方としては、まずスクリーニング的に簡易な方法で実施し、リスクの程度が許容できないようであれば、より詳細な方法でリスクアセスメントを実施することが推奨されている。具体的には、危険性については、まず簡易な「スクリーニング支援ツール」または「マトリックス法」を実施し、より詳しく検討する場合に「災害シナリオから見積もる方法」を実施するのが良いと考えられている。他方、有害性については、まず簡易な「マトリックス法」または「コントロールバンディング」を実施し、より詳しく検討する場合には「実測による方法」でばく露量を算出し、リスク評価を実施するのが良いと考えられている。

表ー13　危険性に対する発生可能性と重篤度を考慮するリスクアセスメント方法例

方法	リスク	概要	留意
マトリックス法	危険性/有害性	・発生可能性と重篤度を相対的に尺度化し、それらを縦軸と横軸とし、予め発生可能性と重篤度に応じて割り付けられた表を使用してリスクを見積もる方法 ・比較的簡易な方法	・精度はそれほど高くない
コントロールバンディング	有害性	・化学物質リスク簡易評価法（コントロールバンディング）などを用いてリスクを見積もる方法 ・公表されているツールを活用した比較的簡易な方法 ・「液体または紛体を扱う作業」および「鉱物性粉じん、金属粉じんなどを生じる作業」の２種類がある。 ・化学物質の物理化学的性状・取扱量・取扱方法などからばく露量を推定するため、作業環境測定をしなくても評価が可能 ・リスク低減措置の検討に参考となる対策シートが得られる。 ・より詳細なリスクアセスメントに向けたスクリーニング法としても使用可能。	・精度はそれほど高くない ・精度はそれほど高くない ・局所排気等を考慮していないため、実際よりリスクを高く評価してしまう恐れがあり、選定された対策シートが過剰な場合は、より詳細な検討が必要
災害のシナリオから見積もる方法	危険性	・化学プラント等の化学反応のプロセス等による災害のシナリオを仮定して、その事象の発生可能性と重篤度を考慮する方法。 ・精度が高く、より詳細に検討できる。 ・以下のような各種指針が公表されている。 「化学プラントのセーフティアセスメント」（2001年3月：中央労働災害防止協会） 「リスクアセスメント・ガイドライン ver.2」(2016年2月：高圧ガス保安協会) 「プロセスプラントのプロセス災害防止のためのリスクアセスメント等の進め方」（2016年：（独）労働安全衛生総合研究所）	・専門的知識と膨大な作業量が必要
スクリーニング支援ツール	危険性	・チェックフローに従い、リスクを見積もる簡易評価方法 ・公表されているツールを活用した比較的簡易な方法 ・より詳細なリスクアセスメントに向けたスクーリニング法としても使用可能	・精度はそれほど高くない

表－14　有害性に対する発生可能性と重篤度を考慮するリスクアセスメント方法例

方法	リスク	概要	留意
実測による方法	有害性	・対象の業務について、作業環境測定等によって測定した作業場所の化学物質等の気中濃度を、その化学物質のばく露限界（（公社）日本産業衛生学会の許容濃度、米国産業衛生専門家会議（ACGIH)のTLV-TWA等）と比較する方法	・作業環境測定が必要
使用量等から推定する方法	有害性	・数理モデルを用いて対象事業の作業を行う労働者の周辺の化学物質等の気中濃度を推定し、その化学物質のばく露限界と比較する方法 ・欧州化学物質生態毒性センターが提供するリスクアセスメントツール（ECETOC－TRA）が公表されている。 ・化学物質の物理化学的性状、作業工程、作業時間、換気条件等を入力することで、推定ばく露濃度を算出できる。	・作業環境測定が必要ない。
予め尺度化した表を使用する方法	有害性	・対象の化学物質等への労働者のばく露の程度とこの化学物質等による有害性を相対的に尺度化し、これらを縦軸と横軸とし、予めばく露の程度と有害性の程度に応じてリスクが割り付けられた表を使用してリスクを見積もる方法 ・比較的簡易な方法	・精度はそれほど高くない

【厚労省公表のスクリーニング支援ツール】

http://anzeninfo.mhlw.go.jp/user/anzen/kag/pdf/M1_risk-assessment-guidebook.pdf

このスクリーニング支援ツールは、リスクの見積もり方法として「災害のシナリオから見積もる方法」を採用し、代表的な爆発・火災等の危険性について、定性的にリスクの見積もりを行うものであり、大まかにリスクの程度が「大きい／大きくない」を判定するものである。

本ツールは、リスクを「知る」ためのスクリーニングツールであり、代表的な危険性のみを対象としており、安衛法に基づく指針におけるリスクアセスメントに使用することができる。

(6)リスクコミュニケーション[31)]

リスクリスクコミュニケーションを幾つかの視点から見てみる。化学物質のハザードについては可能な限り定量的、科学的、技術的データを基にして規制法を遵守することが求められ、ばく露量の多寡によってリスクが評価され、リスク管理がなされ、事業者による自主管理が要求されている。事業者の責任で化学物質管理やリスクマネジメントがなされるのが現実的だからである。その点事業者の役割と責任は大きい。

一方、化学物質はベネフィットがあることにより世の中から求められ、社会的な合意の上でリスクを回避した方法で受益者に利用されている[32]。

他方、ノニルフェノールやビスフェノールA等のような環境ホルモン（内分泌攪乱物質）、野生動物における生殖異常や人における精子数減少、生殖器異常、悪性腫瘍の増加や継世代的障害の原因物質ではないかと疑われ、リスク情報がメディアに溢れ、社会的関心を呼ぶと、ベネフィットがある化学物質でも専門知識の乏しい消費者や一般人はどう対処したらよいか不安になる。

ここに登場するのが「リスクコミュニケーション」である。立場の異なる事業者とステークホルダー（利害関係者：企業、行政、NPO等の利害と行動に直接・間接的な利害関係を有する者）が共通のテーマ（科学的なテーマ）について意見を交換し、互いに理解を深めるときの事業者の手法と言い換えても良い。両者が同じ土俵で共通の化学物質のリスク像を描けるとは限らない。事業者側が科学的な根拠に基づく解説を受け手のステークホルダーに伝えたとしても、言葉は聞いていても内容は理解できないことが多いように思われる。伝える情報とともに伝え方が重要になる。

工場から排出される化学物質が局所的には周辺住民や周辺地域へのどのような影響を与えるか、また広域環境へどのような影響を与えるかの分かり易い説明が必要である。しかしながら、サプライチェーンへSDS等を使ってリスク関連情報を提供し、化学物質に詳しくない従業者に分かってもらうためにも、言葉の選択や説明方法のスキルが求められている。

日本には化学物質アドバイザーや日本化学工業協会の地域対話等の取り組みがあり、リスクコミュニケーションを支える仕組みはできてきているが、今後手法の雛形が十分な形に仕上がって行くように思われる。

米国では、NRC（原子力規制委員会）が以下のような重点ポイン通りスクコミュニケーションのスキルとして定めているが、よく見ると当たり前のようであり、日本にそのまま当てはめても差し支えないのではなかろうか。

・大衆を正当な相手として受け入れ、関係を持て！

・注意深く計画し、実行結果を評価せよ！

・対象者の言うことに耳を傾けよ！

・正直、率直、オープンであれ！

・他の信頼できる情報源と調整を取り、協力せよ！

・メディアのニーズに応えよ！

・明瞭に共感を持って語れ！

我が国での築地市場の豊洲への移転に関する盛り土、豊洲建屋の地下水汚染問題に対するマスコミ報道を例にとると、一般の人にありがちな誤解というか不安感には以下のような傾向があるようだ。

a）化学物質のリスクは科学的措置によりゼロにできる。

b）ベンゼンはとてつもなく怖い物質で、少しでも吸入するとがんになる可能性があるという不安感がある。

c）化学物質のリスク評価について正しい認識が持てないので、「正しく恐れる」ことができない等々。

リスクコミュニケーションの場で、一方がそのような受け取り方をすると、説明者（事業者側）は過剰反応が心配になり、何をどう話したら本当のことを分かってもらえるか悩む。

同業他社はそれほど対策を採っていない、安全対策を強化してもあまりメリットがない上、コストがかかる等々の想いが頭に浮かぶ。しかし、これではお互い様で発展性が無い。立ち止まって冷静に考えると、リスクコミュニケーションを上手に進めるポイントは、以下のようになるのではないだろうか。

・不安につながる情報は、対策と一体にして提供する。

・科学的内容を分かり易く説明したいときは、色々な視点から視覚的に見せる。

・重要な点は、表現を工夫し比喩を使いながら繰り返し説明する。

・聞き手の本当に知りたいところを事前に知るために、アンケートや事前質問を行う。

・一方的に説明するのではなく、聞き手の反応を見ながら対話形式で理解の促進を図る。

・事業者側の相談窓口を定め、聞き手のために窓口を開放しておく。

こうすると、事業者と地域住民やステークホルダーとの相互理解に齟齬がなくなると思われる。

【企業のリスクコミュニケーションの目的】

・周辺住民の要望等を吸い上げる。

・事業所の化学物質管理状況を説明し、周辺住民の意見を聞くとともに、環境リスク管理の参考情報とする。

・近隣地区との対話によって、環境リスク管理上の観点を知る。

・出席者の意見、感想から改善点を見出し、今後の化学物質管理方法の改良を図る。

・事業者の視点と異なる視点や意見を知り、事業所の環境管理に役立てる。

・地域からの情報や意見を聴取する組織的な双方向性の仕組みを構築し、リスクコミュニケーションやクライシスコミュニケーション（非常事態の発生によって企業が危機的状況に直面した場合、その被害を最小限に抑えるために行う、情報開示を基本としたコミュニケーション活動）を強化し、もらった意見を事業活動、事業所運営に活かす。

・RC（Responsible Care）活動（化学製品の開発から製造・流通・消費・廃棄の全過程にわたって安全な取り扱いを推進する、化学工業界の自主管理活動）の不備な点があれば見直して、従業員のみならず、近隣住民にも必要な情報を提供して、さらなるPDCAサイクル（Plan（計画）→ Do（実行）→ Check（評価）→ Act（改善）の4段階を繰り返す生産技術や品質管理などの継続的改善手法）を回す。

・第三者的視点で近隣住民に事業所を見てもらい、出てきた意見、課題に対して作業員、スタッフで改善策を見出す。“岡目八目”をリスク管理に活かす。

・社会とのコミュニケーションを図り、継続的改善に取り組む。

・騒音、異臭等に関する苦情や要望等を吸い上げる。

☆以上によりリスクコミュニケーションの成果が出れば、企業のCSR報告書で紹介し、企業イメージアップを図ることが環境経営の一助になる。

(7)企業秘密

価格や品質とともに顧客にアピールする製品情報が取引先にとって重要な価値を有する時代になってきた。消費者製品には成形品が多いので、含有化学物質に関するリスクコミュニケーションが差し迫って必要になるのは、成形品の生産者である。成形品内の化学物質の組成は重要な企業秘密であることが多い。組成の開示は、技術的なノウハウや製品の設計思想の開示になる場合があるため、リスクに関与しない微量成分を含めた全組成の開示に、生産者が消極的になるのは無理もない。

必要な情報は川上企業に求めることになるが、組成に企業秘密を有する川上側の企業は開示情報を最小限にしようとする。川下側の企業は、非開示部分に製品の安全な取扱い上要注意情報が隠れていると困るので、できるだけ多くの情報を求めようとするだろう。このような場合に利益相反が起こり、川上企業は苦心している。

化管法では、PRTR 制度の趣旨に基づき、届出事項(化学物質名(IUPAC 名)、事業所名、排出量等)の全てが開示される。各企業のWeb サイト等の公開情報と届出情報を組み合わせると、届出事業者の企業秘密が見えてくることがある。その場合、これら届出情報を全てそのまま公表すると当該届出事業者の競争上の地位が脅かされる場合が出てくる。その点を考慮して化管法は以下のような保護規定(第6条第1項)を置いている。

秘密情報として保護されるためには、以下の要件全てが満たされることが要求される。

ア)届出に係る第一種指定化学物質の取扱いに関する情報であること

イ)秘密として管理されていること

ウ)生産方法その他の事業活動に有用な技術上の情報であること

エ)公然と知られていないこと

なお、秘密情報に該当するかどうかは、当該届出事業者の請求に基づいて、事業を所管する大臣が判断することになっている。秘密情報に該当することになった場合は、届け出られた第一種指定化学物質名に代えて「対応化学物質分類名」（大括りの名称）が開示される（第７条第１項）。

他方、SDS の記載では、指定化学物質の名称は政令名称で記載することとなっており、含有率等その他の必須記載事項については、記載を省略することはできない。ただし、それらが企業秘密に該当する場合、物質名、含有率等その他の必須記載事項については、企業秘密に関係する指定化学物質の名称や含有率等を記載した上で相手方と秘密保持契約を結んで秘密を保持することはできる。

なお、混合物等の内容に企業秘密がある場合、SDS の記載項目の“化学特性（化学式）”、“官報公示整理番号”、“CAS 番号”の記載は、「企業秘密なので記載できない」という記載になっている例が時々見受けられる。

アメリカの TRI 制度（Toxic Release Inventory：有害化学物質排出目録制度（日本の化管法に相当））では、化学物質の特定に関わる情報を、“企業秘密”を理由として公表を拒むことを主張できる。但し、以下のことを立証する必要がある。

a）化学物質名の機密性を保護するための特別な対策の記述

b）秘密保持契約により秘密情報を第三者に開示しないと約束した者に対して、企業秘密とされる情報を開示しているかどうか

c）地方、州、連邦政府機関に対し、化学物質名の機密性を主張しているかどうか

d）企業秘密とされる化学物質の用途、製品または工程の特定等

e）対象となる化学物質名を公開することから生じると思われる競争上の損害の性質等

以上より安易な事情程度では、米国では秘密保持の主張は通らないと考えた方がよい。

なお、EU では 1999/45/EC の附属書に化学物質の秘密保持につい

て規定されており、物質名を「総称名」で表示することが認められている。例えば、クロロベンゼンならば「ハロゲン化芳香族炭化水素」と、塩化水銀ならば「無機水銀化合物類」という具合である。

一般に、輸入者名、製品名、販売数量等の製品情報や原料名、調達先等の原料情報は企業秘密となる。特に新規な戦略商品として売り出す商品の情報を、昨今双方向となったサプライチェーンの上流や下流に開示することは、欧州輸出には必要だと分かっていても、むやみに開示することに抵抗は多い。通関時に必要な登録情報が漏れてしまうと唯一の代理人や川下ユーザーを管理できなくなるだけでなく、企業秘密へのフリーライドを許してしまう。こうした場合に備えてできる限り製品や登録情報の授受の時に秘密保持契約を締結しておくことが薦められる。

微量添加物による性能向上技術は、特許で守ることは難しく、大方の企業ではノウハウとして秘匿する戦術を取っているようである。よってリスクに関与しない微量成分をを含めて全組成の開示に生産者が抵抗感を覚えるのは無理のないことのように思われる。

6 サプライチェーン全体にわたる化学物質管理

川上企業が製造した化学品は、川中企業に販売され、川中企業はそれを製品に使用される部品に加工する。その部品を川下企業が組み立てて最終製品に仕上げる。最終製品は一般消費者に提供され、最終的には廃棄される。このサプライチェーンを通じてSDS等により化学品の情報が伝達していく。

【化学物質・混合物】
原材料メーカー ⇒ 一次加工メーカー ⇒ 部品メーカー
【成形品】
⇒ セットメーカー ⇒ 一般消費者

製品含有化学物質に関する規制は、EU、米国、アジア諸国等、世界各地で導入され強化されつつある。また、日本の各企業はグローバルなサプライチェーンの中で､政治的な変動による規制や法律の変更、税率の変動のような様々なリスクにさらされている。その中でも規制対応物質の使用・不使用などについてサプライチェーンにおける情報の適切な伝達とそのマネジメントが不可欠になっており、自社製品が直接的に関わる規制に対応するのはもとより、自社製品を供給する加工メーカーやセットメーカーを通じて関係する規制にも適切に対応することが求められている。そして、各国での規制対応への巧拙が企業間格差として現れてくることを知っておく必要がある。

(1) サプライチェーンを通じた情報伝達の現状[33)]

サプライチェーンを通じた情報伝達の取組は進んできてはいるが、以下に示すように、未だ情報が円滑に伝達されているとは言い難い状況にある。

①化学品を提供する川上企業は、一部の混合物の含有化学物質情報が企業秘密になっており、公開したくない事情がある。

②化学品の提供を受けた川中の成形品加工企業には、操業の安全や従業員の健康を配慮し当該化学品の情報を詳しく知りたいが、川上企業の規模が大きく取引の継続性等の商売上の事情があり、化学品情報の提供を依頼しにくい事情がある。

③サプライヤーが海外の場合、必要な情報が提供されないことがある。

④取引の間に商社が介在する場合には、商社が情報提供する義務があり、情報の伝達が滞ったり、途切れることが起こり得る。そうなると川中企業は自社製品の情報を上手く川下企業に伝達できず、川中企業は取扱う製品に含まれる化学品の分析により当該化学品の含有情報を作成せねばならない。

⑤川下の最終製品販売企業による情報入手が遅く、また化学物質管理の専門家が不足しているため、下請け業者への説明、研修等へ提供する情報の精度が落ちてしまう。また責任体制が十分ではなくなる。

⑥電気・電子分野が関わる製品含有化学物質の情報伝達の標準スキーム（e.g.JAMP（アーティクルマネジメント推進協議会 → 現在は発展的に chemSHERPA に引き継がれている。）、JGPSSI（グリーン調達調査共通化協議会））による情報伝達は４割未満で、６割が個別企業による独自方式ゆえ、サプライチェーンの川中企業業者の情報提供負担は過大になっている。

他方、製品含有化学物質への規制は、日本、欧州、米国のみでなくアジア諸国でも導入されており、国際標準の REACH を模した法制が策定され、規制が強化されている。また、グローバリゼーションの下、サプライチェーン内の企業は分業で最終製品の部品やパーツを生産しているため、各国の規制の違いをクリアーするためにはそれらを生産する企業の提供する情報が、規制遵守上大きな意味を持って来る。

そのために各企業は、自社製品が直接かかわる規制に対応するのみでなく、それをパーツとして含む製品が辿るサプライチェーン上の国の関係規制にも対応する必要性が出てくる。この流れを念頭に置いた化学物質管理を最適化しておかないと、情報伝達が円滑であれば不要となる分析等のコストが増えて、日本全体の企業の負担は大きなものになるだろう。

自動車業界は、廃自動車指令（ELV 指令）対応を念頭に開発したIMDS（International Material Data System）というサプライチェーン環境情報伝達システムを開発して、業界団体が中心となって運営している[34]。　このシステムに従った化学品情報の伝達は、以下のように部品やパーツの多い自動車業界に適合した仕組みになっている。

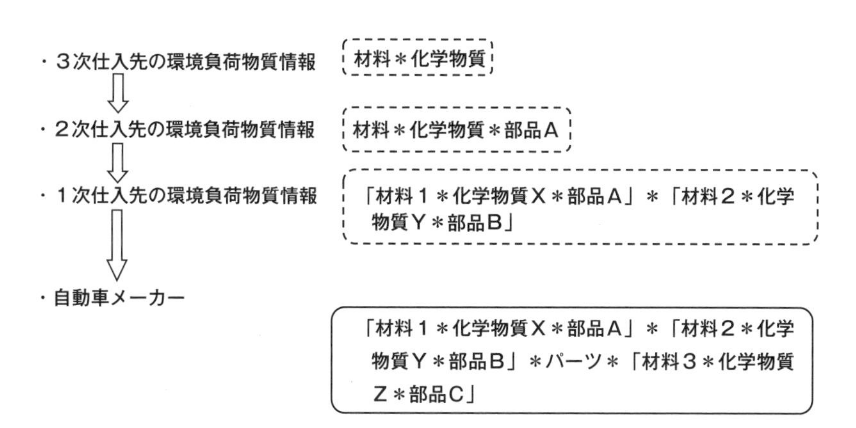

IMDS では、取引先から受領したデータをそのまま受け手の企業のデータベースに取り込み、登録標準材料データや公的規格が参照可能になっている。データの構成が品番等の送信先固有情報と部品構成情報に分かれており、前者を追加することで同じデータが複数の送信先に送ることができるようになっている。このとき、送信者が指定する受信者以外はデータの閲覧権限がないようにして、セキュリティが確保されている[34]。

しかしながら、こうした情報の流通過程で困ったことも起こっている。川下企業担当者による、川上企業に対する「安全に安全を重ねたような情報」を過剰に要求するという問題である。川下から川上への過剰な情報要求と思われる事例を挙げてみる。

【川下からの過剰と思われる開示要求】

①「社内で製品製造に使用する工具や設備に六価クロム等の規制物質が含まれないことを証明しろ」と迫られた。

② RoHS 指令で対象になっている六価クロムに関する分析方法で、国際規格の IEC − 62321 の定性分析法ではなく、費用の掛かる定量分析法を要求された。

③改正 RoHS 2 で、材料、組み込み部品に対しては要求されないはずの CE マーキング／適合宣言書／技術文書を一つ川上の材料、部品メーカーが要求された。

④ REACH の SVHC（高懸念物質）について、製造工程では無くなってしまう物質ゆえ情報伝達が不要にもかかわらず、情報開示および不使用を要求された。

⑤大手家電メーカー等から、最終製品には残留しない材料や化学物質に対しても、毎年分析値を要求される。また RoHS 指令や REACH 規則の範囲を超えた物質リストを示され、それらの物質の含有情報を要求された。

⑥有害物質が規制値以下になっているのに、不含有（ゼロになっていること）の証明を求められた。

これらの要求は、川下企業が自身の保身を購入者優位の立場を利用して迫るもので、一つ川上の材料、部品メーカーは断るには勇気がいる。しかしながら、RoHS 指令や REACH 規則の要求に精通し、自社のまたは他社の経験を集積、一般化した知見を保有する必要も捨てきれない。必要ならば、外部の専門家を利用することも役に立つ。

(2) サプライチェーンの情報伝達への日本の取組

REACH 規則では、成形品中に含まれる認可対象候補物質（いわゆる SVHC）の情報伝達が問題になっている。サプライチェーンで川下に含有化学物質の情報を伝達する場合、まず届出対象物質を抽出するときに、当該物質を含有する成形品全体の重量を知る必要がある。六価クロムの含有を心配するとき、含有量の裾切り値は「0.1wt%／均質素材重量」という条件があり、届出実務では必須の情報である。

単純な成形品の場合、全体の重量の測定に問題を感じないが、単純な成形品の種類が多く複合的に組み合わされた家電製品やパソコンを構成するパーツになると、単純な成形品か中間パーツかまたは全体か、どれを 100% 重量として採用するかという、“成形品の 100% 分母問題”が現在生じている。

なお、把握した情報をサプライチェーンの下流へ伝達する段階でも課題がある。我が国では、様々な情報伝達のフォーマットが使用されており、その不均一性が問題になっている。フォーマットに記載される情報は原則的に同一ゆえ、使用する企業の利便性を図るため、フォーマットの形式の統一化に向けて経済産業省から統一化 IT システムが提案されている[35)]。

7 製品含有化学物質管理規制と事業者の取組

製品に含有される化学物質の安全性や危険性は、当該製品の売手はよく知っているが、買手は知らされないと分からない。製品に含まれる化学物質は部品やパーツに伴って売手から買手に移転し、サプライチェーンの下流へ、下流へと移っていく。それゆえ、サプライチェーンが広がると情報伝達の重要性が当然高まる。実取引では、原材料や部品等に含有される化学物質は「購入段階」で確認し、「中間製品製造段階」での誤使用・混入・汚染等を防止するとともに、次の段階での操作や反応等によって新たな製品に含有されることになる。新たな製品中に含まれてくる同一または変換された別の化学物質を正確に把握し、「販売段階」では製品含有化学物質情報を買手に適切に伝えることが必要になる。また、リサイクルや廃棄物処理等の観点からも正しい・正確な情報の授受が求められる。この点、川上から川下までの分業化された大小事業者間の協調が不可欠になり、さらに事業者自らの当事者意識とコンプライアンスが求められる。

自動車や電気・電子業界を見るまでもなく、グローバルなサプライチェーンが形成されている今日では、国際事業者間での効率的で過剰な労力を費やすことのない情報伝達が、事業者のビジネスの帰趨を左右するといっても過言ではない。

(1) RoHS指令[36)]

RoHS 指令とは、電気・電子機器に含まれる特定有害物質の使用制限（Restriction of the use of certain Hazardous Substances in electrical and electronic equipment）に関する EU 指令のことであり、2006 年 7 月 1 日から施行された。

この指令は、2006 年 7 月 1 日以降に EU 市場に上市された電気・電子製品に鉛、水銀、カドミウム、六価クロム、ポリ臭化ビフェニル

(PBB)、およびポリ臭化ジフェニルエーテル（PBDE）の6物質を使用＊することを原則禁止（2015年6月4日新たにフタル酸系4物質が追加され、現在は合計10物質が禁止物質になった）にしている。

＊【最大許容濃度】
・鉛（0.1wt%／均質素材重量）
・水銀（0.1wt%／均質素材重量）
・カドミウム（0.01wt%／均質素材重量）
・六価クロム（0.1wt%／均質素材重量）
・PBB（ポリ臭化ビフェニル）（0.1wt%／均質素材重量）
・PBDE（ポリ臭化ジフェニルエーテル）（0.1wt%／均質素材重量）

【2019年7月22日から規制が開始されたフタル酸系4物質】
・DEHP フタル酸ビス（2－エチルヘキシル）
・BBP フタル酸ブチルベンジル
・DBP フタル酸ジブチル
・DIBP フタル酸ジイソブチル
（以上4物質：塩化ビニル樹脂などの可塑剤）

2006年7月1日以降にEU加盟国に輸入される製品、EU加盟国で製造され、販売される商品はRoHS指令に適合している必要はあるが、2006年7月1日以前にEU市場に上市されている製品にはRoHS指令は適用されず、引き続き流通が可能である。

RoHS指令は、人と環境に悪影響を与えないように電気・電子機器に特定の有害物質を含有させないようにすることを目的として制定されたもので、廃電気・電子機器指令（WEEE指令：廃電気・電子機器を削減するため、最終処分量を減らすために電気・電子機器の再使用、構成部品等の再生、リサイクルを推進することを目的とするもの）と密接に関係している。RoHS指令とWEEE指令の適用対象製品は以下である。

① 大型家庭用電気製品（冷蔵庫、洗濯機、電子レンジ、エアコン等）

② 小型家庭用電気製品（電気掃除機、アイロン、トースター、時計等）
③ IT および遠隔通信機器（パソコン、フリンター、複写機、携帯電話等）
④ 民生用機器（ラジオ、テレビ、ビデオカメラ、アンプ、楽器等）
⑤ 照明装置（家庭用以外の蛍光灯、照明制御装置等）
⑥ 電動工具（旋盤、フライス盤、ボール盤、電気ドリル、ミシン等）
⑦ 玩具、レジャーおよびスポーツ機器（ビデオゲーム機、カーレーシングセット等）
⑧ 医療用デバイス（放射線療法機器、心電図測定機、透析機器等）
⑨ 監視および制御機器（煙感知器、測定機器、サーモスタット等）
⑩ 自動販売機類（飲用缶販売機、貨幣用自動ディスペンサー、食品自動販売機等）
⑪ その他の電気・電子機器

(2) 事業者の取組

自動車、テレビ、パソコン、スマホ、携帯電話等を製造しているセットメーカーは、化学物質を含有する完成品を EU に輸出するものの、製品に化学物質を新たに含有させる作業は製品製造工程には入っていない。前述のごとく完成品に対する化学物質についても、EU の REACH 規則や RoHS 指令の要求を満たすものでなければならない。

RoHS（II）指令（2011 年 7 月 21 日に施行された改正 RoHS 指令）の整合規格“EN50581”（製造者に要求される、電気・電子機器における特定有害物質の非含有を保証するための技術文書作成に関するガイドライン）は、「多くの部品や材料で構成されている複雑な製品の製造者にとっては、最終組み立て製品に含まれている全ての材料に独自の試験を実施することは非現実的である。代替手段として、製造者はサプライヤーと連携して法令を順守していることを管理し、法令順守の証拠として技術文書を集めるのである。」と規定している[37]。

そのため EU に完成品を輸出しているセットメーカーは、自らのサプライチェーンの上流業者から含有化学物質の管理状態の報告を受け、証拠文書を収集し、諸規定に適合するような情報伝達がなされる環境を整えるよう要請されている。

規制に違反すると罰則が適用されることになり、場合によっては製品の回収や企業価値の喪失につながることになるが、企業にとっては後者の被害の方が怖い。そのためセットメーカーは、製品設計の当初から工場出しの段階まで、化学物質管理を徹底しようと努めている。但し、以下のように自社に降りかかる負荷が必要最小限になるようにしたいという思惑も垣間見える。

① 設計・開発段階における製品含有化学物質管理

サプライヤーから入手する製品含有化学物質のデータ（SDSや分析表）を基に管理する。

② 購買における製品含有化学物質管理

サプライヤーに対し、含有されている化学物質の情報提供をお願いする。このときサプライヤーの営業部門が窓口になってもらうようにする。

③ 製造工程における製品含有化学物質管理

化学物質の組成変化や濃度変化が発生する可能性のある工程、規制物質が製品に混入する可能性のある工程、製品の取扱いや製造・組み立て作業において、どこまで自社内で責任を持つか、製品の汚染が発生する可能性のある工程等がどこかを特定し、重点的な管理を行う。

なお、RoHS指令では生産者、輸入者および販売者それぞれの義務が定められている。生産者の義務を以下に示す。

【生産者の義務】[38)]

① RoHS 指令への適合性評価を実施して適合宣言をして、製品を上市する前に基準適合マーク（CE マーク）を貼付する。また適合する根拠を明示する技術文書を作成し、適合宣言書とともに10年間保管する。

② 適合の維持を管理して、設計変更や整合する規格等の変更に対しては適切に対応する。

③ 製造番号等の製品識別に必要な情報や製造者の名前、登録標章、住所並びに連絡先を製品、包装または添付文書に表示する。

④ 上市した後に不適合があれば製品をリコールし、加盟国の所管当局に通知する。

(3) その他

製品含有化学物質に関わる法規制は、化学物質規制の REACH 規則や製品環境規制の RoHS 指令等で EU が先行して施行したが、同様の規制が世界各国で導入されたり、導入の準備・検討が進められている状況にある。特に、EU の RoHS 指令と同様の電気電子機器に対する特定有害物質使用制限は、中国、韓国、米国カリフォルニア州、タイ、インド、トルコ、ベトナム、ウクライナ、アラブ首長国連邦などにも拡がっており、さらに複数の国・地域で導入が検討されている。事業者はこのトレンドを注視する必要がある。

練習問題

1 化学物質の有害性評価

化学物質には物質固有のハザードがある。このハザードを評価する方法の一つとして毒性試験が用いられる。適当な例を用いてこの評価方法を説明せよ。

2 化学物質のリスク評価

（1）リスク評価の概念を簡単に述べよ。

（2）リスク評価の方法について、ハザード比（Hazard Quotient：HQ）および、ばく露マージン（Margin of Exposure：MOE）を説明せよ。

3 ベネフィットを有する化学物質を、人に毒性を発現しないように使用することが求められている。以下の問いに答えよ。

（1）1,2－ジクロロプロパンを例に挙げ、そのベネフィットと疑われている毒性を述べよ。

（2）毒性が疑われている化学物質を、作業場で安全に使用するための留意点を述べよ。

4 化学物質のばく露は、どの化学物質がどれだけ人の体や環境中の生物に触れて取り込まれたかを評価する。化学物質のばく露評価について以下の問いに答えよ。

（1）化学物質の製造から廃棄に至る全ライフサイクル中で、人や環境中の生物がばく露するケースを四つに分けて具体的に記述せよ。

（2）ばく露量を知る方法を２種類挙げ、簡単に説明せよ。

[参考文献]

11）http://ecotoxiwata.jp/ecotoxicology.html
12）http://www.cger.nies.go.jp/ja/library/qa/9/9-2/qa_9-2-j.html
13）http://jsda.org/w/01_katud/jcseminar07_01.html
14）山本都、森川馨「化学災害と毒性情報の収集」YAKUGAKU ZASSHI 126（12）
1255-1270（2006）－Reviews－
15）https://www.fdma.go.jp/singi_kento/kento/items/kento147_34_shiryo_03_03.pdf
16）http://www.cerij.or.jp/evaluation_document/Chemical_hazard_data.html
17）https://www.nite.go.jp/chem/chrip/chrip_search/dt/pdf/CI_02_011/96-6.pdf
18）https://www.nite.go.jp/data/000096163.pdf
19）菊池武史「反応性化学物質の安全管理と危険性評価」 安全工学 Vol.44 No.1
（2005）－その4－ pp44 － 50
20）玉造晃弘 NITE 講座「化学物質に関するリスク評価とリスク管理の基礎知識」第9回：2016 年7月8日（於 NITE）
21）光崎純 NITE 講座「化学物質に関するリスク評価とリスク管理の基礎知識」第 11 回:2016 年7月 22 日（於 NITE）
22）https://www.nite.go.jp/chem/hajimete/term/term50.html
23）http://www.nite.go.jp/chem/shiryo/ra/about_ra3.html
24）http://www.nite.go.jp/chem/shiryo/ra/about_ra7.html
25）https://www.nite.go.jp/data/000010306.pdf
26 ）若倉正英「最近の化学事故と安全文化」Safety & Tomorrow No.147（2013.1）pp21 － 27
27）宮坂宣孝 NITE 講座「化学物質に関するリスク評価とリスク管理の基礎知識」第3回「化審法の運用とその概要」：2016 年5月 27 日（於 NITE）
28）岸本生「化学物質における経験から考えるリスクトレードオフ社会の http://www.naro.affrc.go.jp/archive/niaes/techdoc/tsuchimizu/27/tsuchimizu27_40.pdf
29）http://www.juntsu.co.jp/mainte_guide/mainte_guide_old/mainte_guide0412.html
30）宮坂宣孝 NITE 講座「化審法の運用とその概要」第3回：2016 年5月 27 日（於 NITE）
31）https://www.nite.go.jp/data/000009635.pdf
32）http://www.chemical-net.info/column_kizuki_kita_bn3.html
33）佐竹一基「電気電子業界における化学物質管理の現状」全国中小企業団体中央会講演 平成 27 年1月 30 日
34）浅田聡「自動車業界での製品化学物質管理について」全国中小企業団体中央会講演 平成 27 年1月 30 日
35）林宏「化学物質管理の最新動向～成形品（アーティクル）の化学物質管理について～」化学経済 June 6 2015 pp30-35
36）http://j-net21.smrj.go.jp/well/rohs/basic/index.html
37）http://www.meti.go.jp/policy/chemical_management/reports/H25_sc_tyousa1.pdf
38）https://www.jetro.go.jp/world/qa/04J-100602.html

Chapter

IV

化学物質管理に関する国際的取組と国内外法規制

1 国際的取組の動向

(1)経緯

化学物質の種類は極めて多く、高度経済成長時代を通じて電化製品、自動車、消費財、繊維、医農薬用途向け等に大量に生産され、大量に消費・廃棄され、我々はその過程で化学工業の事業所での事故、人の健康や環境を害する公害が起こった経験を数多く持っている。

しかしながら、これは日本だけの問題ではなく、欧米でも酸性雨、多くの死傷者を出した化学工場での事故等、我が国と同様な経験を同時期に持っている。前掲の図－11、図－12を敷衍して、以下に事故と国際社会の対応を詳述する。

①「国連環境開発会議」(リオ・サミット)以前

1972年　「国連人間環境会議」(ストックホルム会議)

酸性雨や環境汚染が顕在化して来たことから、何とか世界が協力して環境汚染物質を削減しようとして国際会議を持ったが、南北間で思惑のズレがあった。

1974年　英国フリックスボロでのナイロン原料工場の爆発[39)]

シクロヘキサンを空気酸化するプラントで、十分な検討無しに応急処理で取り付けた反応器のバイパス管が破裂。ここからナイロン6の原料であるシクロヘキサンの蒸気が漏出し、これがもとで大規模な蒸気雲爆発が起こった。死者34名、負傷者105名という化学工業史上最悪の大事故となった。

1976年　イタリアセベソでの大量のダイオキシンの放出事故[40)]

イタリアの化学工場でトリクロロフェノール製造中に暴走反応が起こり、広い範囲に渡って大量のダイオキシン等が放出され、周辺住民が高濃度のダイオキシンにばく露。住民は皮膚炎等の健康被害を受け、また家畜が大量死し、土壌汚染も引き起こされた。

1982年　「国連環境計画管理理事会特別理事会」（ナイロビ会議）[41]

ストックホルム会議10周年を記念した国際会議が日本主導のもとナイロビで開催された。日本政府代表の原文兵衛環境庁長官が「環境と開発に関する世界委員会」の開設を提案。『持続可能な開発』という今日のキーワードがこの時提案された。この5年後に作成された報告書「Our Common Future」が1992年の「地球サミット」開催のキッカケになった。

1984年　インドボパールの農薬工場からイソシアン酸メチルの漏洩[40]

農薬「セビン」の製造プラントで、貯蔵タンクの安全弁が破裂しイソシアン酸メチルが大量に流出。工場周辺の多くの住民が同化学品にばく露し、約2000人が死亡、被害者総数が数万人と概算された大事故が発生した。

1986年　スイスバーゼルで水銀他化学品による河川汚染[40]

薬品工場の倉庫の火災により、水銀や農薬等を含む90種類以上の有害物質が大量にライン川に流出し、国境を越える汚染が起こった。魚類の大量死、取水制限等で河川の沿岸諸国に大きな環境被害を及ぼした。

1987年　モントリオール議定書（オゾン層破壊物質の削減・廃止）

この当時から汚染の懸念領域が、空中、水中、土壌中から成層圏にまで広がった。1980年代半ばに南極でオゾン層が破壊されてオゾンホールができていることが発見され、オゾン層の観測が進められた。破壊原因物質がフロン等であることが分かり、オゾン層を破壊するおそれのある物質を特定し，当該物質の生産，消費及び貿易を規制し，破壊物質の削減および廃止スケジュールなどの具体的な規制措置が定められた。

②「国連環境開発会議」（リオ・サミット）以後

1992年　「地球サミット（国連環境開発会議（UNCED））」

国際連合は、地球環境問題への懸念が放置できないと云う国際的認識の高まりに押されるように、1992年にブラジルのリオ・デ・ジャネイロで地球サミットを開催し、その中で地球環境問題の一部の課題である「化学物質対策」として、アジェンダ21の19章で「有害化学物質の環境上適正な管理」に取組むべき領域と課題が示された[42]。

表−15　アジェンダ21第19章の課題

○プログラム領域	アジェンダ21第19章の課題
A：化学物質のリスクの国際的評価の拡充と促進	・国際的なリスクアセスメントの強化 ・健康または環境の観点からのばく露限界と社会・経済因子の観点からのばく露限界の峻別、有害化学物質別のばく露ガイドラインの策定
B：化学物質の分類と表示の調和	・化学物質の統一分類および表示システム（SDS、記号を含む）の確立
C：有害化学物質および化学物質のリスクに関する情報交換	・化学物質の安全性、使用および放出に関する情報交換の強化 ・改正ロンドンガイドラインおよびFAO国際行動規範の条約化と実施
D：リスク削減計画の策定	・広範囲なリスク削減のオプションを含めた幅広いアプローチの採用と、広範囲なライフサイクル分析から導かれた予防手段の活用による、許容値以上のリスクの除去と削減
E：国レベルでの対処能力の強化	・化学物質の適正管理のための国家的組織および立法の設置
F：有害および危険な製品の不法な国際取引の禁止	・有害で危険な製品の不法な国内持込みを防止するための各国の能力の強化 ・有害で危険な製品の不法な取引に関する情報入手（特に開発途上国）の支援

2002年　環境開発サミット（WSSD）

WSSDでは、化学物質の安全性を担保するには化学物質の危険有害性（ハザード）のみに注意を払うのではなく、人へのばく露量も計算に入れなくてはならないという、科学的手法に基づく以下のようなリスク管理への移行が合意された。

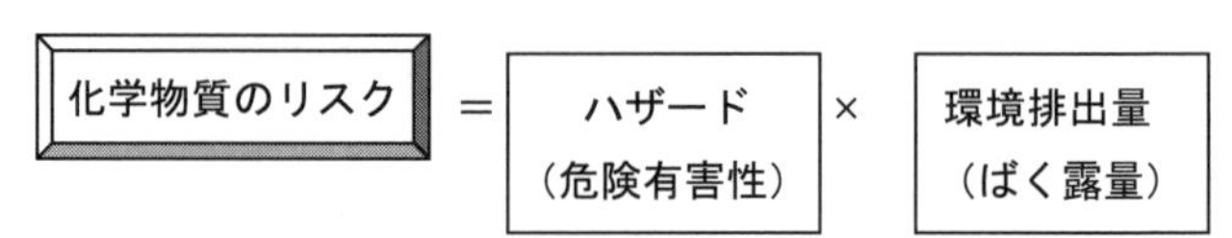

また、化学物質による悪影響を2020年までに最小化するというWSSD2020目標が合意され、「持続可能な開発に関するヨハネスブルグ宣言」が採択され、併せてアジェンダ21の内容を実施するための指針となる「ヨハネスブルク実施計画」採択された。

2006年　第1回国際化学物質管理会議（ICCM－1）

SAICM（国際的な化学物質管理のための戦略的アプローチ）が合意され、世界中はこれを目指すことになった。

SAICMは、その中で取組むべき対象範囲、目的、原則とアプローチ等を定めた「包括的方法戦略」、それに目的達成のために関係者が採りうる行動についてのガイダンス文書として273の行動項目をまとめた「世界行動計画」からなっている。

2009年　ICCM－2

３年毎の見直しが予定されていた第2回目のICCMでは、途上国における実施能力向上のための経済的および技術的支援が必要との指摘がなされ、また、人の健康や動植物への影響、管理方法等に関連する情報へのアクセス向上、その他、ナノテクノロジー及びナノ材料、製品中化学物質、e-Waste（電気・電子機器廃棄物）および塗料中の鉛について安全性等の課題への対応が検討された。

2012 年　ICCM － 3

SAICM の実施状況のレビューや今後の活動等についての検討が行われ、国際的に議論が進められている「新規の課題」（ナノテクノロジー、工業用ナノ材料、電気・電子製品のライフサイクルにおける有害物質、製品中の化学物質、塗料中の鉛およびパーフルオロ化合物（PFC）の管理と安全な代替物質への移行）について討議され、内分泌攪乱乱物質が新たに「新規の課題」として追加された。

2015 年　ICCM － 4

主に二つの事項が検討された。ひとつは環境残留性がある医薬汚染物質について、新規政策課題（EPI）として啓発、理解、対策を推進していくために国際的な協力が重要であることの合意等がなされ、また毒性が高い農薬について、各主体が対策の進捗状況を ICCM-5 に報告すること等が盛り込まれた提案が採択された。

2020 年　ICCM5

SAICM の目標に対して世界はどこまで化学物質管理を進めることができたかが報告される。

(2) 国際標準としてのGHS[43)]

化学品の中には使い方を誤ると人や環境に有害性を及ぼすものは少なくない。グローバルな製品の移動に伴い、国境を越えて有害性が拡散することが懸念されるが、こうした危険有害性の情報を伝達する方法や規制の内容が国や関係機関によって様々では化学品や化学品を内蔵する製品の安全な使用・輸送・廃棄が困難になる。

このような懸念が国際的に共有されることになり、統一された分類および表示方法の必要性が 2002 年の WSSD で認識された。その結果、2003 年 7 月に国連経済社会理事会で「化学品の分類および表示に関する世界調和システム（The Globally Harmonized System of Classification and Labeling of Chemicals）」（GHS）が採択され、加盟国にGHSの実施が勧告された。このGHSの基本となる国連GHS文書は、表紙が紫色をしているため“パープルブック”と呼ばれており、本文と附属書から構成されている。

このGHSは、化学品を取り扱うサプライチェーンの川上から川下の人々に、当該化学品の危険有害性に関する情報を正確に伝えて、人の健康や環境の保護を目指そうというもので、成形品や他の法律で規定されているもの（医薬品、食品添加物、化粧品、食品中の残留農薬等）を除き、危険有害性を有する全ての化学品（純粋な物質、それを含む混合物）を対象としたものである。

我が国には、化学品管理に関する多くの法規制は存在していたが、法令ごとに異なる危険有害性の概念があった。

現状を考慮して、我が国では危険物に関係する安衛法、化管法および毒劇法にGHSを導入し、SDS及びラベルを作成することにした。GHS分類、SDS・ラベル作成については法律ではなくJIS規格で詳細を定めている。法律でJIS規格に基づいてSDS・ラベルを作成するよう義務付けているので、法律で決められているのと同様の拘束力がある。

なお、危険物を規制する法律の中で、消防法だけはGHS分類を取り入れず、独自の分類で規制を行っている。

JIS規格は2014年に制定されて以来2回の改訂を経て現在に至っている。以下にこの経緯を示し、改正点について解説する。

◆2003年　GHS実施の国連勧告

◆2005年　GHS（パープルブック）改訂第1版発行（2年毎に改訂版を発行）

◆改訂3版に基づき、2010年にJIS Z 7250（MSDS）およびJIS Z 7251（表示）、2009年にJIS Z 7252（分類）を発行

◆改訂4版に基づき、2014年にJIS Z 7252（分類）（2014）、2012年に、

JIS Z 7253（SDS+表示+情報伝達）（2012）を発行
◆改訂6版に基づき、2019年5月24日にJIS Z 7252（2019）および JIS Z 7253（2019）を発行

現在はJISの2019年版に従いGHS分類等が行われているが、2019年版発行から3年間は旧版に従ってもよいことになっているので、2022年5月23日までは旧版（2012および2014年版）を基にすることもできる。

改正JIS 2019年版の主な改正点

改正JISの改正点は内容というよりは、項目名の変更が多いといえる。以下に主な改正点を示す。

1）区分
・「区分外」→「区分に該当しない」に変更（内容は変わらず）

2）危険有害性項目の追加
・従来の「爆発物」から分離して「鈍性化爆発物」の項目を追加

3）名称の変更
・可燃性または引火性ガス→名称を「可燃性ガス」に改め、更に区分に「自然発火性ガス」を追加
・支燃性または酸化性ガス→酸化性ガス
・皮膚腐食性および皮膚刺激性→皮膚腐食性／刺激性
・眼に対する重篤な損傷性または眼刺激性→眼に対する重篤な損傷性／眼刺激性
・水生環境有害性→水生環境　短期（急性）
・水生環境有害性→水生環境　長期（慢性）

4）9章の物理的および化学的性質の小項目の順序変更
・物理状態：色、臭い、融点／凝固点、沸点または初留点および沸点範囲、可燃性、爆発下限界および爆発上限界、引火点、自然発火点、分解温度、pH、動粘性率、溶解度、n-オクタノール／水分配係数（log値）、蒸気圧、密度および／または相対密度、相対ガス密度、粒子特性

【GHS分類の実施に当たり参考となる文書】
・JIS Z 7252（2014）；JIS Z 7253（2012）
・事業者向けGHS分類ガイダンス（平成25年度改訂版（Ver.1.1））
・JIS Z 7252（2019）；JIS Z 7253（2019）
・事業者向けGHS分類ガイダンス（令和元年度改訂版（Ver.2.0））

また、従来の日本の規制には混合物について、法の適用限界（裾切り値）はあったが、混合物として有害性を評価する基準がなかったので、GHSによる混合物の有害性評価は、我が国に新しい概念を導入したことになる。これにより従来の政令個別指定から「混合物評価基準」を設定することができた。

GHSは国際的に導入が進められており、事実上の国際標準になりつつある。EUでは、「物質および混合物の分類、表示および包装に関する欧州会議および理事会規則（CLP規則）」において段階的にGHSが導入されており、米国では労働安全衛生法（OSHA）において導入され（2012年）、アジアでは中国が2011年から導入し、韓国、台湾等各国でも導入が進んでいる。

なお、GHSの実施は条約とは異なり、義務付けられたものではなく、各国の判断に委ねられたものであるが、既存の化学物質管理のシステムを持たない国々に対して、GHSは国際的に承認されたシステムを提供することになり、それらの国々に“世界水準の法整備”を促すことになっている。

GHSは具体的に次の内容を含む。

①国際的に統一されたルールで、化学品（化学物質・混合物）の危険有害性の種類と程度を分類している（図－26）。しかしながら、対象となる具体的な化学物質の危険有害性の範囲、個々の化学物質の分類、ラベルやSDSの細部の要件までの統一は、まだ未完成と言ってよい。そのため、国連が作成するGHS文書は2年毎に改訂が行われることになっている。

図－26　GHS危険有害性の項目（国連GHS改訂4版）

≪物理化学的危険性（16項目）≫	≪健康に対する有害性（10項目）≫
1．火薬類	17. 急性毒性
2．引火性／可燃性ガス	18. 皮膚腐食性／刺激性
3．引火性エアゾール	19. 眼に対する重篤な損傷／刺激性
4．酸化性ガス類	20. 呼吸器または皮膚感作性
5．高圧ガス	21. 生殖細胞変異原性
6．引火性液体	22. 発がん性
7．可燃性固体	23. 生殖毒性
8．自己反応性物質	24. 特定標的臓器／全身毒性（単回ばく露）
9．自然発火性液体	25. 特定標的臓器／全身毒性（反復ばく露）
10. 自然発火性固体	26. 吸引性呼吸器有害性
11. 自己発熱性物質	
12. 水反応可燃性／禁水性物質	≪環境影響（2項目）≫
13. 酸化性液体	27. 水性環境有害性
14. 酸化性固体	28. オゾン層への有害性
15. 有機過酸化物	
16. 金属腐食性物質	

☆化学物質の物理化学的危険性については、後述のV章2.（4）も参照されたし。

GHSでは、入手可能な既存のデータに基づいて分類を付与することが推奨されており、GHS分類を付与するために新たな試験でデータを得ることは要求していない。混合物に分類を付与する場合も同様で、入手可能なデータを活用することでよい。

例えば、混合物として国連危険物輸送勧告に基づいた国連分類（国連番号、クラス）が付与されている場合には、国連分類に基づいてGHSにおける物理化学的分類を付与することになり、混合物そのもののデータが入手できない場合には、以下の「つなぎの原則（Bridging Principles）」等を利用した分類方法によることになる。

混合物そのものの試験データも「つなぎの原則」も利用できない場合は、個々の成分の有害性情報（試験データ等）に基づいて有害性を推定して分類する。

GHSでは、国際的に統一された方法で化学品の危険性を分類している。

図－27　つなぎの原則[44)]

≪つなぎの原則（法則）≫
混合物は、有害性を判定するために試験を行う必要はない。当該混合物の有害性を特定するには、個々の成分およびその類似の試験された混合物に関する十分なデータがある場合は、これらのデータを使用して、項目4.5.2 ～ 4.5.7* および表－16の「つなぎの原則」によって分類する。ただし、表－16** が示す該当する有害性に限定して適用する。
これによって、分類プロセスに動物試験を追加する必要がなく、混合物の有害性判定のために入手したデータを可能な限り最大限に用いることができる。

*
項目 4.5.2 ～ 4.5.7
a) 希釈
b) 製造バッチ
c) 有害性の高い混合物の濃縮
d) 一つの危険有害性区分内での内挿
e) 本質的に類似した混合物
f) エアゾール

**
表－16　有害性におけるつなぎの原則（左記項目と附属書A～Kの各毒性とのマトリックス表）

「物理化学的危険性」、「健康に対する有害性」、「環境に対する有害性」に関して、それぞれ“危険有害性クラス”が設定されており、分野に応じてどの程度の危険有害性があるかが判断できるように調和が保たれた分類基準が定められている。

化学品は市場では混合物として流通していることが多く、必ずしも純物質として扱われるとは限らない。混合物についても、入手可能な

表－16　有害性におけるつなぎの原則[44)]

有害性	希釈 (4.5.2参照)	製造バッチ (4.5.3参照)	有害性の高い混合物の濃縮 (4.5.4参照)	一つの有害性区分内での内挿 (4.5.5参照)	本質的に類似した混合物 (4.5.6参照)	エアゾール (4.5.7参照)
急性毒性 (附属書A参照)	●[a)]	●	●	●	●	●
皮膚腐食性及び皮膚刺激性 (附属書B参照)	●[b)]	●	●[g)]	●	●	●[n)]
眼に対する重篤な損傷性又は眼刺激性 (附属書C参照)	●[c)]	●	●[h)]	●	●[k)]	●[o)]
呼吸器感作性又は皮膚感作性 (附属書D参照)	●	●			●[l)]	●[n)]
生殖細胞変異原性 (附属書E参照)	●	●			●[m)]	
発がん性 (附属書F参照)	●	●			●	
生殖毒性 (附属書G参照)	●	●			●	
特定標的臓器毒性 (単回暴露) (附属書H参照)	●	●	●	●	●	●
特定標的臓器毒性 (反復暴露) (附属書I参照)	●	●	●	●	●	●
吸引性呼吸器有害性(附属書J参照)	●[d)]	●[f)]	●	●	●	
水生環境有害性 (附属書K参照)	●[e)]	●	●[i)]	●[j)]	●	

データを活用して分類することが許されている。混合物として国連危険物輸送勧告に基づく国連分類が付与されている場合には、その分類に基づいて、GHSにおける物理化学的危険性を検討することができるようになっている。

実例として、引火性液体の危険有害性分類を見てみると、引火点および初留点のデータから以下のような危険有害性の区分になっている。

表－17　GHS分類の例（物理化学的危険性）

	危険有害性区分			
	区分1	区分2	区分3	区分4
区分	引火点<23℃ および 初留点<35℃	引火点<23℃ および 初留点>35℃	引火点>23℃ および 初留点<60℃	引火点>60℃ および 初留点<93℃
絵表示				シンボルなし
注意喚起語	危険	危険	警告	警告
危険有害性表示	極めて引火性の高い液体および蒸気	引火性の高い液体および蒸気	引火性液体および蒸気	可燃性液体

なお、物理化学的危険性については、当該危険性項目について製剤（混合物）そのものの試験データがないと分類できない場合が出てくる。そのような場合、一部の危険性項目について、構成成分の情報から対象製剤（混合物）の危険有害性を計算するか、推論することも可能である。

ちなみに「健康に対する有害性」は、以下の区分が定められている（我が国のJIS規格では区分5は採用されていない）。

表－18　急性毒性のGHS区分

急性毒性分類（50%致死率）

項目		区分1	区分2	区分3	区分4	（区分5）
経口（mg／kg）		5	50	300☆	3,000	（5,000）
経皮（mg／kg）		50	200	1,000	2,000	（5,000）
吸入	気体（ppm／4h）	100	500	2,500	20,000	-
	蒸気（mg／L／4h）	0.5	2	10	20	-
	粉じん・ミスト（mg／L／4h）	0.05	0.5	1	5	-

☆急性経口毒性：例えば、ラット　LD50 = 250mg ／ kgの場合、区分3となり、絵表示、注意喚起語は次のようになる。

絵表示　　　　　注意喚起語：“危険”

② GHSでは入手可能なデータを用いて分類することが推奨されており、新たな試験方法等を求めるものではなく、分類基準に従って分類した情報を分かり易くラベル表示し、SDS（安全データシート）に記載する。

このGHSの情報は、化学品を扱うすべての者（事業者、作業者、消費者、輸送業者、救急対応者、消費者）に伝達されることになっている。なお、GHSで使用する分類は以下の9種類の絵表示（ピクトグラム）と定められており、危険有害性が見てすぐ分かるように工夫されている[45)]。

図－28　GHSピクトグラム

また、GHSの「物理化学的危険性」、「健康に対する有害性」、「環境に対する有害性」に関する28項目の詳細については、第Ⅴ章2の「化学物質の反応性」の項で詳述する。

③ 危険有害性がある化学品の容器や梱包した箱に貼るGHSのラベルは、化学品の危険有害性に関する情報がまとめて記載されている

書面またはグラフィックであり、容器またはその外部梱包に貼られたり、印刷されるものである。ラベルの記載形式には一定のルールがあり、以下の要素項目が表示されることになっている。

ア）製品の特定名（Product Identifier）

製品を特定するものとして、製品の名称や化学物質の名称を記載する。なお、当初このように定められていたが、成分数が多くなったりしてラベルに全て記載できなくなるケースがあり、安衛法ではラベルに成分名を記載しないでも良い等の改定が行われている。細部の詳細については各法律を確認する必要がある。

イ）注意喚起語（Signal Words）

利用者に潜在的な危険有害性を警告するために使用すると同時に、危険有害性の程度を知らせるもので、「危険（danger)」と「警告（warning)」の２種類があり、重大性の大小で表現を使い分ける。重大の場合は「危険」を、それより重大性が低ければ「警告」を用いる。

ウ）絵表示（Pictograms）

化学物質の情報を伝達するシンボルと境界線、背景のパターンまたは色等の図的要素から構成されるもの（ピクトグラム）で、斜めにした正方形の中に白い背景の上に黒のシンボルを置き、はっきり見えるように記載したものである。

エ）危険有害性情報（Hazard Statements）

当該化学品の危険有害性の性質と、その危険有害性の程度を記載する。具体的表現は、危険有害性の程度に応じて国連の GHS 文書中に定められている。

オ）注意書き（Precautionary Statements）

危険有害性を持つ製品へのばく露、不適切な貯蔵や取扱いから生じる被害を防止、最小化するために、化学品の使用者等が取るべき措置について記述する。

「GHS 附属書３」において注意書きの使用に関する手引きが用意されている。

カ）供給者の特定（Supplier Identification）

化学品の製造業者または供給者の名前、住所および電話番号を記載する。

これらの項目の配置や書き方の例が我が国では、JIS Z 7253（2019）「GHS に基づく化学品の危険有害性情報の伝達方法―ラベル、作業場内の表示及び安全データシート（SDS）」に掲載されている。

GHS の対象化学品には、作業場に供給される時点で GHS ラベルが添付されるが、例外的に以下のものにはラベル表示の必要がない。

・コンデンサー等、密閉された状態で使用される製品

・殺虫剤、家庭用品等、一般消費者用の製品

・空き缶、金属くず等の再生資源

・対象化学物質の含有率が１％未満（特定第一種指定化学物質の場合は 0.1％未満）と、含有率が少ない製品

・管、板、組立部品等の固形物

化学物質を収納した容器に貼付したこのラベルにより、化学物質の

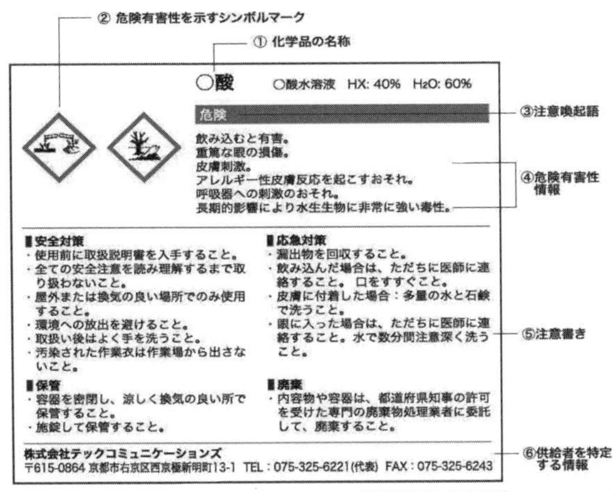

図－29　GHSラベルの記載形式例[46)]

危険有害性情報や適切な取扱い方法をユーザーや作業者に伝達することができる。但し、記載された内容を正確に理解し、適切な表現で取扱者に伝えることが大事なことは言うまでもない。

GHSの対象となる化学品には、作業場に提供する時点でGHSラベルを貼付するが、ラベルは作業場においても容器にそのまま添付しておき、そのラベル情報は当該作業場で使用する容器とは別の同化学品を収納する容器にも利用できるようにする。

④ GHS区分の例として、以下に急性経口毒性について示す。急性毒性についてはばく露経路として経口、経皮及び吸入がある。50%致死率に基づき分類する。例として急性経口毒性値（LD_{50}）がラット LD_{50} = 250 mg／kgである場合を挙げると、下記の表の黄色

急性経口毒性　ラット LD_{50} = 250 mg/kg

絵表示

注意喚起語
危険

急性毒性分類（50%致死率）

		区分1	区分2	区分3	区分4	（区分5）
経口（mg/kg）		5	50	300	2000	(5000)
経皮（mg/kg）		50	200	1000	2000	(5000)
吸入	気体（ppmV/4h）	100	500	2500	20000	—
	蒸気（mg/L/4h）	0.5	2	10	20	—
	粉じん・ミスト（mg/L/4h）	0.05	0.5	1	5	—

H301：飲み込むと有毒 → P264：取り扱い後は―をよく洗うこと。
P270：この製品を使用する時に、飲食又は喫煙をしないこと。
P301+P310：飲み込んだ場合：直ちに医師に連絡すること。
P330：口をすすぐこと。
P405：施錠して保管すること。
P501：内容物／容器を―に廃棄すること。

実験動物：ラット

図－30　GHS区分の例としての急性毒性

塗りつぶし個所に該当し、区分3になる。この区分に基づき絵表示は「どくろマーク」、注意喚起語は「危険」、危険有害性情報は項目 H301 の「飲み込むと有毒」および注意書きによって、以下のこと等が一義的に決まる。

・取扱い後は --- をよく洗うこと
・この製品を使用する時に、飲食又は喫煙をしないこと
・飲み込んだ場合は、直ちに医師に連絡すること
・内容物／容器を ---- に廃棄すること　etc

毒性データとしてはラットのデータが望ましいが、他の動物種でのデータによる分類も可能である。

⑤ 国連 GHS 文書パープルブックの基本的な考え方を「2－7 国連 GHS 文書（パープルブック）」（図－31）にまとめた。

各国の対応は、ビルディング・ブロック・アプローチ方式といって、その国の状況に合わせて取り込んで良いとしており、各国の判断にまかされている。各国の対応の例を「2－8　Building Block

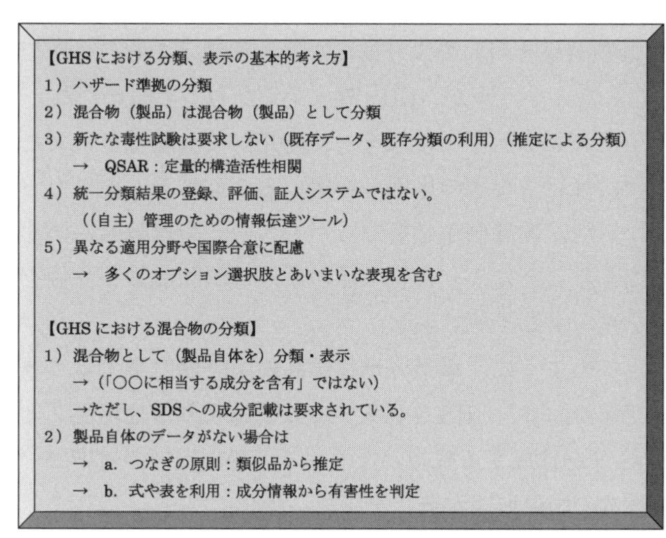
【GHS における分類、表示の基本的考え方】
1）ハザード準拠の分類
2）混合物（製品）は混合物（製品）として分類
3）新たな毒性試験は要求しない（既存データ、既存分類の利用）（推定による分類）
　→　QSAR：定量的構造活性相関
4）統一分類結果の登録、評価、証人システムではない。
　（（自主）管理のための情報伝達ツール）
5）異なる適用分野や国際合意に配慮
　→　多くのオプション選択肢とあいまいな表現を含む

【GHS における混合物の分類】
1）混合物として（製品自体を）分類・表示
　→（「〇〇に相当する成分を含有」ではない）
　→ただし、SDS への成分記載は要求されている。
2）製品自体のデータがない場合は
　→　a．つなぎの原則：類似品から推定
　→　b．式や表を利用：成分情報から有害性を判定

図－31　国連GHS文書（パープルブック）

Approach による各国の対応」（表－19）に示した。「急性毒性：区分5」及び「皮膚腐食性／刺激性：区分3」はこれらの国では採用されていない。

表－19　Building Block Approachによる各国の対応

危険有害性項目	日本	EU	米国	カナダ	韓国	Aust
急性毒性 区分5	×	×	×	×	×	×
皮膚腐食性／刺激性 区分3	×	×	×	×	×	×
眼に対する重篤な損傷性／眼刺激性区分2	○	○	○	○	△（区分2の細区分なし）	△（区分2Bなし）
吸引性呼吸器有害性 区分2	×	×	×	×	○	○
水生環境有害性	○	△（区分2,3なし）	×	×	△（区分2,3なし）	×
オゾン層有害性	○	○	×	×	○	×

⑥ GHS導入のメリット

GHSの導入により、以下に掲げる各種のメリットが期待できる。

ア）化学品を使用する人が適切に化学品の素性や取り扱い方を理解でき、労働者や工場の安全確保に効果がある、作業者の化学品に関する危険有害性やリスク管理に対する意識が強くなった、GHS分類結果を用いてより安全な物質を選定することができるようになったという声が、GHS導入企業から多く聞かれた。

イ）GHSでは、入手可能なデータを用いて分類でき、また混合物の場合には「つなぎの原則」を用いること等で、従来だったら製品別に個別試験評価が必要だったものが、類似製品に同じ評価が転用できることにより、化学品の新たな試験および評価をする必要性を減らすことができた。

ウ）現代のように、事業者が化学品の国際取引をすることが多くなってきた中で、GHSを導入することにより、輸出国ごとに異なるSDS等を作成する負担がなくなり、各国向けの対応が一本化され事業者の国際展開が楽になった。

エ）GHSの導入により、国内外の取引先や社会に対して適切な情報提供が図られ、自社の安全性重視に対する姿勢が社会から評価されイメージの向上につながった。パラダイムシフトに乗った自社の GHS 対応がユーザーや取引先からの信頼に結びついた。

(3) 今後の課題

①化学物質管理システムの新興国への浸透

WSSD2020 年の目標達成に向けて、アジア各国でもリスクベースの化学物質管理制度を導入する動きが加速しており、REACH を国際標準と捉え、アジア各国で法制の整備が行われている。但し、各国の化学物質管理水準に差異があるため、アジア各国で調和がとれているとは言い難い。

アジア地域には日本からの輸出品や工場進出が多く、域内各国間で規制の調和が取れていなかったり、規制対象物質が不整合になっていたりすると、地域内に構築したサプライチェーン内での円滑な製品流通に支障がでる恐れがある。我が国は、化学物質を内蔵する製品のサプライチェーンが数多く存在するアジア地域での化学物質管理制度が緩やかな調和と互換性を保てるようにと、各国の規制情報を一覧できるような ASEAN 共通のデータベースを構築し、域内での貿易上支障がおこらないように支援している。その一方で、日本のシステムと整合性を保持できるように受入研修等を実施し、ASEAN 域内のタイには日本の化審法の制度およびスクリーニング・リスク評価手法を紹介し、ベトナムには日本の化審法の物質リスト等を紹介し、インベントリ作成支援と GHS 導入支援等で化学品管理関連法制の作成を手助けしてきた。

この中で日・ASEAN ケミカルセーフティデ－タベース（AJCSD）は、2015 年に試行が開始され、2016 年春から正式版が運用される運びとなった。このデ－タベースの内容は、各国の化学品規制、規制化学物質リスト、規制物質のリスクやハザード情報を内蔵し、化学品の規制情報をワンストップで提供し、各国デ－タベースへのリンクを可能にするもので、容易な検索とタイムリーな更新を保証するものとなっている。

②ナノマテリアル規制[47) 48)]

ナノマテリアルの“ナノ”は10億分の1を表す単位で、「1ナノメートル」は1ミクロン（100万分の1m）の1,000分の1の長さである。ナノマテリアルは、大きさが1～100nmのきわめて小さなサイズを持つ物質のため、通常の物質とは異なる特性（表面積の増加と量子効果の発現、反応性・材料強度・電気的性質等の物性の変化あるいは増大、**電子の状態の変化による異常現象の発生、“超常磁性”現象の発生、**表面修飾の違い、凝集性等）を示すことが知られており、従来の材料にはない優れた性質を有するものの、機能が変化して、生体内では分子に近い挙動を示す可能性がある。そのためナノ粒子、ナノマテリアルが人の健康にどう影響するか、安全か等が喫緊の課題となり、現在では国際的に安全性に関する研究・探索が進められている。

【ナノ物質の有毒性に関する研究事例】[48)]

1997年　日焼け止め化粧品に使われている二酸化チタン／酸化亜鉛のナノ粒子が、皮膚細胞中でフリーラジカルを生成し、DNAを損傷することが報告された。

2002年3月　生物環境ナノテクノロジー・センターの研究者らが米EPAに対し、人工ナノ粒子が実験動物の器官に蓄積し、細胞によって取り込まれることが報告された。

2003年3月　NASAジョンソン宇宙センターの研究者らが、ラットの肺へのナノチューブの影響に関する研究から、同製品が石英ダストより有毒な反応を示したと報告。デュポン社ハスケル研究所の科学者らも、ナノチューブの毒性について報告している。

2004年1月　最初のナノ毒性に関する会議（Nanotox 2004）において、金のナノ粒子が母親から胎児に胎盤を通って移動することができるという最初の発見を発表した。

しかしながら、未だ人の健康にどう影響を及ぼすかに関して確たる報告はない。サイズが小さすぎて各種の測定が難しく、粒子同士がすぐにくっついて、当該粒子による影響が良く分からないからのようである[47)]。

ナノサイズの粒子は、呼吸器からだけではなく皮膚や消化管からも吸収されやすい性質がある物質だが、安全性評価は研究途上にある。なお、酸化チタンや酸化亜鉛ナノ粒子は日焼け止めクリームやファンデーションに用いられ、銀ナノ粒子は消臭スプレー等に使用されている。

我が国では、化審法等の新規有機化学物質を規制する法律によれば、たとえ対象物質がナノ材料であっても、あくまで化学物質として取扱うので、粒径や形状が異なるからといって新たな規制を受けることにはなっていない。

以下に主なナノマテリアルの種類と用途を示す。

ナノマテリアルの危険性が指摘されるなか、規制するといっても化学物質と考えるほかなく、安全だとされていた物質でも、粒子の大き

表－20　代表的な工業用ナノマテリアル

物質	ナノ材料	主な用途
炭素	単層カーボンナノチューブ	トランジスタ、燃料電池等
	多層カーボンナノチューブ	半導体トレイ等
	フラーレン	ゴルフ用品、テニス用品等
	カーボンブラック	タイヤ、自動車部品、電気部品、印刷物等
	カーボンナノファイバー	リチウムイオン二次電池等
金属	銀	電子デバイスの接合・配線、抗菌剤
	鉄	業務用ビデオテープ
	二酸化チタン	ルチル型：化粧品等、アナタース型：光触媒等
	酸化セリウム	研磨剤、燃料添加剤
	酸化亜鉛	化粧品用
	酸化アルミニウム	電子部品、封止剤、化粧品
その他	シリカ	インクへの添加、合成ゴム
	デンドリマー	紙のコーティング、化粧品
	ポリスチレン	化粧品、反射防止光拡散剤
	ナノクレイ	塗料、化粧品

さや形状が変われば生態への影響も変わってくる。従って、同じ化学物質でも物性による違いを基にして影響をいろいろと評価しなおさなければならない。

その意味でナノ粒子、ナノマテリアルの毒性学的研究は、化学物質そのものが及ぼす影響だけではなく、物質の物性が及ぼす毒性等の影響を調べなければならない。

今後ナノマテリアルの生産や利用の拡大に伴い、その製造、取扱い等に従事する労働者の増加が予想される。厚生労働省では、当該労働者の健康障害を未然に防止するため、労働現場におけるナノマテリアルに対するばく露防止のための予防的対応を取りまとめ、2008年2月7日に「ナノマテリアル製造・取扱い作業現場における当面のばく露防止のための予防的対応について」という通知書を出し、注意事項の周知に努めている。

ちなみに我が国では、ナノ材料に関し以下に示すようなガイドラインが、三省から2009年に立て続けに作成されている。

2009年3月

○厚生労働省

・「ナノマテリアルの労働者ばく露の予防的方法」

・「ナノマテリアルの安全対策に関する検討会報告書」

○環境省

・「工業用ナノ材料に関する環境影響防止ガイドライン」

2009年7月

○経済産業省

・「ナノマテリアルに関する安全性について」

なお、優れた機能を持つナノマテリアルを広く国際的に使用できるようにするためには各国共通の評価基準が必要になる。このためISO（国際標準化機構）やOECD（経済協力開発機構）でナノマテリアルの安全性を評価するテストガイドラインの策定が進められている[47)]。

欧州では、2011年10月18日にEC（欧州委員会）からナノマテリアルの定義に関する勧告が出され、REACHにナノマテリアルを適用するプロジェクトによる最終報告書が公表された[49)]。

さらに、ECHAはREACH附属書「Appendix for nanoforms applicable to the Guidance on Registration and Substance Identification」を交付して、そこでナノマテリアルの定義が示され、2020年1月1日から適用されている。

また米国では、多層CNT（カーボンナノチューブ）がTSCAの新規重要利用規則（SNUR）の対象になり、2011年6月6日以降、新規用途での製造・使用・輸入には事業開始の90日前までにEPAへの届出が必要になっている[49)]。

2 化学物質に関する国内外の法規制

(1)概要

日本は世界に先駆けて、1973年に「化学物質審査規制法（化審法）」を制定して、有害性の事前審査制度を確立した。その後、米国ではTSCA、ヨーロッパではREACHが制定され、化学物質の危険有害性管理が行われるようになった。この化審法が、日本における一般化学物質の規制の核となる法律である。

また、国連では化学物質の危険有害性の分類およびラベル表示と安全性情報の伝達について前述した「化学品の分類および表示に関する世界調和システム（GHS）」を制定し、2003年に勧告された。

これらの法律および分類と情報提供についての規制は、化学物質管理において非常に重要なものなので、化学物質管理に携わる者は十分に理解しておく必要がある。

以下に、先ず日本における化学物質規制法の概要について述べた後、化審法について、その最初の制定から今日に至るまでの改正内容について触れながら、現在の規制内容について解説する。次いで、日本の国内規制法である、GHS三法と言われる「労働安全衛生法（安衛法）」、「化学物質排出把握管理促進法（化管法）」及び「毒物及び劇物取締法（毒劇法）」について述べる。

これらに加えて、その他に化学物質管理において重要な法律と考えられる、「消防法」および「国連危険物輸送勧告」に関連する輸送関係の規制にも言及する。

1）国内における化学物質の主な用途と規制する法律

化学物質を上市する場合には、その用途に応じた規制法がある。

表－21に新規化学物質を上市するときに届出が必要な主な法律を示した。

表－21　新規化学物質の届出義務（上市前）

用途	規制法－1	規制法－2	備考
医薬	医薬品医療機器等法＊	安衛法	化審法適用外
農薬	農薬取締法	安衛法	化審法適用外
化粧品	医薬品医療機器等法	安衛法	化審法適用外
香料	医薬品医療機器等法	安衛法	化審法適用外
食品添加物	食品衛生法	安衛法	化審法適用外
一般化学品	化審法	安衛法	新規化学物質について 化審法届け出義務有

＊）医薬品医療機器等法：医薬品、医療機器等の品質、有効性および安全性の確保等に関する法律（旧薬事法）

次に、上市後の既存化学物質の届出義務および法対応の例について主なものを表－22に示した。

表－22　既存化学物質の届出義務および法対応の例（上市後）

①　化審法	・一般化学物質：製造／輸入数量および用途の届出 ・優先評価化学物質：製造／輸入数量および詳細用途の届出
②　安衛法	・GHS分類によるSDSおよびラベル ・事業者によるリスク評価
③　化管法	・環境への排出量の届出（第一種指定化学物質） ・SDS交付の義務（第一種および第二種指定化学物質）
④　毒劇法	・毒物および劇物ともSDS交付、ラベル表示義務（GHS対応のSDS、ラベルで可） ・製造業および輸入業の届出（厚生労働大臣へ） ・販売業の登録（都道府県知事へ）
⑤　消防法	・届出を要する物質 1）火災予防または消火活動に重大な支障を及ぼす恐れのあるもので、指定された毒物、劇物 2）わら製品等の火災の場合に、消火活動が著しく困難になるもの（指定可燃物）

これらの国内法体系の概要を基にして、以下に主な法律について述べる。

2）化学物質の審査および製造等の規制に関する法律（化学物質審査規制法;化審法）

化審法制定の背景について図－32にまとめた[50)]。かねみ倉庫㈱製の米ぬか油中に製造工程で混入した熱媒のPCBが原因で、様々な障害が生じた。ヒトに対する障害の例を図－33に示した。塩素系化学物質による障害である皮膚のクロロアクネといわれるものである。

法の目的

ヒトの健康を損なうおそれ又は動植物の生息若しくは生育に支障を及ぼすおそれがある化学物質による環境の汚染を防止するため、新規の化学物質の製造または輸入に際し、事前にその化学物質の性状に関して審査する制度を設けるとともに、その有する症状等に応じ、化学物質の製造、輸入、使用等について必要な規制を行うことを目的とする。

所管官庁：・経済産業省　・環境省　・厚生労働省

化学物質の審査及び製造等の規制に関する法律（化審法）制定の背景

・昭和40年代に起こったPCB（Polychlorinatedbiphenyl）問題が契機。

・西日本地方で大量のニワトリが死んだり、ヒトについては黒い赤ちゃんが生まれたりの問題が生じた。

・かねみ倉庫㈱製の米ぬか油中に混入したPCBが原因であることが判明した。

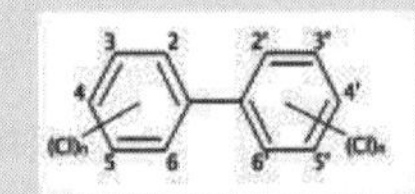

PCB

<化審法制定>

・昭和48年、世界に先駆けて、新規化学物質に関する事前審査制度を設けた。（化学物質の審査及び製造等の規制に関する法律）

・ヒトへの有害性影響（直接または環境経由）がターゲット。

・当初の制度内容は、新規化学物質の製造・輸入をしようとする者に国への届け出を求める「新規化学物質の事前審査制度」を設けるとともに、

①難分解性、

②高蓄積性　及び

③人への長期毒性を有する化学物質　を

「特定化学物質」として、その製造・輸入を厳しく規制するものであった。

13

図－32　化審法制定の背景

PCBによる皮膚障害の問題を契機にして、慢性毒性を有する化学物質を環境経由でばく露することを想定して、1973年（昭和48年）に世界に先駆けて、新規化学物質に関する事前審査制度を核とする化審法を制定したのである。

当初の規制内容は、新規化学物質の製造・輸入をしようとする者に

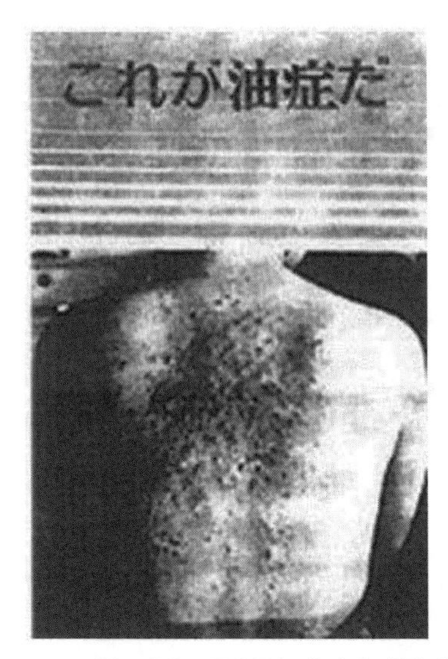

東京農工大学 工学部
化学システム工学科
細見・寺田研究室のHP
から転写

図－33　PCBによる皮膚障害（クロロアクネ）

国への届出を求める「新規化学物質の事前審査制度」を設けると共に、
ア）　難分解性
イ）　高蓄積性
ウ）　人への長期毒性を有する化学物質
を特定化学物質として、その製造・輸入を厳しく規制するものであった。

その後、大きく3回の改正を経て現在に至っている。以下にそれら改正のポイントを示す。

①第一次改正 1986年（昭和61年）

難分解性ではあるが、高蓄積性ではないトリクロロエチレンが地下水汚染を引き起こしていることが発覚した。このため、これまでの特定化学物質を「第一種特定化学物質」とし、難分解性ではあるが高蓄積性を有さず、相当広範な地域の環境に残留している化学物質を「第二種特定化学物質」として規制することにした。また、その予備軍を「指定化学物質」とし、これらの製造・輸入予定数量の届出を義務化した。

②第二次改正 2003 年（平成 15 年）

これまで対象としていた人への有害性影響だけではなく、この改正法では環境への影響（環境動植物への影響）も加えられた。環境影響の追加に伴い、第一種監視化学物質（難分解性および高蓄積性の性状を有する既存化学物質で、第一種特定化学物質 に該当するかどうか明らかでないもの）、第二種監視化学物質（旧化審法における「指定化学物質」；高蓄積性ではないが、難分解性で、人への長期毒性の疑いを有する化学物質）および第三種監視化学物質（高蓄積性ではないが、難分解性であり、生態毒性（動植物の生息または生育に支障を及ぼすおそれ）を有する化学物質）をそれぞれ制定した。

その他に環境中への放出可能性を考慮して、中間物および低生産量物質の制度を設けた。

これらの第二次改正による化審法の規制についてまとめると、以下のようになる。

『化学物質の審査および製造等の規制に関する法律（化審法）の概要』

○ 目的：難分解性の性状を有し、かつ、人の健康を損なうおそれまたは動植物の生息若しくは生育に支障を及ぼすおそれがある化学物質による環境汚染を防止するため、新規の化学物質が製造・輸入される前に、その物質の性状（分解性・蓄積性・人への毒性・生態毒性など）等について審査する制度を設けるとともに、その有する性状等に応じ、化学物質の製造、輸入、使用等について必要な規制を行うこと。

○ 規制対象物質と規制の内容

（ア）第一種特定化学物質：難分解性（自然的作用による化学変化を生じにくい）および高蓄積性（生物の体内に蓄積されやすい）の性状を有し、かつ人または高次捕食動物への長期毒性（継続的に摂取される場合には、人の健康または高次補食動物の生息もしくは生育に支障を及ぼすおそれ）を有する化学物質。

【規制内容】製造および輸入の許可制（事実上禁止）、特定の用途以外での使用の禁止、政令で指定した製品の輸入禁止、必要な場合の事業者に対する回収命令等。

（イ）第二種特定化学物質：難分解性の性状を有し、人または生活環境動植物への長期毒性を有し、相当広範な地域の環境において相当程度残留し、または近くその状況に至ることが確実であると見込まれることにより、人の健康または生活環境動植物の生息若しくは生育に係るリスクがあると認められる化学物質。

【規制内容】製造・輸入予定数量および実績の届出義務、必要に応じて製造・輸入予定数量の変更命令、取扱いに係る技術上の指針の策定・勧告、表示の義務、取扱いに 関する指導・助言等。

（ウ）第一種監視化学物質：難分解性および高蓄積性の性状を有する既存化学物質※で、第一種特定化学物質に該当するかどうか明らかでないもの。

※ 既存化学物質：1973年（昭和48年）に化審法が公布された際に、現に業として製造または輸入されていた化学物質。約２万物質が「既存化学物質名簿」に収載されている。

【規制内容】製造・輸入実績数量の届出の義務、合計１ｔ以上の化学物質については物質名と製造・輸入実績数量を国が公表、取扱いに関する指導・助言。 当該化学物質により環境の汚染が生じるおそれがあると見込まれる場合には、有害性調査の指示。

（エ）第二種監視化学物質（旧化審法における「指定化学物質」）：高蓄積性ではないが、難分解性で、人への長期毒性の疑いを有する化学物質。

【規制内容】製造・輸入実績数量の届出の義務、合計100 t以上の化学物質については 物質名と製造・輸入実績数量を国が公表、取扱いに関する指導・助言。 当該化学物質により環境が汚染され、人の健康へのリスクがあると見込まれる場合には、有害性調査の指示。

（オ）第三種監視化学物質：高蓄積性ではないが、難分解性であり、生態毒性（動植物の生息または生育に支障を及ぼすおそれ）を有する化学物質。

【規制内容】製造・輸入実績数量の届出の義務、合計100 t以上の化学物質については物質名と製造・輸入実績数量を国が公表、取扱いに関する指導・助言。 当該化学物質により環境が汚染され、生活環境動植物の生息または生育に係るリスクがあると見込まれる場合には、有害性調査の指示。

③第三次改正（平成21年および平成23年に亘る二段階の改正）

2009年（平成21年）には「2020年までに全ての化学物質によるヒトおよび環境への影響を最小化する」という地球サミットにおける国際合意の達成に向けて、これまでのハザードベースでの化学物質の管理からリスクベースでの管理へと規制体制をシフトさせるべく、包括的な管理制度の導入等抜本的な見直し内容とする改正化審法が公布された。

2年後の2011年（平成23年）4月1日には、更に第二種および第三種監視化学物質を廃止し、第一種監視化学物質を「監視化学物質」とした。

2009年の第三次改正のポイントを以下の図－34に示した。

1. 良分解性物質も規制対象化

2. 新規化学物質審査の例外である低懸念ポリマー制度の導入

3. 第一種特定化学物質における例外使用の国際整合化（エッセンシャルユース）

4. 第二種特定化学物質使用製品にかかる技術上の指針公表および表示義務化

図－34　平成21年（2009年）改正化審法のポイント

これらのポイントについて以下に解説する。

ⅰ）良分解性物質も規制対象とする

・2009年12月の厚生労働省・経済産業省・環境省の合同審議会において、良分解性の既存化学物質から100物質が第二種および第三種監視化学物質と判定され、翌年4月1日に第二種および第三種監視化学物質に指定された。（ベンゼン、トルエン、スチレン等）

・2010年4月から、第二種特定化学物質、第二種監視化学物質および第三種監視化学物質の評価に良分解性物質を追加。

→全ての第二種および第三種監視化学物質についてスクリーニング評価を行い、優先評価化学物質を選定する。

ⅱ）低懸念ポリマー制度の導入

・低懸念ポリマーとは、新規化学物質のうち、高分子化学物質であって、人の健康または生活環境動植物の生息等に被害を生ずるおそれがないものとして、厚生労働、経済産業、環境三大臣の確認を受けたもの。

・低懸念ポリマーに該当する旨の確認を三大臣から受けた場合、新規化学物質の製造・輸入届出は不要。

・確認後の化学物質の名称は公表されない。

・低懸念ポリマーの確認を受けた者は、必要に応じ報告徴収および立入検査の対象となる。

iii）第一種特定化学物質における例外使用の国際整合化

・第一種特定化学物質が製品の製造に不可欠であって、環境汚染の恐れがない場合に限って、例外的にその使用を容認（エッセンシャルユース）。

・具体的には、エッセンシャルユースとして、PFOS（パーフルオロオクタンスルホン酸）における半導体用のエッチング剤、レジスト、業務用写真フィルムの３用途を指定。（エッセンシャルユースには指定されていないが、PFOS が使用されている製品が既にあるため、泡消火器等も含む）⇒　取扱事業者*）は以下のことについて順守する義務がある。

1）技術基準の適合義務

2）譲渡・提供する場合の表示義務

＊）取扱い事業者：許可製造業者、業として第一種特定化学物質等を使用する者、運搬事業者、貯蔵事業者等

iv）第二種特定化学物質に係る措置

・第二種特定化学物質が使用された製品の例
　テトラクロロエチレンを用いたドライクリーニング液、金属洗浄液等

・技術上の指針
　施設の構造、点検管理、作業における注意、漏出時の処理等を規定

・表示の義務
　容器・包装・送り状に、第二種特定化学物質が使用された製品であること、人の健康を損なうおそれがあること、取扱いの注意等を表示しなければならない。

・技術上の指針、表示の義務の対象となる取り扱い業者
　第二種特定化学物質の製造・輸入業者や、製品の製造業者のほか、流通業者等も対象。

更に、2011 年（平成 23 年）には第一種、第二種及び第三種監視化

学物質を廃止し、第一種監視化学物質を難分解・高蓄積性の「監視化学物質」とし、優先評価化学物質制度を導入した。これは新規化学物質も既存化学物質も一旦、一般化学物質とし、それらのリスクについて国がスクリーニング評価し、リスクが懸念されるレベルにないとは言えない化合物を優先評価化学物質としてリスク評価するというスキームである。リスク評価はリスク評価1次および2次の二段階で行われ、リスク評価1次は国が実施し、その結果、詳細なリスク評価が

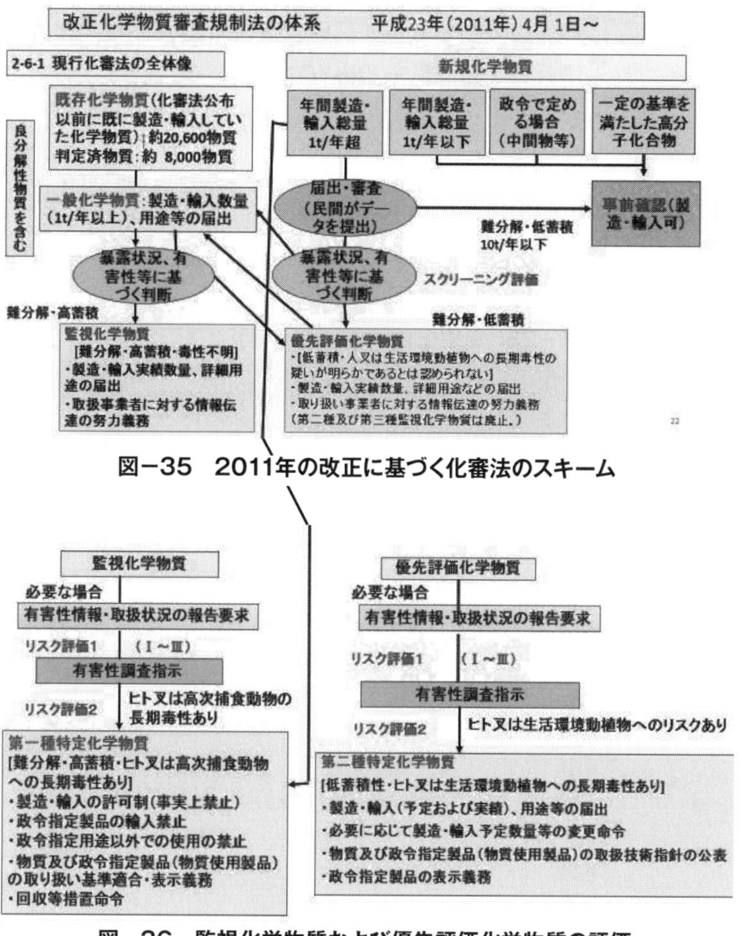

図－35　2011年の改正に基づく化審法のスキーム

図－36　監視化学物質および優先評価化学物質の評価

必要であると判断されると、事業者に対し慢性毒性試験の実施が命じられる。

この2011年の改正が現行の化審法の骨格になっている（施行令による改正はその後も行われているが）。

図－35および図－36に2011年の改正に基づく化審法のスキームを示す。

④ 化審法における上市前の事前審査

化審法では、製造・輸入に当たり、化審法における新規化学物質か否か判断しなければならない。この判断は重要であり、化学物質管理士に求められる能力の一つである。既存化学物質であれば、製造・輸入が可能であるが、新規化学物質の場合は届出申請をしなくてはならない。

新規化学物質の届出申請には「通常新規」の他に「低生産量新規」、「少量新規」、「低懸念高分子化合物」および「中間物等」として簡便な申

表－23　新規化学物質の審査・確認制度[51)]

手続きの種類	手続	届出時に提出すべき有害性データ	その他の提出資料	数量上限	数量調整
通常新規	届出→判定	分解性・蓄積性・人健康・生態影響	用途・予定数量等	なし	なし
低生産量新規	届出→判定 申出→確認	分解性・蓄積性（人健康・生態影響の有害性データもあれば届出時に提出）	用途・予定数量等	全国10t以下	あり
少量新規	届出→確認	―	用途・予定数量等	全国1t以下	あり
低懸念高分子化合物	届出→確認	―	分子量・物理化学的安定性試験データ	なし	なし
中間物等	届出→確認	―	取扱方法・施設設備状況を示す図面等	なし	なし
少量中間物等			簡素化	1社1t以下	なし

請が認められている。

新規化学物質の審査・確認制度の概要を経済産業省の資料（「改正化審法の概要について」 平成30年2月22日）から抜粋して以下にまとめ、表－23に具体的内容を示した。

④－1 新規化学物質の審査・確認制度の概要

官報で名称が公示されていない若しくは政令で指定されていない新規化学物質（通常新規化学物質）については、届出申請を行い、通常の事前審査を受けると、製造・輸入が可能になる。

なお、特例制度、届出免除制度に基づいて、通常の届出申請によらず、事前の申出・確認により製造・輸入できる場合がある。低生産量新規、少量新規、低懸念高分子、中間物等がこの制度の対象になる。

我が国の化学産業がグローバルなパラダイムシフトにより、少量多品種の事業形態に移行する中、化学物質による環境汚染の防止を前提に、少量多品種産業にも配慮した合理的な制度設計をしている。

それぞれの化学物質の形態の違いにより手続が異なり、また国に提出する有害性等の情報は以下に示すように異なっている。

④－2 上市後の化学物質の継続的な管理

化審法では従来、ハザードで管理していたが、2011年（平成23年）

リスク ＝ 有害性（(ハザード)）× 環境排出量（(ばく露量)）

◆有害性：化学物質が、人や環境中の動植物に対し、どのような望ましくない影響をおよぼす可能性があるか

◆ばく露量：人や動植物が、どのくらいの量（(濃度)）の化学物質に曝されているか

＜リスクベースの管理のメリット＞

◆有害性が明確でない化学物質についても、ばく露量が多くなることによりヒト健康影響等が懸念される場合に、管理対象とすることが可能となる。

◆取り扱いや使用方法等、ばく露量を制御・管理して、リスクの懸念をなくすことにより、種々の化学物質の利用が可能となる。

◆強い有害性を示す化学物質について、厳しいばく露管理をすることが必要。

図－37 ハザードベースからリスクベースの管理へ

の改正法からリスク評価に基づく管理へと移行した。図－37に示したようにリスクは有害性（ハザード）とばく露量（環境排出量）の積で表される。

④－3 上市後の化学物質のリスク評価の流れ

上市後のリスク評価について図－38にまとめた。後述のREACHとは異なり（EUでは事業者がリスク評価を行う）、日本では国がリスク評価を行う。既存化学物質も新規化学物質も先ずは全てを一般化学物質とし、スクリーニング評価（化審法の数量および用途の届出データを基にしてコンピュータにより計算し判定する）を行う。その結果を図－39に示したマトリックス上に当てはめ、リスクが「高」とな

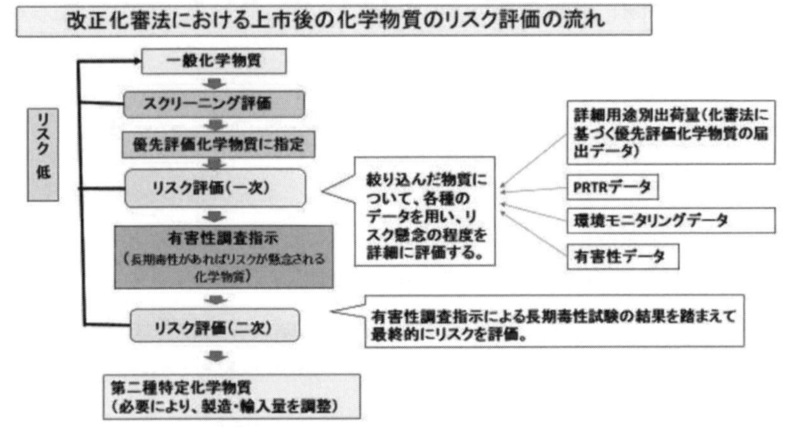

図－38　上市後のリスク評価の流れ

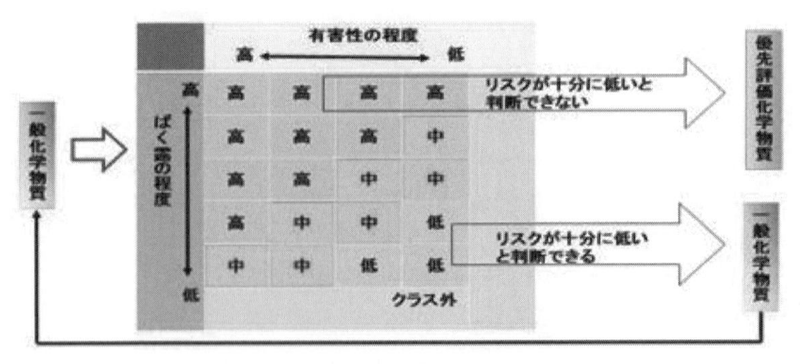

図－39　優先評価化学物質の判定

るものを優先評価化学物質とする。ボーダーラインの「中」のものは専門家の判断に委ねる。「低」のものはこの時点での製造・輸入量ではリスクは懸念されるレベルにないと判断され、再び一般化学物質としてプールされる。

⑤ 化審法の届出

毎年1回、一般化学物質について製造・輸入量および用途（指定された用途コードから選択）について届け出ることが義務付けられている。また、優先評価化学物質についても製造・輸入量および詳細な用途（指定された用途コードから選択）を届け出ることが義務付けられている。これらの届出情報を基にして、国により、一般化学物質のスクリ－ニング評価および優先評価化学物質のリスク評価が行われる。

図－40に一般化学物質の製造・輸入量の届出および図－41に届出不要物質についてまとめた。

一般化学物質の製造・輸入量の届出

【一般化学物質とは】
① 既存化学物質名簿に掲載された化学物質
② 新規公示化学物質
③ 旧第二・第三監視化学物質
＊ ①～③については、優先評価化学物質等の指定を受けた物質を除く。
④ 優先評価化学物質の指定を取り消された化学物質
④ 公示される前の、判定通知を受けた新規化学物質

≪参考資料≫
経済産業省
「改正化審法について」
平成22年11月

【届出対象】
○化審法の規定に基づき一般化学物質を製造・輸入した者に義務付け。
○製造・輸入数量が1化合物につき1企業あたり1トン以上の化学物質。
○①1トンに満たない化学物質、②試験研究用途、③大臣指定の届出不要物質等は除外。
○混合物においては、個々の化学物質における混合物中の重量割合が10%以上の物質。
○同一事業所内か否かにかかわらず、自社内で全量消費する化学物質（自家消費する中間物）の製造については届出対象から除外。
≪注意≫自社内で全量消費する化学物質の輸入は届出対象。

図－40 一般化学物質の届出

（１）　高分子フロースキームによる判定結果等から、リスク評価を行う必要がないと認められる化学物質
（２）自然界に本来大量に存在する化学物質
　ex）　地殻、水域又は大気等の自然界に本来大量に存在する化学物質（二酸化ケイ素、酸化アルミニウムなど）
（３）　化審法と同様に環境汚染防止の観点から他の法律により上市規制が課され得る化学物質
　ex）　揮発油等の品質の確保等に関する法律（ガソリン、灯油など）

図－41　届出不要物質について

化学物質の製造または輸入を行っている事業者が、その製造・輸入した化学物質に関して、化審法の審査項目に係る試験等を通じて難分解性、高蓄積性、人や動植物への毒性といった一定の有害性を示す情報を新たに入手した場合は、国への報告が義務付けられている。

低生産量や少量新規化学物質の確認を受けて製造・輸入されているものを含め、原則、製造・輸入されている全ての化学物質について、新たに試験データを取得した場合には国への報告が必要であるとともに、非 GLP 施設で試験を行った場合にも、これらに該当する情報が得られた場合には国への報告が必要であることに留意すべきである。

行政に報告することも義務付けられている有害性情報について、図－42 に示す。

⑥ 2017 年（平成 29 年）改正化審法について（「改正化審法の概要について　2018 年（平成 30 年）2 月 22 日　経産省」より抜粋）

⑥－１ 少量新規化学物質、低生産量新規化学物質確認制度の見直し（2019 年（平成 31 年）1 月施行）

従来、少量新規化学物質および低生産量新規化学物質は製造・輸入量の上限がそれぞれ全国で１ｔおよび 10 ｔであったため、複数の事業者が存在する場合は上限値をそれら事業者でシェアしなければならず、少量新規化学物質と低生産量新規化学物質の届出件数が毎年増加し、これに伴って国による数量調整件数も増加した。

1 行政へ報告する必要がある場合
(1) 公知でない知見を既に社内に有している場合（努力義務）
・優先評価化学物質、監視化学物質および第二種特定化学物質が対象
・罰則なし
(2) 新たに試験等を行い、有害性に関する知見を得た場合（義務）
・一般化学物質、優先評価化学物質、監視化学物質および第二種特定化学物質等が対象
・罰則あり
2 行政が提出を求める場合
・優先評価化学物質が対象であり、リスク評価を行う際に用いる。
・罰則なし。
3 行政から情報の調査指示がある場合
・監視化学物質および優先評価化学物質が対象。第一種または第二種特定化学物質に該当するか否かの判断に用いる。
・罰則なし

図－42 有害性情報の報告

この数量調整の増大により割り当て量が確保しづらくなって、事業者はいろいろな問題に直面した。直接的な事業損失にとどまらずサプライチェーン全体のビジネスの消滅、生産拠点の海外移転、研究開発拠点も海外に移転してしまうという懸念も増加していた。これらが引き金になって今回の見直しが行われた。

まず審査特例制度の全国数量上限について、現在の「製造・輸入数量」を人の健康や生態系への安全性の確保を前提に見直すこととした。

次に、これまでと同様に環境への負荷が増えることがないように、全国数量上限を「用途情報」も加味した「環境排出量」に変更することで、数量調整を受ける事例が減少し、個々の事業計画の予見可能性を高めることに貢献できるようにした。

そして、製造・輸入数量から環境排出量に換算する際には、用途別の排出係数（既にスクリーニング評価・リスク評価で利用したもの）を安全側に立ち、整理して活用することにした。以下に見直しのポイントを示す。

変更前

	個社数量上限	全国数量上限
少量新規	1トン（製造・輸入数量）	1トン（製造・輸入数量）
低生産量新規	10トン（製造・輸入数量）	10トン（製造・輸入数量）

変更後

	個社数量上限	全国数量上限
少量新規	1トン（製造・輸入数量）	1トン（環境排出量）
低生産量新規	10トン（製造・輸入数量）	10トン（環境排出量）

図－43　少量新規および低生産量新規の変更

今回の見直しにより、環境排出量を基準にすることにより、製造・輸入量に排出係数を乗じた値が全国上限となった。このため、排出係数が小さい場合には全国上限はより大きな値となる。但し、個社の数量の上限はこれまでと同様、それぞれ1 tおよび10 tである。

今般の合理化を進めるためには､用途情報の重要性が増すことから、用途情報の正確性を担保するためにも、事業者から追加情報を求めることになる。

また、事業者からの追加情報の収集に当たっては、事業者に過度な負担とならないようにしつつ、以下に示すように国が用途情報をきちんと確認できる体制を構築することとした。

合理化前：全国上限（製造・輸入数量）

事業者からの情報

製造・輸入数量

用途情報

全国上限枠以内であることを国が確認

全国上限枠（製造・輸入数量）

確認数量を事業者に通知

合理化後：全国上限（環境排出量）

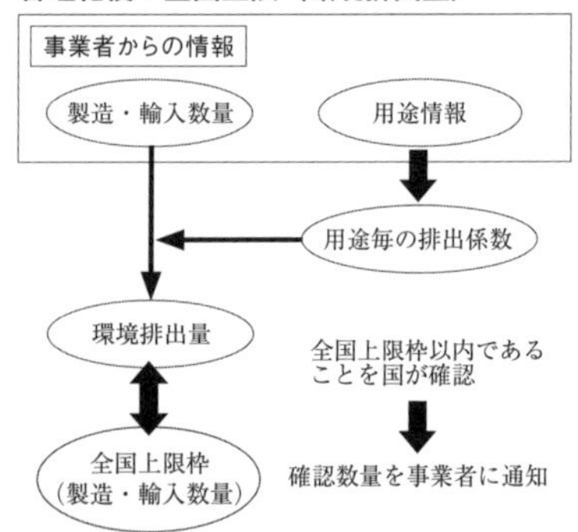

図－44　事業者の提供情報の変更

⑥－２ 毒性が強い化学物質に対する新しい区分の導入

近年、機能性が高い化学物質には、その反応性から著しく毒性が強いものが出現している。これらの化学物質は、環境排出量が少ないものも多いため優先評価化学物質にも該当しない。一般化学物質の中からこのような著しい毒性が確認されたものについて、特定一般化学物質として新しい区分を導入することになった（2018年（平成30年）4月施行）。

また、新規化学物質の審査により、新たに著しい毒性が確認されたものについて特定新規化学物質（公示後は特定一般化学物質）として指定することになった。

この見直しにより、化審法において指定される化学物質の管理区分は、表－22に示すもののようになった。

表－24　化審法における化学物質の管理区分

管理区分	難分解性 高蓄積性	人・動植物への毒性	備考
第一種特定化学物質	○	○	
第二種特定化学物質		○	相当広範地域に 相当程度残留
優先評価化学物質		無いことが明らかでない	相当程度残留
特定一般化学物質 （公示前は、特定新規化学物質）		○	環境排出量少
一般化学物質			環境排出量少

「特定一般化学物質」については、不用意な環境排出の防止を徹底するため、既に事実上行っている以下の事項を法律に規定することになった。

ア）通知

一般化学物質の中でも毒性が強い化学物質であるゆえ、その旨３大臣から事業者に通知する。

イ）情報伝達義務

事業者が当該化学物質を譲渡・提供するにあたって、一般化学物質の中でも毒性が強いものである旨、情報の伝達に努めるよう義務付ける。

ウ）指導および助言

主務大臣から事業者に対し、必要な指導および助言を実施する。

例えば、環境汚染を防止するためにサプライチェーンに沿って、管理手法の改善策等の情報を提供するよう指導・助言する。

エ）取扱状況の報告

主務大臣は、事業者から取扱いの状況について報告を求めることができる。

これにより、例えば、毒性が強い化学物質の取扱い事業者に対して、報告を求められた際に対応できるよう、あらかじめ当該化学物質の出庫状況に関する記録を、文書で一定期間保存させられるようになる。

⑦ 化審法の運用の見直し[51）52）]

⑦－1 一般化学物質等の届出様式の見直し

ア）2019年度（2019年4月～7月届出）より、一般化学物質、優先評価化学物質および監視化学物質の届出内容が変わった。

イ）複雑な混合物等については、必要に応じて構造・成分等の情報を把握できるようにする。

ウ）「みなし既存」（新規化学物質とは取り扱わない既存化学物質の組み合わせの塩等）については、混合物として複数届出をすることなく、一つの届出とする。

エ）届出様式が変更になる。

オ）一部の化学物質については、構造・成分情報を示した書類を添付することになる。

化学物質管理士としてはこれら運用の見直し内容について十分に理解し、対応できるようにしておくことが重要である。

⑦－２ 新規化学物質の審査合理化

分解性試験について、以下の合理化案について注視しておく必要がある。

⑦－２－１ 分解試験の合理化（平成30年4月から運用）

○　OECDテストガイドライン301Fの導入

OECDテストガイドラインは、化学物質やその混合物の安全性を評価するための国際的に合意された試験方法の集合である。

301Fを導入することで、従来から行われてきた301Cの試験濃度（100mgL）で活性阻害が生じる場合や、難水溶性物質で汚泥との接触が悪い場合など、301Cでは分解しなかった試験条件が改善される。

また、従来では難分解性判定だった物質が、良分解判定が可能となり、届出者の試験費用負担が軽減され、有害性情報取得に係る期間の短縮にも繋がる。

301Fは海外で実施されることがあり、我が国では相互受け入れの観点で有効である。

【OECDテストガイドライン301C／301F】[53)]

OECD 301C／301F：生物化学的酸素消費量（BOD）を指標として生分解性を調べる方法である。予め理論酸素要求量（ThOD）を求めておく必要があるが、難水溶性，吸着性物質等への適用も可能な方法であり、専用の試験装置を用いて連続測定が行える。

○　分解度試験で生成した変化物の残留性に関する判断の合理化

１％以上生成した変化物であっても、分解度試験の結果等から、分解途上であると考えられる場合には、後続試験の対象外とする。

⑦－２－２ 蓄積性試験の合理化（平成30年4月から運用）

○　餌料投与法の導入

餌料投与法のリングテスト等の結果、化審法への餌料投与法の導入の可否については引き続き検討が必要であると判断されていたが、水ばく露法を適用できない難水溶性物質の蓄積性試験については、餌料投与法が導入されることになったことで、改善が期待される。

○　一濃度区での水ばく露法試験の判定基準の合理化

現在一濃度区が適用可能としている条件（BCF 500 倍）を再検討し、濃縮倍率の値によらず一濃度区での試験を適用可能とする。これにより、従来、二濃度区での試験が必要だった濃縮度試験が、一濃度区での試験結果から判定が可能となり、届出者の試験費用負担が軽減される。

⑦－２－３ 高分子フロースキームの合理化（平成 30 年４月から運用）

○　高分子フロースキーム試験の簡素化

安定性試験では、光、熱および pH の変化によって測定方法に起因する誤差範囲以上の重量変化がないこと、誤差範囲以上の重量変化があった場合には、他の分析方法により構造変化がみられないこと等、物理的・化学的安定性が確認される。この試験法では、「試験液の pHの範囲」について OECD テストガイドライン 111「pH の関数としての加水分解」では pH ＝ 1.2，4.0，7.0，9.0 とするとされているが、「pH1.2 および 7.0」を削減することとした。

また、安定性試験における重量測定および溶解性試験における水の重量測定を削減する。

○　運用通知の 98％ルールの拡大

既存の高分子化合物に２％未満のモノマー（新規化学物質の場合は１％未満）を複数加えても、同じ既存の高分子化合物とみなすこととし、届出者の試験費用の負担を軽減することとした。

こうすることによって、従来は新規化学物質の届出が必要であった高分子化合物について届出が不要となった。

⑧ 化学物質の自主管理

あらゆるリスクを想定して法律で対応することは実質的に不可能ゆえ、化学物質を製造し取り扱うすべてのステークホルダーは、法律の順守に留まらずそれぞれの立場でリスク管理が求められる。

自主管理を行うに当たって、まず自社の取扱い化学物質を特定し、製造・輸入量、用途等を把握し、併せて自社製品を管理する上でリスクを定性的、できれば定量的に知る必要がある。

そのためにはグローバルな化学物質管理にも対応できるデータベースを持ち、レスポンシブル・ケア室等のCSR専門部署を設けて化学品情報を社内で総合的かつ一元的に管理することが望まれる。社内にマンパワーが持てなければ、環境・安全関連の国際法規情報等の収集を海外の代理人等の専門家やコンサルタント会社へアウトソースで対応する方法が考えられる。

各社はそれぞれ以下に示すような企業レスポンシブル・ケア活動他、独自の活動を行っており、日化協や各省庁でも社会的責任についての

（A社）
化学物質のデータベース機能と、化学物質の環境中への排出移動量管理機能を一体化させた統合管理システムによって、取り扱う製品中の化学物質の成分情報、SDS、排出移動量の管理を一体的に行い、合理的な化学物質の管理を実施している。

（B社）
製造時に配合する化学品に含まれているPRTR対象物質を調査し、使用量の多い物質、地域・業界内で排出比率の高い物質を削減対象物質として選定し、PDCAサイクルで排出削減に取り組んでいる。

（C社）
化学物質のライフサイクル（研究、製造、流通、消費、廃棄）を通じた各種データ、情報等によるリスクの解析・評価を行い、設備対応、排出抑制、ばく露抑制、SDS管理など化学物質のリスクマネジメントを行っている。

（D社）
敷地境界における化学物質の大気環境濃度をMETI-LISを用いてシミュレーションを行った。大気環境濃度の予測結果と化学物質の環境許容濃度より算出されたMOS（Margin of Safety）の大きさに応じて、リスク削減対策が必要な化学物質の優先順位付けを行っている。

図－45　個別事業者における化学物質の自主管理の実施例

広範囲に亘る取組例を紹介しているので、それらを参照することをお勧めする[54)]。

(2) GHSに対応する日本の規制法[55)]

日本におけるGHSに対応した国内規制法は、安衛法、化管法及び毒劇法の三法である。

APECが、GHSに関する国連勧告「化学品の分類および表示に関する世界調和システム」を受けて、2年前倒しで2006年までにGHSを実施することを決議したので、これを受けて日本はGHSに対応するため、安衛法が2006年に改正され、同年12月1日から、従来の表示対象物である有害物に加え、危険・有害性物質を対象として、GHSに対応したSDS交付とラベル表示が義務付けられた。続いて化管法および毒劇法も改正された（以下）。

①労働安全衛生法（安衛法）：SDS、ラベル対象物質は義務。非対象物質で危険有害性物質は努力義務。
②化学物質排出把握管理促進法（化管法）：第一種、第二種特定化学物質はSDS交付は義務。ラベルは努力義務。
⑪毒物・劇物取締法（毒劇法）：毒物および劇物対象物質についてSDS交付、ラベル貼付義務。

1）労働安全衛生法（安衛法）

安衛法は、労働基準法と相まって、労働災害防止のための危害防止基準の確立、責任体制の明確化、自主的活動促進の措置を講ずる等、総合的計画的な対策を促進することにより職場における労働者の安全と健康を確保するとともに、快適な職場環境の形成を促進することを目的にしている。よって、化学物質のリスクアセスメントに関する案件だけではなく、労働者のうつ病や解雇等によるメンタルヘルス、ストレスチェック、受動喫煙防止、重大な労働災害を繰り返す企業への対応等の案件に対する措置をも規定している。

労働災害には作業現場の機械・設備に起因する災害と化学物質の有害性による災害がある。前者の場合はこの法律の略称として労安法および後者の場合を安衛法と呼ぶ場合が多い。しかし、特に決められたものではない。

労働安全衛生法は重要な分野に多くの規則類が制定され、管理されている。表－25にそれらを示した。

表－25　労働安全衛生法および関係政・省令

危険有害性項目	日本	EU	米国	カナダ	韓国	Aust
急性毒性 区分５	×	×	×	×	×	×
皮膚腐食性／刺激性 区分３	×	×	×	×	×	×
眼に対する重篤な損傷性／眼刺激性区分２	○	○	○	○	△（区分２の細区分なし）	△（区分2Bなし）
吸引性呼吸器有害性 区分２	×	×	×	×	○	○
水生環境有害性	○	△（区分2,3なし）	×	×	△（区分2,3なし）	×
オゾン層有害性	○	○	×	×	○	×

また、2003年の国連勧告を受けて2006年に安衛法が改訂され、GHS分類によるSDS作成およびラベル表示が取り入れられた。

なお、GHS分類は表－26に示したように、安衛法のみでなく化管法および毒劇法にも取り入れられている。

法律の詳細については、多くの解説が専門誌や厚労省等から出されているWeb情報に掲載されているので、そちらをご覧頂くとして、我々の周りで現実に起こっている事故や事象に目を向けて見る。

2012年(平成24年) 4月1日に改正労働安全衛生規則が施行された。

表－26　GHSを取り込んでいる法律

法律名	SDS	ラベル
安衛法	673物質	673物質（2018年7月1日から）
化管法	562物質（第一種及び第二種指定化学物質）	同左努力義務
毒劇法	毒物：105物質（内、特定毒物10物質）、劇物：289物質	

塩化アルミニウムを誤って次亜塩素酸ナトリウムのタンクに注入してしまい、塩素ガスが発生

運送業Ａ社が、製紙業Ｂ社の和紙工場に廃液処理の際に用いる塩化アルミニウムを納入したときに、誤って次亜塩素酸ナトリウムの入っているタンクに塩化アルミニウムを注入したことにより塩素ガスが発生

【反省点】

ア）Ｂ社の案内者が塩化アルミニウムと次亜塩素酸ナトリウムのタンクを間違えて教えてしまった。

イ）次亜塩素酸ナトリウムのタンクおよびタンク送給口にタンクの内容物に関する表示がなされていなかった。

ウ）Ｂ社の案内者が次亜塩素酸ナトリウムおよび塩化アルミニウムについて、混合危険性の知識を持っていなかった。

銅メッキ製品の分析作業中、作業者がシアン化合物で中毒にあった

メッキ工程でメッキの度合いを分析するために、アンモニア液を用いてワイヤーの銅付着量の分析作業を行っていた。
分析後、同液を所定のポリ容器に入れようとしたが、満杯のため入れられず、代わりの容器を捜したところ、屋外にポリ缶があるのを見つけた。
このポリ缶には少量の液体が残存していたため、分析場所に持ち帰り水道の水でゆすぎ床面に捨てたところ、シアン化水素ガスが発生した。

【反省点】

ア）被災者が見つけてきたポリ缶には塩酸が入っており、分析場所の床面にはシアン化ナトリウムが付着していた。

イ）屋外に放置されていた塩酸の入った容器には、何の表示もされていなかった。

図－46　容器等に適切な表示がなされていれば防ぐことができた災害の例[56)]

背景には600～700件／年程度化学物質等に起因する労働災害が発生しており、そのうち容器等に内蔵している化学物質等の危険有害性の表示があれば防止できたと思われる災害が、30件／年程度も発生していた事情がある。

また、有害化学物質を取扱う事業場でも、化学物質のリスクアセスメントの実施率が半分にも満たず、全ての危険有害な化学物質を譲渡・提供する者に対して、川下使用者に当該化学物質に関する危険有害性情報の提供を義務化するという化学物質管理に対する国際的要請があった。

この規則の改正によって、職場において使用される全ての危険有害な化学物質の有害性情報を、譲渡・提供時のラベル表示やSDSの交付および事業場内で取り扱う容器等にラベル貼付を実施する等の有害性情報への関心を関係者に広め、リスクに基づく自主的な化学物質管理を促進することになった。

メーカー側はこのようにラベル表示やSDSの交付で危険有害性の情報を提供する義務を負い、ユーザー側はコントロールバンディングの導入等でSDSの危険有害性情報に基づくリスクアセスメントを実施することになった。またユーザー側は、局所排気等の拡散防止措置、適切な保護具の選択、個人ばく露量の測定を実施する等、ラベル表示やSDSに基づいた適切なリスク管理を行い、それらの情報を事業場内に表示して労働者へ危険有害性に関する情報を周知する義務を負うことになった。

① 2016年（平成28年）6月施行の改正安衛法

本改正安衛法は、人に対する一定の危険性または有害性が明らかになっている労働安全衛生法施行令別表第9に掲げる640の化学物質等について、

ア）譲渡または提供する際の容器または包装へのラベル表示

イ）安全データシート（SDS）の交付

ウ）化学物質等を取り扱う際のリスクアセスメント

の三つの対策を講じる（義務付ける）ことが柱となっている。

図－47の左側の“現行”ではSDS交付義務物質が640物質、ラベル表示義務物質が116物質、リスクアセスメントについては、116物質が個別規制となっている。

これに対して、改正後はSDS交付義務の640物質が全てラベル表

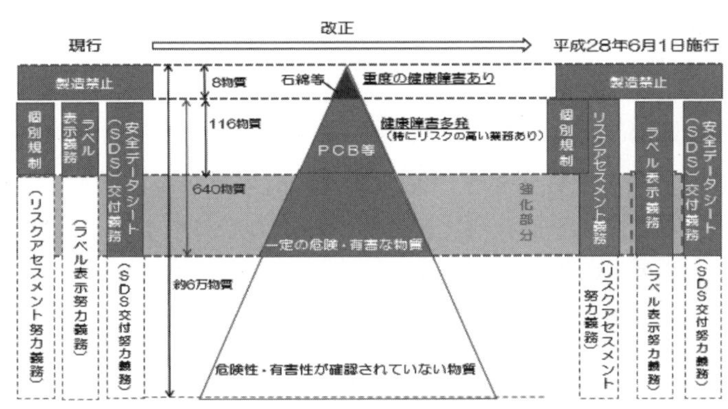

出典：安衛法57条1項の政令で定める物及び通知対象物：厚労省説明資料より転載

図－47　平成28年6月1日施行の改正安衛法

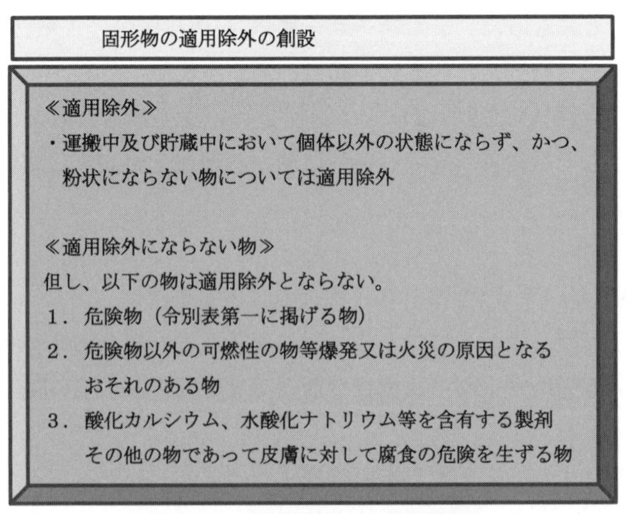

図－48　固形物のラベル適用除外

示義務およびリスクアセスメント義務対象となった。なお、下記の様に固形物のラベルについて適用除外が創設された。

② 2018年（平成30年）7月施行の改正安衛法

平成26年6月25日に公布された労働安全衛生法の一部を改正する法律」（平成26年法律第82号）で指定されたリスクアセスメントの実施、SDS表示並びにラベル表示が義務化された化学物質は、平成29年3月1日に27物質追加され、平成30年7月1日に11物質追加され、1種除かれた。

これにより現在（令和2年4月）、ラベル表示義務対象物質（名称等を表示すべき危険物及び有害物：安衛法施行令第18条）、ＳＤＳ交付義務対象物質（名称等を通知すべき危険物及び有害物：安衛法施行令第18条の2）およびリスクアセスメント実施義務対象物質（安衛法第57条の3）として、673物質が義務対象になった。また、GHSで何らかの危険性・有害性の区分がある全ての化学物質は、ラベル表示及びＳＤＳ交付を行うことが法令上の努力義務とされている。

③ リスクアセスメント

安衛法の下において、リスクに係わる労働衛生管理の基本は次の5つである。

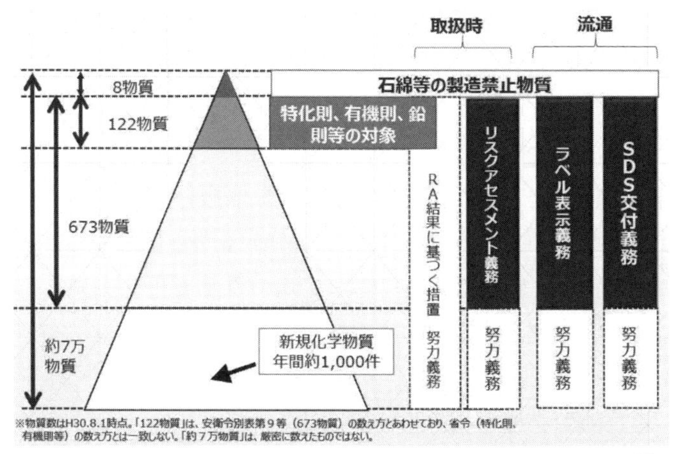

図－49　労働安全衛生法令における化学物質管理体系（概要）[57]

ア）労働衛生管理体制の確立

イ）作業環境管理

作業環境中の種々の有害要因をフード、ダクト、ファン、排気口等で取り除いて、適正な作業環境を確保する。

ウ）作業管理

作業の内容、方法等を適切に管理し、作業の負荷や姿勢等による身体への悪影響の減少、有害な物質のばく露の低減を図る。

エ）健康管理

定期健康診断、有機溶剤、特定化学物質等の業務別特殊健康診断、塩酸や硝酸等が発散する場所の作業員に対する歯科医師による診断

オ）労働衛生教育

（イ）〜（エ）：労働衛生管理の3本柱

リスクアセスメントは、化学物質を取扱うときに生じる恐れのある負傷や疾病の重篤度と発生の可能性を調査して、労働災害が発生するリスクの大きさを評価することである。具体的には、化学物質を取扱う事業者が次の手順で行う。

i） SDS 等に基づいて、取扱う化学物質にどのような危険性・有害性があるかを確認する。

ii）各事業場で当該化学物質の使用量や取扱い方法によって、どのような労働災害が発生する恐れがあるかを調査する。

iii）災害が発生した場合の負傷・疾病の重篤度や発生する可能性の度合いを評価する。

iv）以上の結果を踏まえて、労働者の化学物質へのばく露を防止するための必要な措置を検討する。

これらは、これまで安衛法 28 条の 2 の規定で努力義務とされてい

たものを、新たに義務化するものである。2016年（平成28年）6月施行の改正安衛法では、以下のようなタイミングでリスクアセスメントすることが義務付けられた。

ア）取り扱い対象物を原材料などとして新規に採用したり、変更したりするとき

イ）取り扱い対象物を製造したり、または取扱う業務の作業方法や作業手順を新規に採用したり、変更したりするとき

ウ）前２項に掲げるものの他、対象物による危険性または有害性などについて変化が生じたり、生ずるおそれがあったりするとき（e.g. 新たな危険有害性の情報が、SDSなどのより提供された場合）

また、指針（化学物質等による危険性または有害性等の調査等に関する指針）による努力義務としては、以下が示されている。

エ）労働災害発生時（e.g. 過去のリスクアセスメントに問題があるとき）

オ）過去のリスクアセスメント実施以降、機械設備などの経年劣化、労働者の知識経験などリスクの状況に変化があったとき

カ）過去にリスクアセスメントを実施したことがないとき

なお、事業者はリスクアセスメントの結果を踏まえ、法令で定められた事項を順守するとともに、リスクが高いと評価されたものから順に優先的に化学物質による労働災害防止のための措置を講じることが努力義務とされている。

化学物質に詳しくない者でも簡易にリスクアセスメントが実施できるように、SDSの危険有害性情報や化学物質の使用量、作業内容等を入力することで評価できる支援ツール「化学物質リスク簡易評価法（コントロール・バンディング）」が、職場の安全サイトに用意されている。

https://www.mhlw.go.jp/stf/seisakunitsuite/bunya/0000148537.html

リスクアセスメントのやり方として、現時点で厚生労働省から提案されているのが、上記の「コントロール・バンディング法」である。これは、ILO（国際労働機関）が、開発途上国の中小企業を対象に、有害性のある化学物質から労働者の健康を保護するために、簡単で実用的なリスクアセスメント手法を取り入れて開発した化学物質の管理手法である。厚生労働省版コントロール・バンディングは、この手法をわが国で簡易的に利用できるようにウェブシステムとして使用できるように開発されたものである。これはSDSの有害性評価結果と物性値に基づいて簡便に行なうもので、次のような特徴がある。

i）労働者の化学物質へのばく露濃度等を測定しなくても使用できる。

ii）許容濃度等、化学物質のばく露限界値がなくても使用できる。

iii）化学物質の有害性情報は必要。

iv）作業条件等の必要な情報を入力すると、化学物質の有害性とばく露情報の組み合わせに基づいてリスクを評価し、必要な管理対策の区分（バンド）が示される。

v）バンドに応じた実施すべき対策及び参考となる対策シートが得られる。

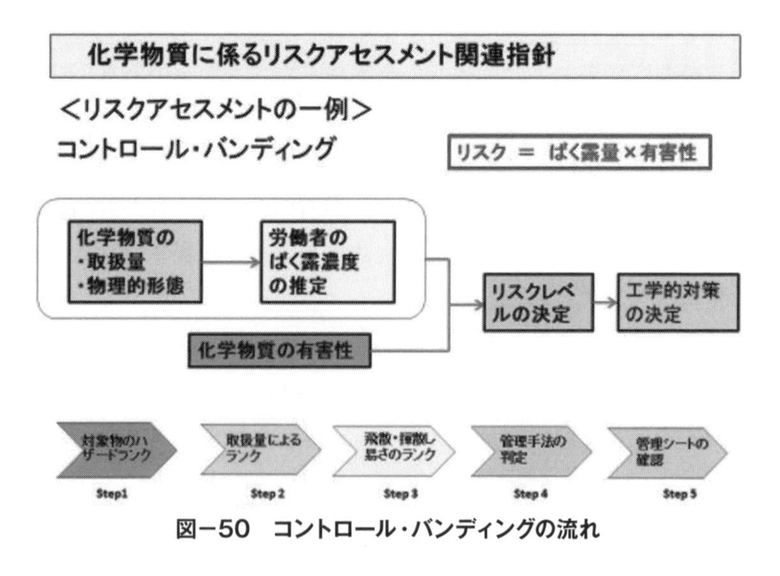

図－50　コントロール・バンディングの流れ

vi）得られる対策シートはあくまで安全衛生対策の参考である。

コントロール・バンディング法は正確さに問題があるが、先ずはこの方法によってリスクアセスメントし、更に個別にその物質に適した方法での評価を行うことが望ましい。

従来から、リスクアセスメントの実施が事業者の努力義務とされてきた。

その後、リスクアセスメント手法が「職場の安全サイト」で簡便な方法からかなり詳細な方法までいくつか紹介されている。「コントロール・バンディング」以外の簡便な評価方法として既述の「クリエイト・シンプル」というものがある。

リスクアセスメント　－　現行の努力義務規定（その１）

第28条の２

事業者は、厚生労働省令で定めるところにより、建設物、設備、原材料、ガス、蒸気、粉じん等による、又は作業行動その他業務に起因する危険性又は有害性等を調査し、その結果に基づいて、この法律又はこれに基づく命令の規定による措置を講ずる他、労働者の危険又は健康障害を防止するために必要な措置を講ずるように努めなければならない。但し、当該調査のうち、化学物質、化学物質を含有する製剤その他のもので労働者の危険又は健康障害を生ずるおそれのあるものに係るもの以外のものについては、製造業その他厚生労働省令で定める業種に属する事業者に限る。

リスク＝有害性×ばく露量

実施すべき事業者：化学物質を製造し、又は取り扱う全ての事業者（業種、規模を問わず）

対象物質：全ての物質

実施時期：新規に化学物質を採用する際や作業手順を変更する時など

リスクアセスメント　－　現行の努力義務規定（その２）

第28条の２

２　厚生労働大臣は、前条第一項及び第三項に定めるもののほか、前項の措置に関して、その適切かつ有効な実施を図るために必須な指針を公表するものとする。

３　厚生労働大臣は、前項の指針に従い、事業者又はその団体に対し、必要な指導、援助等を行うことができる。

図－51　現行（改正前）法の努力義務規定

平成28年6月の改正により、安衛法第57条の3により、「事業者は、厚生労働省令で定めるところにより、第57条第1項の政令で定める者及び通知対象物質による危険性又は有害性等を調査しなければならない。」とされ、リスクアセスメントが義務付けられた。

なお、労働者の危険又は健康障害を防止するために必要な措置を講ずることは努力義務となっている。

図−52　化学物質リスクアセスメントの改正条文

④ ラベル表示

安衛法の改正により、ラベルの表示についても改正が行われ、2018年7月よりラベル表示対象物質がSDS交付対象物質と同様に673物質に拡大された。なお、譲渡・提供時に固体であり、粉状（含粒子径が0.1mm以下の粒子）にならないものはラベル表示の適用除外になる。但し、施行令別表第一の危険等の恐れのある物やGHS分類で、金属ナトリウムや水酸化ナトリウム等のように危険性あるいは皮膚腐食性のある物質については適用除外にはならない。

また、今回のラベル表示の改正により、下記のようにラベルには製品名を記載すれば、成分名は記載しなくてもよいことになった。これは、成分数が多いとラベルに書ききれなくなることを考慮したためである。

法第57条

・ラベル表示の対象となるもの

爆発性の物、発火性の物もしくはベンゼン、ベンゼンを含有する製剤、その他の労働者に健康障害を生ずるおそれのある物で政令で定めるもの又は前条第一項の物又は、引火性の物を容器に入れ、又は包装して、譲渡し、又は提供する者は、厚生労働省令で定めるところにより（略）以下の項目を表示しなければならない。消費者製品はこの限りではない。

・ラベルの記載事項

1．次に掲げる事項

イ　名称

ロ　成分　→　今回の法改正により削除

ハ　人体に及ぼす作用

ニ　貯蔵又は取り扱い上の注意

2．当該物を取り扱う労働者に注意を喚起するための標章で厚生労働大臣が定めるもの

図−53　化学物質の表示（ラベル）の改正

2）化学物質排出把握管理促進法（化管法）

化管法は、有害性がある化学物質に関して、PRTR制度とSDS制度を二本の柱として、事業者による化学物質の自主的な管理の改善を促進し、環境保全上の支障を未然に防止することを目的とした法律

である。この法律は、1999年（平成11年）に「特定化学物質の環境への排出量の把握等および管理の改善の促進に関する法律（化管法）」として制定され、有害性のある化学物質がどの発生源からどのくらい環境中に排出されたか、また廃棄物や下水に含まれてどのくらい事業場の外に運び出されたかを把握する仕組みが、PRTR制度として具体化されている。

また、法で定められた第一種指定化学物質および第二種指定化学物質について、SDSを交付することによる情報提供が義務付けられている。

「I．はじめに」の図－1に示した通り、化学物質は我々の身の回りで便利で快適な生活を支えてくれる製品の中に含まれているだけではなく、化学品の生産、製品の生産・使用、廃棄の各段階で大気、水圏、土壌中および廃棄物中へ排出される。排出された化学物質の中には発がん性物質や生物の催奇形成等人の健康や環境中の生物へ悪影響を及ぼすものがあり、このような環境リスクを低減するためのより有効な規制が必要になってきた。

【法の沿革】

- 特定化学物質の環境への排出量の届出（PRTR制度*）（第一種指定化学物質）
- SDS（安全データシート）制度（第一種、第二種指定化学物質）

の2本立て

*) PRTR制度(Pollutant Release and Transfer Register)

- 1974年にオランダで開始された制度が原型で、
- 1986年にはアメリカでTRI(Toxic chemical Release Inventory)制度としてとり進められた。
- 1992年の地球サミットで採択されたアジェンダ21の中で各国政府が化学物質管理において果たす役割のひとつとして提案された。
- 1996年OECDは加盟各国政府に対してPRTR制度の導入を勧告し、
- 1999年、日本はこの勧告を受け入れ、化管法を制定した。
- 2008年11月21日、対象物質を見直し、交付した。
- 2012年、GHS対応(JIS)のSDSの交付が義務化。その後ラベルの提供が努力義務とされた。

国際的には、1992年の地球サミットで採択されたアジェンダ21の中で各国政府が化学物質管理に於いて果たす役割が提案され、OECDの勧告を受けて我が国では1999年に化管法が制定された。このとき、第一種指定化学物質および第二種指定化学物質が定められたが、その後2008年に対象物質の見直しが行われている。

化学物質は事業活動の中で製造・使用されるものの、取扱者は、生産者だけでなくサプライチェーンの各段階から使用者に至るまで幅広い範囲にわたっている。従って、環境リスクを低減するためには、大元の生産者・事業者だけでなく行政機関や市民・NGOに至るまで、どのような有害物質がどのくらい環境中に排出されるか、どこへどのくらい移動しているかの基本情報を共有する必要がある。この要求を満たすものとしてできた化学物質の管理手法が、以下に示すPRTR制度である。図－54に化管法の概要をまとめた。

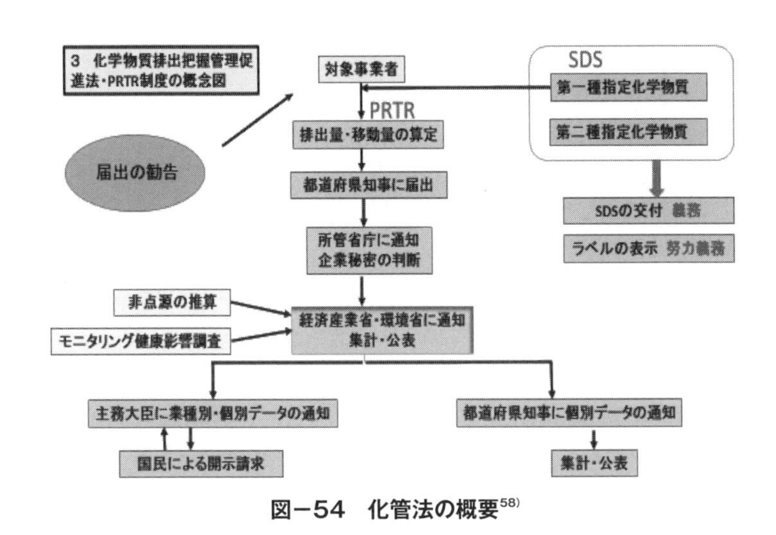

図－54　化管法の概要[58)]

化管法では「化学物質管理指針」を制定し、事業者による化学物質の自主管理を求めている。

法第三条では「指定化学物質等取扱事業者が講ずべき指定化学物質

等の管理に係る措置に関する指針」として

・管理の方法

・使用の合理化

・排出の状況に関する国民の理解の増進

・化学物質の性状及び取扱いに関する情報の活用

を事業者に求めている。

この指針によれば、反応の収率を向上させる等で化学物質の使用量を減らし、環境への排出量を減らすこと等についてPDCAサイクルを回して実施することや、近隣住民に対するリスクコミュニケーションの機会を持ち、“安全・安心”を与える努力をすることなどが勧められている。

また、法第四条では、指定化学物質を取扱う事業者は

・指定化学物質管理指針に留意して、

・指定化学物質の製造、使用その他の取扱い等に係る管理を行うとともに

・その管理の状況に関する国民の理解を深めるよう努める

ことが求められている。

以下に化管法の二本の柱となっているPRTR制度とSDS制度について説明する。

① PRTR制度（Pollutant Release and Transfer Register：化学物質排出移動量届出制度）

事業者は自社の事業場から排出された有害物質を把握するとともに、行政機関に当該排出量を年に1回届出し、行政機関は届出られたデータを集計して公表する。この制度がPRTR制度である。

本制度の趣旨に鑑み、事業者としては民間の企業だけでなく、国や地方公共団体等の廃棄物処理施設や下水道処理施設、教育・研究機関等も含まれている。しかし、本制度の下では届出が必要な業種に該当しない事業所、従業員数や取り扱う化学物質が少ないため届出の義務を課されていない事業所もある。また家庭、農業、自動車等も環境中

に対象となる有害物質を排出する。そのため、国は届出られた排出データと非届出事業者等の排出データの推計値の二種類を経済産業省や環境庁のホームページに公表するとともに、関係省庁および都道府県へも通知している。

上記の公表データから以下のことが分かる 。

・各事業者から大気、水、土壌中に排出している化学物質の種類と量
・各事業者が廃棄物処理用に事業所外へ移動させた化学物質の種類と量
・家庭、農業、自動車等から大気、水、土壌中に排出している化学物質の種類と量
・化学物質の種類別の排出量・移動量
・業種別の排出量・移動量
・都道府県別の排出量・移動量

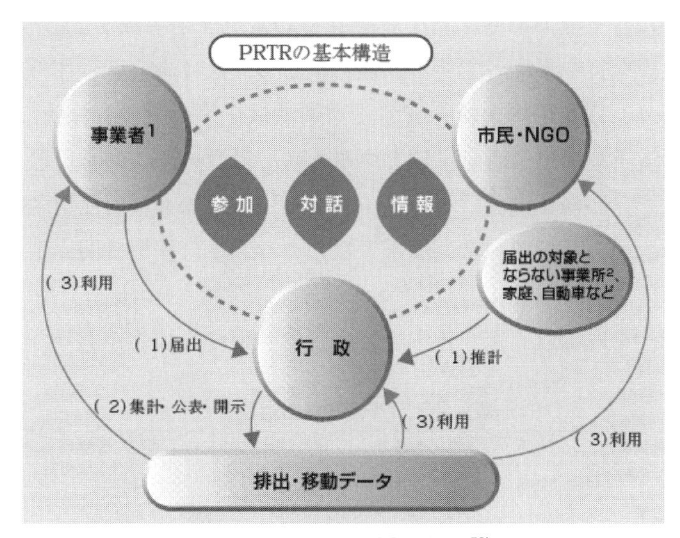

図－55 PRTR制度の概要[59)]

本制度により、事業者は自ら化学物質の排出量を適正に管理することが求められている。また、国民は毎年どのような化学物質が、どこから、どのくらいの量、排出されたかという基本的な情報を知ること

ができることで、市民・行政機関・事業者間に共通の土俵ができ、化学物質による悪影響の削減等環境リスクの低減に役立つことが期待されている（図－24参照）。

ア）PRTR届出方法の概要

届出ルートは事業所から自治体を経由して国にデータが送付され、記録・集計されたものが公表される。事業者は、前年の4月1日から1年間を把握期間として、当該年の4月1日から6月30日までの届出期間内に第1種指定化学物質462物質（含特定第1種指定化学物質15物質）の環境中への排出量と廃棄物に含まれている移動量を自治体に届け出る。この462物質は有害性（ハザード）とばく露可能性に基づいて選定されている。

イ）届出要件

届出対象業種になっているのは、化学物質を取扱う可能性の高い表－25の24業種であり、事業者としての常用雇用者数が21人以上の事業規模を持つ事業者である。但し、この人数は事業者全体の雇用者数であり、複数の事業所を有する事業者は全事業所の合算値であり、工場や支所等の事業所を単位とするものではない。この常用雇用者数の中に、いわゆる嘱託、パート、アルバイト等の非常用雇用者が含まれる場合があるので、常用雇用者数のカウントは届出機関へ確認することが望ましい。

また、年間に取り扱う化学物質の量についても制約があり、把握年

表－26　PRTR届出対象業種

1	金属鉱業	9	倉庫業	17	機械修理業
2	原油及び天然ガス鉱業	10	石油卸売業	18	商品検査業
3	製造業	11	鉄スクラップ卸売業	19	計量証明業
4	電気業	12	自動車卸売業	20	一般廃棄物処理業
5	ガス業	13	燃料小売業	21	産業廃棄物処分業
6	熱供給業	14	洗濯業	22	医療業
7	下水道業	15	写真業	23	高等教育機関
8	鉄道業	16	自動車整備業	24	自然科学研究所

度の年間取扱量（製造量＋使用量）が１トン以上（特定第１種指定化学物質の場合は0.5トン以上）の事業所が対象となり、届け出る数値は、この取扱量ではなく、環境への排出量と廃棄物に含まれての移動量の合計値である。

なお、例外として、取扱量に満たなくても届出が必要な施設（特別要件施設）並びに把握の必要がない製品がある。前者は、下水道終末処理施設、一般廃棄物処理施設、産業廃棄物処理施設、ダイオキシン類対策特別措置法により規定される特定施設、鉱山保安法により規定される建設物等施設等である。環境中への指定化学物質の高濃度排出の可能性が高い施設だからである。

後者は、SDSの場合と同様の以下の製品である。

・対象物質の含有率が少なく、１質量％未満の製品（特定第１種指定化学物質の場合は0.１質量％未満の製品）
・バッテリー、コンデンサー等の密封された状態で使用される製品
・管、板、組立部品等の取扱い過程において固体以外の状態にならず、かつ、粉状または粒状にならない製品
・殺虫剤、防虫剤、洗剤等一般消費者用の製品
・廃溶剤、金属くず等の再生資源

環境中への指定化学物質の排出による汚染が、懸念されるほど大きくないと想定される製品だからである。

ウ）把握する排出量等の区分と算出・把握方法

排出量は事業所から大気への排出、公共用水域への排出、当該事業所における土壌への排出、当該事業所における埋立処分の量をカウントし、移動量は下水道への移動、当該事業所の外への移動をカウントする。このカウントの方法は以下の方法による。

・物質収支を用いる方法
・実測値を用いる方法
・排出係数を用いる方法
・物性値を用いる方法

・その他的確に算出できると認められる方法

この排出量は、PRTRマップとして、届出データの排出量等に基づき、大気中の濃度や排出量を地図上に表示するとともに、個別事業所のデータを検索・閲覧できるツールがあり、インターネットで広く公開されている[60]。

データの開示と利用については経済産業省のWebサイトに掲載（図－56）されており、事業者は排出量・移動量の数値を都道府県経由で国に提出し、経済産業省および環境省が集計し、結果を公表する。国民はこの数値を見て事業者の管理状況を把握することができるという仕組みになっている。

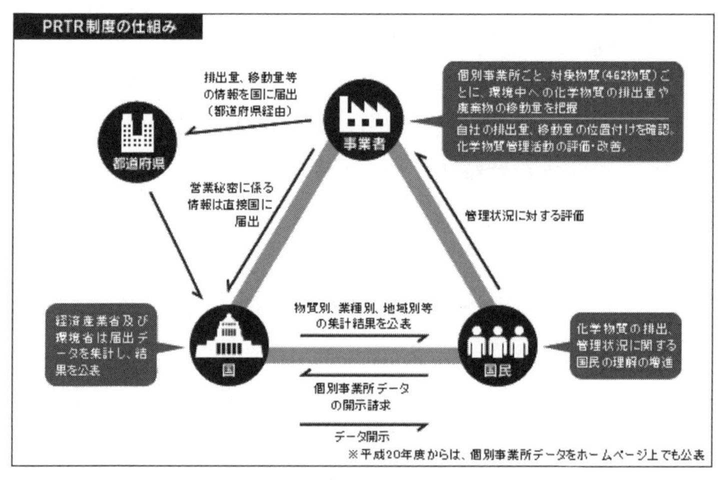

図－56　データの開示と利用

なお、排出量の公表制度が結果的に事業者の排出抑制インセンティブになる側面もあって、届出排出量・移動量の推移は好ましいことに、年々減少している。

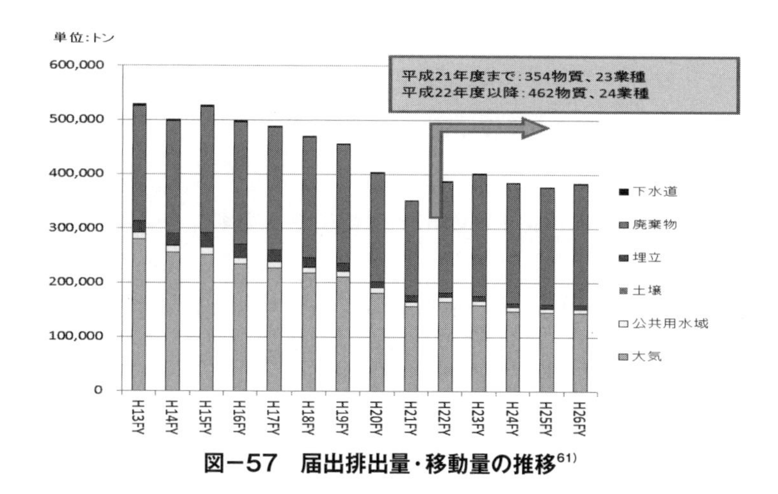

図－57　届出排出量・移動量の推移[61)]

エ）PRTR マップを活用した簡易なリスク評価手法

評価手法の手順は、“トリクロロエチレン（化管法政令番号1－281：大気への届出排出量第7位)”を例に取ると、概略以下のようになる。

a) シナリオの設定

どの化学物質をどのような目的、条件で評価するかを決定する。

⇒トリクロロエチレンによる対象地域周辺住民の健康影響を評価する。

≪物質情報の収集≫

化学物質総合情報提供システム（NITE の CHRIP：無料公開）を使用すると、化学物質の有害性情報、法規制情報および国際機関によるリスク評価情報等を検索することができる。

☆ CHRIP：http://www.nite.go.jp/chem/chrip_search/systemTop

b) 有害性の評価

どのくらいの量でどのような影響がみられるのか有害性の強さを

調査する。

⇒トリクロロエチレンの有害大気汚染物質に係る環境基準を採用して、評価基準値を設定する。

c) ばく露評価

どのくらいの量（濃度）の化学物質にさらされているかばく露量を調査する。

⇒ PRTR マップによる対象地域周辺のトリクロロエチレンの大気中の濃度を採用し、ばく露量（濃度）を推定する。

d) リスク判定

有害性の強さとばく露量を勘案し、リスクが許容できるかどうかを判定する。

⇒大気環境基準と PRTR マップの濃度を比較し、リスク判定を行う。

☆リスク判定の基準

・評価基準値　<　推定ばく露量（濃度）➡　リスクの懸念あり

・評価基準値　>　推定ばく露量（濃度）➡　リスクの懸念なし

オ）化学物質によるリスク

化学物質を実際に製造するまたは取り扱う作業者は、好むと好まざるとに関わらず化学物質を吸い込んだり、接触したりして、作業者の健康は影響を受ける。このときのリスクの程度は、「急性毒性×作業環境濃度」になるであろう。

また、化学物質が大気や水域などの外部環境に排出されたときは環境経由でリスクが広がり、周辺住民の健康や生態環境に生息する生物に影響が及ぶ。このときのリスクの程度は、「慢性毒性×経口摂取量」になるであろう。

化学物質を何らかの付加価値とする製品の場合は、予期せぬ使用方法を含め、製品に含まれる化学物質によって、消費者の健康や廃棄された場合には環境中の生物にも影響が及ぶ。このときのリスクの程度は、「皮膚への刺激×製品使用頻度」になるであろう。

化学物質は使い方や貯蔵方法を誤ると爆発や火災によってフィジカルリスクが発生する。この場合、設備や建物などの財や人の命や健康、それに生態中の生物にも影響が及ぶ。このときのリスクの程度は、「影響の大きさ（人／回）×事故の発生頻度（回／年）になるであろう

② SDS（Safety Data Sheet）制度

2012年（平成24年）4月20日、化学品の情報伝達に関する国際標準であるGHSの導入の促進を目的として化管法のSDS省令（指定化学物質等の性状及び取扱いに関する情報の提供の方法等を定める省令）が改正され、SDSの提供が義務づけられ、また化管法によるラベル表示が努力義務となった。

このSDS制度（SDSの提供やラベル表示による情報伝達）については、現在、化学物質排出把握管理促進法（化管法）の他にも、労働安全衛生法、毒物及び劇物取締法によって規定されている。

SDS制度は、指定化学物質等を適正に管理するためには、当該物質の有害性や適切な取扱い方法などの情報が必須であること、また製造等に携わる者はそれらの情報を入手しやすいが、取引の際には受け手の事業者には提供されない恐れがあることへ対応するためのものである。そのため労働者の安全を確保し、安全に製品を製造することおよび作業環境管理を向上させるため、SDS制度により指定化学物質等の自主管理に必要な情報伝達を確実にすることが目指された。

ア）SDSやラベルに関するJIS Z 7250、JIS Z 7251、JIS Z 7253の関係について

化管法はラベル表示を新設した。またＧＨＳとの整合性をとるため、化管法に基づき指定化学物質等のSDS情報を提供する際、化管法ラベル表示による情報は、JIS Z 7253に適合して作成することが努力義務とされている（SDS省令第4条第1項、第5条）。

JIS Z7253（2012）は、GHSと整合するよう、2012年3月に、従来のJIS Z 7250とZ 7251を統合して策定された。改正されたJIS Z 7253は、暫定措置として、2015年12月31日までの期間は

JIS Z 7251：2006またはJIS Z 7251：2010に従ってラベルを作成してもよく，それ以降、2016年12月31日までは，JIS Z 7251:2010に従ってラベルを作成してもよいことになっている。また，2015年（平成27年）12月31日まではJIS Z 7250：2005またはJIS Z 7250：2010に従ってSDSを作成してもよく，それ以降，2016年12月31日までは，JIS Z 7250：2010に従ってSDSを作成してもよいことになっている。

イ）SDSとは

SDSは、「化学物質またはそれを含有する製品」の安全な取扱いを担保するために、化学品の危険有害性等に関する情報を記載した文書で、サプライチェーンの事業者間で化学品を取引する時までに、相手方に提供し、化学物質の危険有害性や適切な取扱い方法等を伝達するために必要な書類である。

化管法では、前述したように第一種指定化学物質の含有量が１％以上、もしくは特定第一種指定化学物質の含有量が0.1％以上の製品が対象となっている。但し、以下のものは例外的にSDSを提供しなくてもよいことになっている[62]。

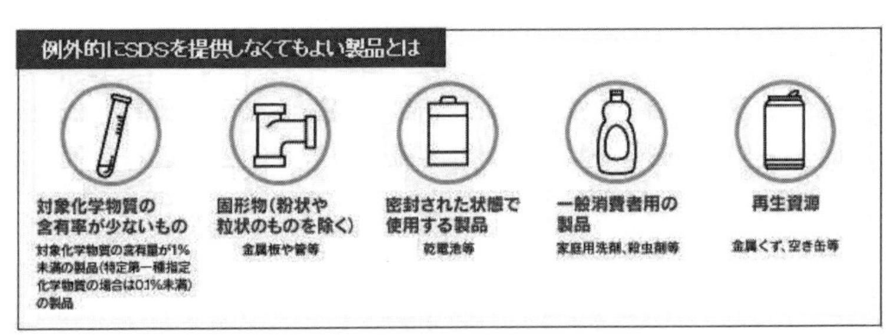

図−58　SDSの提供を要しない製品

SDSの記載項目は世界標準のGHSと整合するようJIS Z 7253：2012に定められており、以下の基準に従って記載することが義務付けられている。

ウ）SDS制度の対象事業者および対象指定化学物質

政令で定める第一種指定化学物質（含462物質：特定第一種指定化

学物質）およびSDSの交付のみを義務付けられている第二種指定化学物質（100物質）およびそれらを規定含有率以上含有する製品を、国内の他の事業者に譲渡・提供する全ての事業者が対象になる。

なお、PRTR制度とは異なり、業種、常用雇用者数、年間取扱量による除外要件はない。

また、対象となる指定化学物質（第一種、第二種）を１％以上（特定第一種指定化学物質の場合は0.1％以上）含み、図－58の製品に該当しない製品がSDS対象製品となる。

エ）SDS提供方法および提供時期

SDSの提供は、文書の交付、磁気ディスクの交付によるものとし（化管法14条１項）、受領者側が承諾すれば、FAX、電子メール、ホームページへの掲載で提供してもよい（SDS省令第２条）。

なお、SDSの提供は、以下の時期および方法による。

・指定化学物質または指定化学物質を規定含有率以上含有する製品を国内の他の事業者に譲渡・提供する時までに提供。
・指定化学物質または指定化学物質を規定含有率以上含有する製品を国内の他の事業者に譲渡・提供するごとに提供。

　但し、同一の事業者に同一のこれらの指定化学物質等を継続的にまたは反復して譲渡・提供する場合はこの限りではない。
・内容に変更の必要が生じた場合は、速やかに変更後の内容を含むSDSの提供に努めなければならない。

オ）SDSへの記載事項

a）化学名および会社情報

化学品の名称は、単一の化学物質の場合は化学物質名を、混合製品の場合は製品名を記載する。供給者の情報としては、会社の場合は会社名、住所、電話番号等の連絡先を、個人事業者の場合は名前、住所、電話番号など連絡先を記載する。これらは安全性を確認するため最低限必要な情報である。

b）危険有害性の要約

人の健康や環境に対する有害な影響や化学品そのものの物理的・化学的危険性といった化学品の有害性、並びに当該化学品に特有の危険有害性があればその旨を明確かつ簡潔に記載する。

なお、当該化学品がGHS分類項目に該当するときは、その項目およびGHS分類の絵表示を記載する。これらは当該化学品を取り扱う関係者に害が及ばないようにするためである。

c）組成および成分情報

化学品に含まれる指定化学物質の組成や成分の含有率等を記載する。GHS分類で危険有害性があると判断された化学物質の場合、分類すべき全ての不純物および安定化させるために添加した物質を含め、化学名または一般名、そして濃度を記載することが望ましい。混合物の場合は、組成中の全ての化合物を記載する必要は無く、GHS分類に基づき危険有害性があると判断され、かつGHSに定められた濃度限界以上に含まれた成分については、全ての危険有害性のある成分の記載が望まれている。

混合物中の化管法指定化学物質の含有率については、一定の幅を持たせた記載は認められていないが、製造時に目的物質の組成にばらつきがあって有効数字２桁の精度では含有率を特定できない場合、適切な推定式を用いて推計値を算出し、得られた数値を有効数字２桁で表示する。その場合、「16　その他の情報」に、推計方法の説明を記載する。

d）応急措置

製造者や取扱者等の従業員等が化学品を吸入、皮膚付着、誤飲、目に入った等ばく露が実際に起こった時に必要な応急処置を記載する。

e）火災時の措置

化学品が基で火災が発生した際の対処法、注意すべき点、例えば適切な消火剤、使用してはならない消火剤等を記載する。消火にあたる消防士は化学物質の物理的および化学的性質に詳しくないので、本記載は消火者の安全を図る意味で重要である。

f）漏出時の措置

化学品が漏出した際の対処法、注意すべき点、例えば保護具の選択や危険防止法、環境への影響防止法や注意事項、被害の封じ込め・浄化方法や使用機材、回収・中和等の浄化方法・使用機材等を記載する。本記載は事業場の中だけでなく、タンクローリーでの運搬中の事故が原因の場合もあり、人の健康や環境への被害を最小限に抑えるためにも重要な記載項目である。

g）取扱いおよび保管上の注意

化学品を従業員や作業員が取り扱う際および保管する際に、どうばく露を防止するか、火災、爆発を防止するための適切な技術的対策、爆発につながるエアロゾル・粉じんの発生防止策等、取扱者が留意すべき点を記載する。

なお、混合接触させてはならない化学物質の情報、避けるべき保管条件等の注意事項の記載も忘れてはならない。

h）ばく露防止および保護措置

事業所内で作業者が化学物質による健康被害を受けないように、ばく露限界値、生物学的指標等の許容濃度といった定量的指標や可能な限りばく露を軽減するための設備対策等、ばく露防止に関する情報や必要な保護措置を記載する。

i）物理的および化学的性質

化学品の物理的性質や化学的性質、例えば、色・固・液などの化学品の外観、臭気、凝固点･沸点･融点、引火点･自然発火温度、燃焼･爆発範囲の上限・下限、蒸気圧・蒸気密度、比重、溶解度、反応性等を記載する。化学品の安全性を理解する基本的情報なので、正確な記載が求められる。

j）安定性および反応性

化学品の安定性および特定条件下で生じる危険な反応、例えば、混載危険物質名、危険有害な分解生成物等の危険感知情報、静電気放電･

衝撃・振動等の物理的な危険感知情報を記載する。取引の際には自然条件の異なる地域への輸送を伴うので、理解しやすい内容の記載が求められる。

k）有害性情報

化学品の人の健康に対する各種の有害性、例えば、急性毒性、皮膚刺激性・感作性、眼刺激性・重篤な損傷性、呼吸器感作性・有毒性、生殖細胞変異原性、発がん性、生殖毒性、特定標的臓器毒性等の情報を記載する。

l）環境影響情報

化学品の環境中での影響や挙動、例えば、生態毒性、残留性・分解性、生体蓄積性、土壌中での移動性、オゾン層分解性等、環境生態への影響に関する情報を記載する。

m）廃棄上の注意

化学品を廃棄する際に注意すべき点、例えば、安全で環境上望ましい廃棄方法、化学品の封入容器・包装の適正な処理方法等を記載する。廃棄後は、専門的知識を有する者が少ないので、環境中に残留しない廃棄方法とすることが望まれる。

n）輸送上の注意

化学品を輸送する際に注意すべき点、例えば、輸送に関する国際規制によるコードおよび分類等を記載する。輸送には陸上輸送、海上輸送、航空機輸送の国内・国際規制、緊急時応急措置指針（容器イエローカード番号）を記載する。

o）適用法令

化学品が化管法に基づくSDS提供義務の対象となる旨、並びに適用される他の法令についての情報も記載する。

p）その他の情報

a）～o）までの項目以外で必要とされる情報、例えば、含有率の算出に使った推計式、訓練の必要性、推奨される取扱い、制約を受ける事項、引用文献等を記載する。

③ ラベル表示

化管法に基づくラベルに記載する情報は、化管法SDS 省令第5 条に規定されており、作成に際しては、JIS Z 7253 に適合する方法で表示を行うよう努めることになっている。

指定化学物質等取扱事業者は、指定化学物質等を容器に入れまたは包装して譲渡し、また提供する場合においては、性状等の取扱い情報を提供する際、その容器または包装にJIS Z 7253に適合する表示(GHSに基づく表示)を行うよう努めなければならない(化管法SDS省令第5条)。

JIS Z 7253 によりラベル表示に必要とされる情報は以下のものである。

i) 危険有害性を著わす絵表示

ii) 注意喚起語

iii) 危険有害性

iv) 注意書き

v) 化学品(製品と同じ意味)

vi) 供給者を特定する情報

vii) その他国内法によって表示が求められる事項

なお、ラベルによる表示に関する努力義務規定については、指定化学物質は平成24 年6 月1 日から、指定化学物質を規定含有率以上含有する製品は平成27 年4 月1 日から適用されている。

3) 毒物及び劇物取締法(毒劇法)[63)]

①法律の概要

毒物および劇物は、この法律で指定されているものの他に、薬事・食品衛生審議会の答申を基に政令で指定されているものを含んでいる。毒物および劇物に指定されると、製造、輸入、販売、取扱等が厳しく規制され、また毒物および劇物を販売する場合には、基本的にSDS の添付が義務付けられる。

毒劇法(1950 年(昭和25 年)法律第303 号)は、一般に流通する有用な化学物質のうち、主として急性毒性による健康被害が発生する恐れが高い物質を毒物または劇物に指定し、保健衛生上の見地から規制する法律で、化学物質の“ハザード”に注目して、取り締まる厚生労働省所管の法律である。なお、GHS分類を取り入れてから、劇物については腐食、刺激性による規制も設定された。

扱う化学物質等が毒物または劇物に該当するかどうかは、まず毒物および劇物取締法（別表第一、別表第二）および毒物および劇物指定令（第一条、第二条）を確認するとよい。

なお、「毒物および劇物指定令の一部を改正する政令（2016年（平成28年）政令第255号）」（2016年（平成28年）7月15日施行。指定除外については2016年（平成28年）7月1日施行）が公布され、毒物および劇物の追加指定並びに毒物および劇物からの指定除外が行われているので、最新情報は、以下のURLで確認することができる。
“https://www.nebj.jp/jp/info/2016_10_dokugeki_sheet.pdf”

毒劇法に規定されている毒物または劇物は、製造業者、輸入業者、販売業者がそれぞれの目的に従って使用、譲渡するゆえ、各種輸送手段に基づいて図－59のように移動するに際し、届出、SDSの提供が求められる。

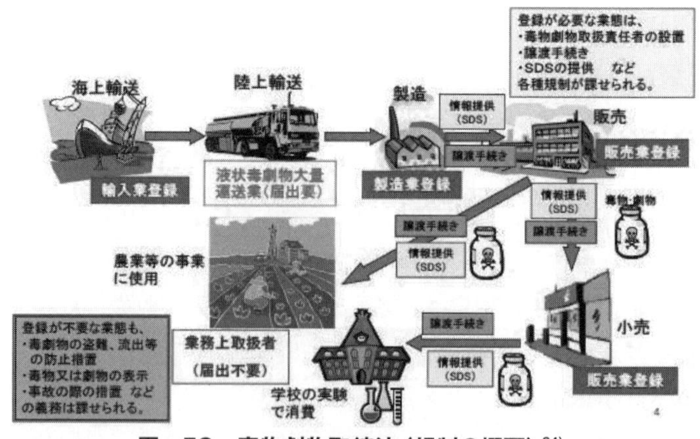

図－59　毒物劇物取締法（規制の概要）[64]

②毒物および劇物（毒劇物）とは

毒劇物と一言に言っても区分があり、「特定毒物」「毒物」「劇物」の三つに分類されている。これらは、化学物質等が持っている急性毒性に注目したとき、その毒性が強い順に「特定毒物＞毒物＞劇物」の順になっており、動物試験結果に基づいて区分されている。

◎「毒物」に指定されている物質
（ア）毒物および劇物取締法別表第１ および
（イ）毒物および劇物指定令第１条
（「特定毒物」に指定されている物質は、毒物のうち特に著しい毒性を有するもの）
（毒物であって，毒劇法別表第３に掲げるもの）
◎「劇物」に指定されている物質
（ウ）毒物および劇物取締法別表第２ および
（エ）毒物および劇物指定令第２条

それぞれの物質とも飲み込んだり、吸い込んだり、皮膚に触れたり、環境中に放出されると、人や生態系に悪影響を及ぼす恐れがある物質である。

毒物と劇物は、定量的には表－27のように区分されている。

法令では、各々の物質について

表－27　毒物および劇物の毒性値[65)]

経路	毒物	劇物
経口	LD_{50}：50mg／kg以下	LD_{50}：50mg／kgを超え、300mg／kg以下
経皮	LD_{50}：200mg／kg以下	LD_{50}：200mg／kgを超え、1,000mg／kg以下
吸入（ガス）	LC_{50}：500ppm（4hr）以下	LC_{50}：500ppm（4hr）を超え、2,500ppm（4hr）以下
吸入（蒸気）	LC_{50}：2.0mg／L（4hr）以下	LC_{50}：2.0mg／L（4hr）を超え、10mg／L（4hr）以下
吸入（ダスト・ミスト）	LC_{50}：0.5mg／L（4hr）以下	LC_{50}：0.5mg／L（4hr）を超え、1.0mg／L（4hr）以下

ア）「○○（化合物名）」
イ）「○○（化合物名）を含有する製剤」
ウ）「○○（化合物名）及びこれを含有する製剤」
の３種の記載方法があり、
ア）については『原体』のみ、イ）については『製剤』のみ、ウ）については、『原体と製剤』の両方が対象となっている。

毒物及び劇物取締法における「原体」とは、原則として製剤化していない化学的純品を指すものだが、そのうち次のものは、製剤ではなく原体とみなされる。

a）原体に着色、着香、当該毒物または劇物の安定または危害防止の目的で純度に影響がない程度に他の化学物質の添加を行ったもの
b）原体に物理的な加工（粉砕、造粒、打錠、結晶化等）のみを行ったもの
c）原体に製造過程等に由来する不純物を含むもの

また、工業用トルエンや工業用キシレンのように、日本工業規格にて規格が定められている場合は、その規格に合致するものも、それぞれの原体とみなしている。

「製剤」とは、概ね、以下の概念を満たすものを「製剤」とみなしている。

d）薬剤またはこれに類するもので、物質的機能を利用するもの
e）希釈、混合、ろ過等を含む調整行為が加えられたもの
f）当該成分を利用する意図をもって調整されたもの

これに対し、以下のものは一般には当該成分の「製剤」とはみなしていない。

【製剤ではないもの】
g）器具、機器、用具といった概念でとらえられるもの
h）使用済みの廃液等の廃棄されたもの
i）毒物または劇物を不純物として含有しているもの

毒物及び劇物指定令において「○○を含有する製剤」と規定されて

いる場合は、製剤が毒物または劇物に該当する。

「不純物」とは、当該原体または製剤の設計上不要なものであり、目的とする成分以外の未反応原料、副生成物等を指している。

意図せず含まれる副生成物等は不純物に該当する場合が多いと思われるが、判断がつかない場合は、厚生労働省または営業所等の所在する都道府県等自治体に問い合わせるとよい。一例を挙げれば、前工程の反応残渣、尿素樹脂に含まれる未反応のホルムアルデヒド等が不純物になる。

「塩類」とは、原則としてイオン結合している物質を指す。塩類は化合物に含まれる。

j）遷移金属の硫化物は塩類に該当する。

k）遷移金属の酸化物は塩類に該当しない。

また、塩類の水和物、例えば、硫酸銅（Ⅱ）五水和物 99.5％試薬等や溶媒和物は、「塩類」に含まれる。

「化合物」とは、ある原子、例えば、「水銀化合物」なら「水銀原子」と他の一種類以上の元素の原子とが互いに化学結合することによって生じ、一定組成を持ち、各成分の性質がそのまま現れていないような物質をいう。

毒物または劇物としては、水銀化合物、砒素化合物、セレン化合物等が「○○化合物」として包括的に指定されている。

合金、固溶体は、混合物（製剤）であり、錯体は混合物ではない。例えば、弗化水素アンモニウム試薬（98.5％）は、弗化水素の製剤（毒物）ではなく、一水素二弗化アンモニウム（＝弗化水素アンモニウム）の原体（劇物）となっている。

毒物及び劇物指定令において「○○を含有する製剤」と規定されている物質で、除外濃度の指定がない場合には、当該物質を意図的に添加した製剤は、その濃度によらず原則として毒物または劇物とみなされる。但し、毒物または劇物たる成分を含有していたとしても、当該成分が製造過程等に由来する不純物の場合は、毒物または劇物の対象物とはみなしていない。

また毒物及び劇物取締法における、有機物と無機物の判定については、以下のように考えるとよい。

「有機物」：炭素原子を基本骨格とし、構成原子が次のような化合物

a）炭素および水素からなる化合物

b）炭素、水素および窒素からなる化合物

c）炭素、水素および酸素からなる化合物

d）炭素、水素、窒素および酸素からなる化合物

e） a）～d）の元素の他に、硫黄、リン、ホウ素または金属のうちいずれか一種類あるいはそれ以上の原子からなる化合物

但し、無機物に該当するものを除く。

「無機物」：炭素以外の元素のみを含有する化合物、比較的簡単な構造の炭素化合物（一酸化炭素、二酸化炭素、炭酸塩類、二硫化炭素、酢酸、酢酸塩類、ギ酸、ギ酸塩類、有機化合物を除くシアン化合物（シアン化金カリウム等））

特定の物質が毒物または劇物に該当するかどうか知りたい場合は、以下のDBを検索することをお勧めする。但し、必ずしも全ての毒物劇物を検索できるわけではないので、法令も併せて確認するとよい。

・国立医薬品食品衛生研究所 毒物劇物の検索

http://www.nihs.go.jp/law/dokugeki/dokugekisearch.html

・独立行政法人製品評価技術基盤機構 化学物質総合情報提供システム

http://www.safe.nite.go.jp/japan/db.html

③毒物または劇物の取扱い

毒物または劇物を実際に取り扱う場合、以下に示すような安全確保に責任を持つ「毒物劇物取扱責任者」を各製造所、事業所、営業所ごとに選出しなければならない。

・薬剤師

・厚生労働省令で定める学校で、応用化学に関する学課を修了した

者

・都道府県知事が行う毒物劇物取扱者試験に合格した者（合格した都道府県以外の場所でも毒物劇物取扱者になることができる）

毒物または劇物の販売者や特定毒物の研究者は、毒物または劇物を取扱う上で以下に示す安全確保の措置を講じなければならない。

・盗難、紛失防止
・施設外への飛散、漏れ、流れ出し、しみ出し等の防止
・施設外で運搬する場合も上記の通りの防止
・飲食物の容器として通常使用される物に入れての保存防止

なお、貯蔵庫は、毒物劇物を他の物と区別して貯蔵することができ、鍵のかかるものであること、場所についても一般人が近づかない所に設置することが求められる。

④毒物または劇物の取扱い登録

毒物または劇物の販売または譲渡を目的とした製造、輸入、販売を行う事業者は、それぞれ製造業、輸入業、販売業の登録を受けることが必要である。製造業、輸入業の場合は製造所、事業所、営業所ごとに厚生労働大臣の登録、販売業の場合は都道府県知事の登録を受けねばならない。

なお、販売業の登録は、一般販売業、農業用品販売業、特定品目販売業の３種類に分かれている。

毒物または劇物の販売または譲渡を目的とした製造、輸入、販売ではなく、専ら自身の業務上の目的のために毒物または劇物を使用している場合には、登録の必要はない。例えば、以下のような場合には登録の必要はない。

【登録不要な場合の例】

例１：製造原料として毒物または劇物を使用する場合

例２：試験研究または分析の目的で毒物または劇物を使用する場合

例３：毒物または劇物に該当する農薬、洗浄剤、接着剤、塗料その他の製品を自身の業務上の目的で使用・消費する場合

以上の場合、登録は不要だが、届出不要の業務上取扱者には該当するので、毒物及び劇物取締法第22条第5項で準用する規定を守り、毒物または劇物の適正な保管管理等を行う必要がある。

また、以下の事業者は、同法第22条第1項の届出が必要となり、同条第4項で準用する規定により、毒物劇物取扱責任者の設置等が必要である。

・無機シアン化合物等を取り扱う電気めっき業者
・無機シアン化合物等を取り扱う金属熱処理業者
・毒物及び劇物取締法施行令別表第2の23品目を特定の量と方法により運搬する運送業者
・砒素化合物等を取り扱うシロアリ防除業者

分析等の試験研究の依頼者および依頼を受ける試験研究機関は、毒物劇物営業者として登録する必要はないが、毒物及び劇物取締法第22条第5項に規定する、業務上取扱者としての義務は生じるので注意が必要である。

なお、試験研究の依頼に当たっては、以下の事項について、契約書等で明確にしておく必要がある。

・試験研究目的であること
・当該毒物または劇物の所有権が依頼者から移らないこと
・第三者に毒物または劇物が流通しないよう、余った毒物または劇物を返還してもらう等の措置が講じられていること

但し、特定毒物を使用する試験研究にあっては、上記に関わらず、同法第3条の2に基づいて都道府県知事等による特定毒物研究者としての許可が必要である。

なお、規制の内容は以下のようになっており、毒物および劇物の表示はGHSによるラベルを使用すれば良い。

【規制内容】

<毒物及び劇物の表示>

1. 容器及び被包に表示すべき事項

(1) 「医薬用外毒物(赤字に白色文字)」、「医薬用外劇物(白地に赤色文字)」を表示

(2) 毒物または劇物の名称

(3) 毒物または劇物の成分およびその含量

(4) 厚生労働省令で定める毒物または劇物については、それぞれ厚生労働省令で定めるその解毒剤の名称

(1) 毒物または劇物の取り扱いおよび使用上特に必要と認めて、厚生労働省令で定める事項

2. 貯蔵・陳列場所の表示

毒物劇物営業者および特定毒物研究者に限らず毒物劇物を業務上取り扱う者は、毒物または劇物を貯蔵し、または陳列する場所に「医薬用外」の文字および毒物につては「毒物」、劇物については「劇物」の文字を表示しなければならない。

図－60に毒劇法に基づく毒物と劇物の判定基準を示した。毒物および劇物は基本的には急性毒性に基づくものであるが、GHS分類を取り入れてから、劇物については腐食、刺激性による規制も設定された。

毒劇法の制定と判定基準

・昭和25年12月28日　制定（毒物劇物営業取締法を引き継ぐ）
・平成23年12月14日　改正

<毒物劇物の判定基準>

➢ 急性毒性による規制　LD_{50}(mg/kg)；LC_{50}(ppm, mg/L)

	経口 LD_{50}	経皮 LD_{50}	吸入 LC_{50}		
			ガス	蒸気	ダスト、ミスト
毒物	50mg/kg以下	200mg/kg以下	500ppm(4時間)以下	2.0mg/L(4時間)以下	0.5mg/L(41時間)以下
劇物	50mg/kgを超え300mg/kg以下	200mg/kgを超え1000mg/kg以下	500ppmを超え2500ppm(4時間)以下	2.0mg/Lを超え10mg/L(4時間)以下	0.5mg/Lを超え1.0mg/L(4時間)以下

➢ 腐食、刺激性による規制

劇物：皮膚腐食性 区分1　　眼の重篤な損傷性／刺激性 区分1

図－60　毒物と劇物の判定基準

また、毒劇法および同政令による規制物質数は図－61のように振り分けられている。

毒物及び劇物の法律と政令による規制物質数		
	法律	政令
特定毒物	10	10（製剤）
毒物	28	95
劇物	94	289

図－61　法規制対象毒物および劇物

以上で解説した安衛法、化管法および毒劇法へのGHS対応については、経済産業省および厚生労働省が共同で発行している下記のパンフレットに内容が紹介されているので、参照することをお勧めする。
――GHS対応――
「化管法・安衛法・毒劇法におけるラベル表示・SDS提供制度」

(3) その他の危険物規制法

1) 消防法

①消防法とは

消防法（1948年（昭和23年）7月24日法律第186号）は、「火災を予防し、警戒しおよび鎮圧し、国民の生命、身体および財産を火災から保護するとともに、火災または地震等の災害に因る被害を軽減し、もつて安寧秩序を保持し、社会公共の福祉の増進に資すること」を目的とする法律である（1条）。

② 消防法での危険物

消防法第2条第7項において「法別表の品名欄に掲げる物品で、同表に定める区分に応じ同表の性質欄に掲げる性状を有するものをいう。」となっている。また危険物の保管をする上で欠かせない概念として指定数量がある。

指定数量とは消防法第９条の３において「危険物についてその危険性を勘案して政令で定める数量」と規定されている。指定数量以上の危険物を貯蔵し、または取り扱う場合には、許可を受けた施設において政令で定める技術上の基準に従って行わなければならないと定められている。そこで消防法で定める法別表（品名表）と指定数量を下記に表示する（表－28)。

③ 危険物の定義（消防法上の危険物）

消防法では、危険性を有する物質のうち、法別表第１（表－28）で品名を指定し、同表の品名欄に掲げる物品で、同表に定める区分に応じ同表の性質欄に掲げる性状を有するものを【危険物】と定義し、危険物の貯蔵、取扱い等に関して火災予防の見地から保安規制を行っている。(第２条第７項)

但し､法律（例えば､危険物船舶運送及び貯蔵規則）により､「危険物」の定義は異なるので注意が必要である。

④ 危険物の分類

物理的、化学的性質より、危険物は第１類から第６類まで分類されている。

第１類：酸化性固体

それ自体は燃焼しないが、他の物質を酸化する固体で、無機の過酸化物等

第２類：可燃性固体

着火しやすい固体、または比較的低温（40℃未満）で引火しやすい固体、金属粉等

第３類：自然発火性物質および禁水性物質

空気や水にさらされると自然発火する危険性を有するもの

第４類：引火性液体

引火性を有する液体

第５類：自己反応性物質

加熱による分解などで燃焼する固体や液体

第6類：酸化性液体

それ自体は燃焼しないが、他の物質を酸化する液体

危険物の性質と品名は政令では以下のように定められている。

表−28　危険物に該当する物品（法別表第1、令別表）[66]

<table>
<tr><th>類別
性質</th><th colspan="2">品　　名</th><th>危険物物品の例</th><th>指定数量</th></tr>
<tr><td rowspan="3">第1類酸化性固体</td><td rowspan="3">1　塩素酸塩類
2　過塩素酸塩類
3　無機過酸化物
4　亜塩素酸塩類
5　臭素酸塩類
6　硝酸塩類
7　よう素酸塩類
8　過マンガン酸塩類
9　重クロム酸塩類
10　その他政令で定めるもの
(1) 過よう素酸塩類
(2) 過よう素酸
(3) クロム、鉛又はよう素の酸化物
(4) 亜硝酸塩類
(5) 次亜塩素酸塩類
(6) 塩素化イソシアヌル酸
(7) ペルオキソ二硫酸塩類
(8) ペルオキシほう酸塩類
11　前各号のいずれかを含有するもの</td><td>第1種酸化性固体</td><td>塩素酸カリウム
塩素酸ナトリウム
過塩素酸ナトリウム
亜塩素酸ナトリウム
臭素酸ナトリウム
過酸化カルシウム
過マンガン酸カリウム
亜硝酸カリウム
過酸化亜鉛</td><td>50kg</td></tr>
<tr><td>第2種酸化性固体</td><td></td><td>300kg</td></tr>
<tr><td>第3種酸化性固体</td><td>硝酸アンモニウム
重クロム酸カリウム</td><td>1,000kg</td></tr>
<tr><td rowspan="5">第2類可燃性固体</td><td colspan="2">1　硝化りん
2　赤りん
3　硫黄</td><td>硝化りん
赤りん
硫黄</td><td>100kg</td></tr>
<tr><td colspan="2">4　鉄粉</td><td>鉄粉</td><td>500kg</td></tr>
<tr><td rowspan="2">5　金属粉
6　マグネシウム
7　その他政令で定めるもの
8　前各号のいずれかを含有するもの</td><td>第1種可燃性個体</td><td>アルミニウム粉
マンガン粉
チタニウム粉
亜鉛粉
マグネシウム粉</td><td>100kg</td></tr>
<tr><td>第2種可燃性個体</td><td></td><td>500kg</td></tr>
<tr><td colspan="2">9　引火性固体</td><td>固体アルコール
マグネシウムエチラート</td><td>1,000kg</td></tr>
</table>

<table>
<tr><td rowspan="5">第3類自然発火性物質及び禁水性物質</td><td colspan="2">1　カリウム
2　ナトリウム
3　アルキルアルミニウム
4　アルキルリチウム</td><td>カリウム
ナトリウム
アルキルアルミニウム
アルキルリチウム</td><td>10kg</td></tr>
<tr><td colspan="2">5　黄りん</td><td>黄りん</td><td>20kg</td></tr>
<tr><td rowspan="3">6　アルカリ金属（カリウム及びナトリウム除く。）及びアルカリ土類金属
7　有機金属化合物（アルキルアルミニウム及びアルキルリチウム除く。）
8　金属の水素化合物
9　金属のりん化物
10　カルシウム又はアルミニウムの炭化物
11　その他政令で定めるもの
(1) 塩素化けい素化合物
12　前各号に掲げるものいずれかを含有するもの</td><td>第1種自然発火性物質及び禁水性物質</td><td>リチウム（粉状）</td><td>10kg</td></tr>
<tr><td>第2種自然発火性物質及び禁水性物質</td><td>バリウム
カルシウム
水素化ナトリウム
水素化リチウム
トリクロロシラン
リチウム（塊状）</td><td>50kg</td></tr>
<tr><td>第3種自然発火性物質及び禁水性物質</td><td>水素化ほう酸
ナトリウム</td><td>300kg</td></tr>
<tr><td rowspan="4">第4類引火性液体</td><td colspan="2">1　特殊引火物</td><td>二硫化炭素
アセトアルデヒト
ジエチルエーテル
酸化プロピレン
ペンタン</td><td>50ℓ</td></tr>
<tr><td rowspan="2">2　第1石油類</td><td>非水溶性液体</td><td>ガソリン
ベンゼン
トルエン
ヘキサン
メチルエチルケトン
アクリロニトリル</td><td>200ℓ</td></tr>
<tr><td>水溶性液体</td><td>アセトン
ブチルアルコール
ピリジン</td><td>400ℓ</td></tr>
<tr><td colspan="2">3　アルコール類</td><td>メチルアルコール
エチルアルコール
n-プロピルアルコール</td><td>400ℓ</td></tr>
</table>

第4類引火性液体	4　第2石油類	非水溶性液体	灯油、軽油 キシレン スチレン エチルベンゼン	1,000 ℓ
		水溶性液体	ぎ酸、酢酸 酢酸エチル アクリル酸	2,000 ℓ
	5　第3石油類	非水溶性液体	重油 クレオソート油 アニリン	2,000 ℓ
		水溶性液体	グリセリン エチレングリコール	4,000 ℓ
	6　第4石油類		ギヤー油 マシン油 シリンダー油	6,000 ℓ
	7　動植物油類		ヤシ油、アマニ油	6,000 ℓ
第5類自己反応性物質	1　有機過酸化物 2　硝酸エステル類 3　ニトロ化合物 4　ニトロソ化合物 5　アゾ化合物 6　ジアゾ化合物 7　ヒドラジンの誘導体 8　ヒドロキシルアミン 9　ヒドロキシルアミン塩類 10　その他政令で定めるもの (1) 金属のアジ化物 (2) 硝酸グアニジン 11　前各号に掲げるものいずれかを含有するもの	第1種自己反応性物質	ニトロセルロース アジ化ナトリウム トリニトロトルエン ピクリン酸	10kg
		第2種自己反応性物質	硫酸ヒドラジン ニトロエタン	100kg
第6類酸化性液体	1　過塩素酸 2　過酸化水素 3　硝酸 4　その他政令で定めるもの (1) ハロゲン間化合物 5　前各号に掲げるものいずれかを含有するもの		過塩素酸 過酸化水素 硝酸	300kg

危険物は以下に示したように、対応する分類に応じて「火気厳禁」、「危険物持込禁止」、「少量危険物貯蔵取扱所」及び「危険物屋外タンク貯蔵所」等の表示をしなければならない。

危険物を取り扱う製造現場では、危険物取扱者という資格が必要となる業務がある。資格を取得するためにはそれぞれ対応する試験に合格しなければならない。危険物取扱者甲種は危険物第１種から第６種まで全てに対応できる。乙種は該当する種類を受験し、その種類の危険物だけに対応できる。例えばガソリンスタンドでは危険物取扱者甲種あるいは乙種第４類の資格が必要である。

危険物の陸上輸送、国際的な海上・航空輸送について、国際危険物輸送勧告を批准しているケースが多々あるが、日本はそれらを批准しておらず、消防法で独自の対応をしている。

日化協では化学物質や高圧ガス輸送時の万一の事故に備え、ローリーの運転手や消防・警察などの関係者が取るべき処置を書いた緊急連絡カードの活用を推進している。このカードは黄色の紙に書き､「イエローカード」と呼んでいる。

イエローカードには製品名、連絡先、その他注意事項が記載されており、携行は法律によって義務付けられているものではないが、事故その他の緊急時への対応として利用されている。

消防法、毒物及び劇物取締法、高圧ガス保安法、火薬類取締法、および道路法で規制される危険有害物に該当するものが適用範囲になっており、事業者がイエローカードを作成し、それに基づいて乗務員を教育し輸送中は常時携行させる。

危険物運搬車両

年	H24	H25	H26	H27	H28
携行率	66.70%	74.00%	81.00%	80.00%	68.20%

移動タンク貯蔵所

年	H24	H25	H26	H27	H28
携行率	99.50%	97.70%	98.40%	92.30%	97.00%

図－62　イエローカードの携行状況

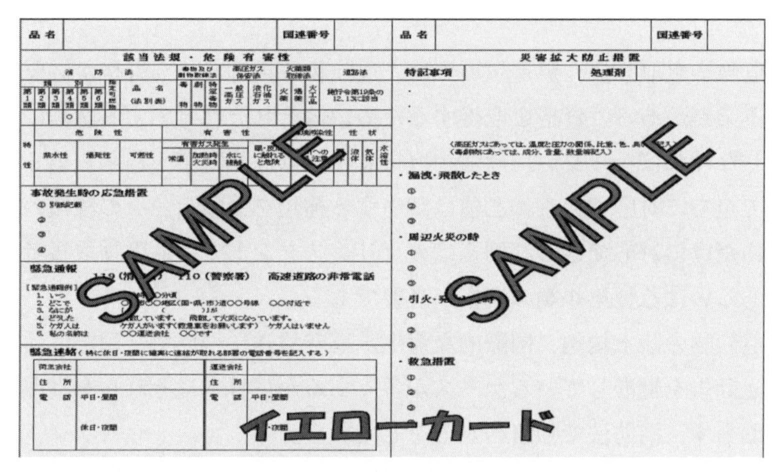
品名　　国連番号

該当法規・危険有害性

消防法 / 毒物及び劇物取締法 / 高圧ガス保安法 / 火薬類取締法 / 道路法

類別：第1類　第2類　第3類　第4類（○）　第5類　第6類　指定可燃物　品名（法別表）　毒物　劇物　特定毒物　一般高圧ガス　液化石油ガス　火薬　爆薬　火工品　施行令第19条の12、13に該当

特性：危険性（禁水性　爆発性　可燃性）　有害性（有害ガス発生：常温　加熱時火災時　水に接触　眼・皮膚に触れると危険）　性状（液体　気体　水溶性）

事故発生時の応急措置
① 別紙記載
②
③
④

緊急通報　119（消防署）　110（警察署）　高速道路の非常電話
［緊急通報例］
1. いつ　○○時○○分頃
2. どこで　○○市○○地区（国・県・市）道○○号線　○○付近で
3. なにが　［　　（　　）］が
4. どうした　漏洩しています、　飛散して火災になっています。
5. ケガ人は　ケガ人がいます（救急車をお願いします）　ケガ人はいません
6. 私の名前は　○○運送会社　○○です

緊急連絡（特に休日・夜間に確実に連絡が取れる部署の電話番号を記入する）

荷主会社		運送会社	
住　所		住　所	
電　話	平日・昼間 休日・夜間	電　話	平日・昼間 休日・夜間

品名　　国連番号

災害拡大防止措置

特記事項　　処理剤

（高圧ガスにあっては、温度と圧力の関係、比重、色、臭い等記入）
（毒劇物にあっては、成分、含量、数量等記入）

・漏洩・飛散したとき
①
②
・周辺火災の時
①
②
③
・引火・発火の時
①
②
③
・救急措置
①
②
③

図－63　イエローカードの例

（4）海外における法規制

1）REACH

国際的な化学物質管理の枠組みは、経済協力開発機構（OECD）と国際連合（国連環境計画：UNEP）によって大きく二つに大別される。OECDの方は、国際流通商品である化学物質について、先進国間でリスク評価や管理を効率化そして高度化させるもので、PRTR

制度の導入推進や化学物質有害性データの相互利用を図るものである。UNEPの方は、発展途上国を含む全ての国が参加するグローバルな化学物質管理を進めるための枠組みやシステムであり、WSSD、SAICM、ICCM等へとつながって行く。REACHはその中で後者の範疇に入る地域的な仕組みになる。

① REACH規則の背景

REACH規則の背景には、1971年から1981年9月までの間に市場に流通していた10万種に及ぶともいわれる既存化学物質の安全性評価が進んでいないという事情があったようである。安全性評価は、第三者の各国規制当局が実施するよりも、実際に化学物質を扱っている産業界に実施させる方が安全性を正確に把握できるという自主管理の考え方に基づいている[67]。

2001年に化学物質のリスク評価の責任を政府から産業界に移行することを求めたEC白書「将来の化学物質政策に関する白書」が発行され、予防の原則に基づき、人の健康と環境を高度なレベルで確実に保護すること、並びに化学物質のリスク評価の責任を政府から産業界に移行することが了解された。その上で2003年10月に欧州委員会によりREACHが提案され、2006年に採択され、2007年に施行され、2008年6月1日に運用が開始された。

REACH規則は、EU域内にあった従来の40以上の化学物質関連規定を統合するもので、規則第1条から分かる通り、人の健康、環境を保護し、併せてEU化学産業の競争力を向上させることを目指している。そして、EU市場での物質の自由な流通を確保し、物質のハザード評価の代替手法の開発を促進し、WSSD2020年目標を達成することを目的にしている。

≪REACH 規則の目指すところ≫ [68)]

REACH (EC 1907/2006) aims to improve the protection of human health and the environment through the better and earlier identification of the intrinsic properties of chemical substances. This is done by the four processes of REACH, namely the registration, evaluation, authorisation and restriction of chemicals. REACH also aims to enhance innovation and competitiveness of the EU chemicals industry..

REACHは既述の通り「SAICM」の要求を具体化するものであり、EU域内の企業はREACH規則を満たす必要があり、EU域外の企業でもREACH規則に対応できないとEU域内への輸出ができない。いわゆる“No Data, No Market”を前提とする仕組みとなっている。

REACH規則は、ELV指令(廃自動車に関する指令)やRoHS指令(電気・電子機器に含まれる特定有害物質の使用制限に関する指令)のように、加盟国が国内法を定めて国ごとに運用する「Directive(指令)」とは異なり、EUの加盟国にそのまま適用される共通の法律である。外務省および経済産業省のホームページから、以下の表題で詳細に解説しているので原資料を参照されたい。

・経済産業省「欧州の新たな化学品規制(REACH規則)に関する解説書」
・外務省「REACH(リーチ)の概要」

② REACH規則の概要

REACHは、Registration, Evaluation, Authorization and Restriction of Chemicalsの下線部の文字をつなげたものである。このREACH規則では、製品を「物質」、「調剤」、「成形品」という視点で捉えており、規制の対象となるのは、物質それ自体、調剤中の物質、成形品中の物質である。

予防の原則に基づいて人の健康と環境を高度なレベルで確実に保護すること、化学物質のリスク評価の責任を政府から産業界に移行すること、新規、既存を問わず全ての化学物質の製造・輸入者に対して、自らリスク評価を実施して、欧州化学品庁（ECHA）に登録することを義務化している。

また、車両、機械部品、テキスタイル、文具、電子チップ等の全ての成形品中の一部として含まれ、使用されている有害物質についてもECHAへ届出て認可を受けることも要求している。更に、安全を担保すべくサプライチェーンを構成する事業体のみでなく消費者へも含有している有害物質関連情報の開示を義務化している。その意味で、REACH規則は全ての成形品に化学物質管理を求める最初の法規制となっている。

REACH規則はEUにおける化学品の登録（Registration）、評価（Evaluation）、認可（Authorisation）および制限（Restriction）に関するもので、人の健康と環境への高レベルの保護、EU市場での物質の自由な流通の確保、EU化学産業の競争力と革新の強化、物質のハザード評価の代替手法の開発促進、WSSD2020年の目標を達成することを目的としたものである点、画期的なものである。また、世界の化学産業のみならず化学品を使用する一次加工、二次加から川下のアプリケーション業界にも大きな影響を及ぼすものである。

いよいよ2008年6月1日からは、既存化学物質と新規化学物質の区別せずに、1企業当たり年間1ｔ以上の物質は登録しなければ製造・輸入することができなくなり、REACHに基づく物質登録が始まった（図－64）。

ただし、欧州既存商業化学物質リスト（EINECS）などの段階的導入物質（phase-in substance）については、2008年6月1日から2008年12月1日の間に予備登録を実施した企業は登録期限の猶予が得られるメリットを享受することができる。その登録期限はその物質の製造・輸入量と危険有害性の程度によって異なり、次の3段階に分かれている。

・2010 年 11 月 30 日まで（1,000 t／年以上の化学品の登録期限）

・2013 年 5 月 31 日まで（100 t／年以上の化学品の登録期限）

・2018 年 5 月 31 日まで（1 t／年以上の化学品の登録期限）

このように 3 段階に分けて進められてきた登録手続きが、2018 年 5 月末に最終段階の登録手続きが終わった。

「予備登録」では輸入者の情報は提出せずに済み、1）物質の特定情報、2）予備登録者名、3）予想登録期限とトン数、4）類似物質情報を登録することでよいことになっている。なお、予備登録は限られたデータを求められるだけであり、また、それに係る ECHA に対する費用は発生しない。

そして 2018 年 6 月 1 日からは化学物質管理は新しいフェーズに移行し、この段階では既存化学物質（過去から EU 域内で流通していたもの）と新規化学物質に対する取り扱いの差がなくなり、未登録の物質を新規として扱う、いわゆる「通常の申請」となる。

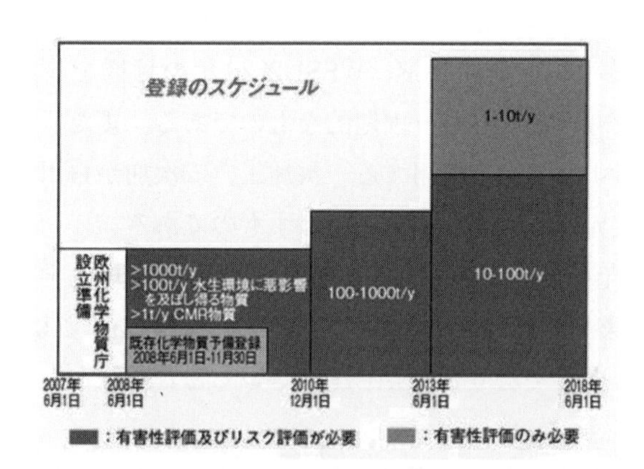

＊ 既存化学物質とは、通常、化学物質規制が開始された時点で既に市場に流通していた化学物質のことを指す。従来の規制においては、規制の導入以後に新たに製造又は上市される新規化学物質は有害性（又はリスク）の評価を事業者が実施することが義務付けられる一方、既存化学物質についてはリスク評価の実施は主に行政の役割とされていた。

図－64　既存化学物質*の登録

REACH は、新規化学物質と既存化学物質を同一の枠組みで登録等を行い、「危険性が証明された物質」の規制ではなく、「安全性が証明できない物質の規制」へと視点を変えたものになっている。また、リスク評価を川上産業のみならず川下産業にも実施させることにし、成形品中に含まれる化学物質の登録をも義務付けることとし、化学物質を使う産業も対象にしている。事業者ごとそして用途ごとに登録することとし、登録用途以外の用途へ化学物質の使い方ができないようになっている。なお、発がん性などの懸念が極めて高い化学物質については、用途ごとに市場での販売や使用について認可を求めるシステムを導入している。

EU 域内にある全業種、全製品が規制の対象になり、製造業者や輸入業者だけでなく、サプライチェーンの上流から下流まで、そして化学系企業に止まらず、自動車、電機、産業機械、日用品に至るまでの製造業全般が規制の対象になっている。サプライチェーンが国際化して来ると、EU 以外の国の企業は直接の規制対象にはならないが、大きな影響を受けることになる。日本企業の EU 現地製造者も REACH 規則への対応が必要である。注意が必要なのは、部品や素材などを日本国内で製造し、そのもの自体を EU 域内へ輸出していない事業者であっても、それらを利用する完成製品が EU へ輸出される場合には、REACH 規則への対応が必要になる点である。

以下に REACH の詳細事項について説明する。

ア）登録（Registration）

これまで既存化学物質とされていた物質でも、年間１ t 以上製造・輸入する場合、フィンランドのヘルシンキにある欧州化学品庁（ECHA）へ、当該物質の安全性等の情報（化学物質のハザード評価情報）の登録が義務付けられることになった。物質の既存、新規に関わらず登録する必要があるが、他の法律の法域に入る食品、医薬品、農薬等は対象外となっている。

なお、年間 10 t 以上製造・輸入する場合は、上記情報に加えて、

表−29　REACHでの化学品規制内容

種類	規制内容	物質数
一般的な登録物質	欧州での製造・輸入量等に応じて登録期限までに登録	約3万〜5万物質
優先評価化学物質	（優先的に加盟国が評価中）	151物質（高生産量・各国の要望で選定）
SVHC候補物質	（加盟国が提案）	
認可対象候補物質 SVHC（高懸念物質）	情報伝達・用途登録	144物質（Cr化合物、Co化合物等）
認可対象物質	認可された用途以外使用禁止、期限を迎えると全面使用禁止	22物質（フタル酸エステル類、HBCD等）
制限物質	制限された用途のみ使用禁止	1000物質群（アスベスト類、トルエン等）

【備考】
登録の期限　2008年6月1日〜12月1日　予備登録
2010年11月30日　年間1000トン以上の製造・輸入等の物質と1トン以上のCMR物質
2013年5月31日　年間100トン以上
2018年5月31日　年間1トン以上

製造から最終的な廃棄に至るまでのばく露評価を加えたリスク評価の情報（登録一式文書として更に化学物質安全性報告書）を提出して登録することが求められる。

また、登録の対象は化学物質そのもので、調剤（二つ以上の化学物質からなる混合物または溶液）では構成物質、ポリマーの場合は構成モノマーを登録し、一定条件を満たす成形品中に化学物質が含まれていれば、当該物質も登録の対象になる。例えば、芳香剤のように意図的に化学物質を外部に放出する成形品の場合は、当然当該化学物質の登録が義務付けられている。

更に物質の登録時に用途の記載が求められ、特定されていない用途に用いるときには、改めてリスク評価が必要になる。

REACH 規則では、例えば日本企業のように EU 域外で製造された物質を EU 域内に輸出する場合の登録は、EU 域内の輸入者が行うことになっているが、輸入者が単なる商社等で化学的な専門知識を持っていない場合、登録実務を担うことは難しい。また、EU 域外製造者が多数の域内輸入者と取引があり、登録に関する物質の情報を複数の輸入者にいろいろと開示する必要が出て来ると、その段階で企業秘密の漏洩が起こる危険性がある。その際に、唯一の代理人（Only Representative: EU 域内に拠点を持つ代理人、以下 OR と略す）を指名して予備登録・本登録を代行してもらうことができる。そうすると、登録に関する情報はすべて OR に集約して伝えるだけで良いことになる。

EU 域内では"No Data, No Market"の原則がある以上、「登録」が REACH の根幹になっていると言える。

物質または混合物（混合物そのものではなく、混合物中に含まれている物質）の場合は１トン／年以上、匂い付き消しゴムのように意図的に放出する物質がある成形品の場合は、意図的に放出される物質を１トン／年以上含有する製品は登録する必要がある。後者の成形品の場合、製造者が放出することを意図した化学物質は、その物質が成形品の使用機能に直接関係するものではなく、「付加価値」となるものだからである。

成形品の生産者または輸入者は、成形品に含まれる化学物質について、次の二つの条件が満たされた場合には、登録が要求される。

○当該物質が成形品中に１年当たり１トン以上存在すること

○当該物質が通常または当然予想される使用条件で放出することが予定されていること

また、成形品の生産者または輸入者は、成形品中の SVHC（高懸念物質）*が次の二つの条件を満たすときは、欧州化学品庁への届出が要求される。

○ SVHC が成形品中に１年当たり１トン以上存在すること

○ SVHC が成形品中に 0.1wt% 以上の濃度で存在すること

この時の届出情報は以下の通りである。

・生産者、輸入業者の身元、連絡先詳細

・物質のアイデンティティ
・CLP 規則のハザード分類
・成形品中のその物質の使用および成形品の使用方法の記述
・当該物質のトン数範囲（1～10 トン、10～100 トン等）

なお、成形品の生産者または輸入者は、処分を含む通常または当然予想される使用条件下で人または環境に対するばく露が起こらない場合は、登録の必要がなくなる。

＊【SVHC：Substance of Very High Concern】
・発がん性、変異原性、生殖毒性物質（CMR 物質）、PBT、vPvB 物質、その他内分泌撹乱物質等の有害物質であり、認可対象候補物質リストに収録された物質。
・認可対象候補物質リストへの収載は段階的（2 回／年）に行う。

以下に REACH 登録で要求される情報をトン数別に示す。

表－30　REACH登録で要求される情報

項目	要求される情報	トン数帯				附属書
		1≦～<10	10≦～<100	100≦～<1000	1000≦	
物理化学的特性	・20℃と101.3ｋPaにおける物質の状態、融点/凝固点、沸点、相対密度、蒸気圧、表面張力、水溶解度、n-オクタノール/水分配係数、引火点、可燃性、爆発性、自然発火温度、酸化性、粒度分布	○	○	○	○	Ⅶ
	・有機溶剤中の安定性と関連する分解生成物			○	○	
	・解離定数			○	○	
	・粘度			○	○	
毒性学的情報・人の健康に関する情報	・皮膚・眼刺激性	○	○	○	○	Ⅸ
	・皮膚感作性	○	○	○	○	
	・変異原生	○	○	○	○	
	・急性毒性（一つの投与経路）	○	○	○	○	Ⅶ
	・亜急性毒性（28日間）		○	○	○	
	・生殖毒性スクリーニング		○	○	○	
	・変異原生試験			○	○	
	・亜急性毒性（90日間）			○	○	Ⅷ
	・生殖毒性試験			○	○	
	・発がん性				○	Ⅸ
	・慢性毒性				○	
生態毒性学的情報・環境に関する情報	・急性水生毒性-ミジンコおよび藻類	○	○	○	○	
	・微生物分解性-生物および加水分解性	○	○	○	○	Ⅹ
	・急性水生毒性-魚類		○	○	○	
	・活性汚泥		○	○	○	Ⅶ
	・吸着・脱離スクリーニング		○	○	○	
	長期的水生毒性-ミジンコおよび魚類			○	○	
	分解および環境中の運命・挙動研究			○	○	Ⅷ
	・陸生生物への短期的影響			○	○	Ⅸ
	・陸生生物への長期的影響				○	Ⅹ

イ）評価（Evaluation）

評価には、登録時に提出された文書に対してECHAが、試験計画審査と適合性チェックを行う「文書評価（登録一式文書の法令適合性の点検）」と、人の健康や環境へのリスクが懸念される物質に対していろいろな視点からEU加盟国が評価を行う「物質評価（試験提案の審査）」があり、後者では必要に応じ産業界に追加の情報提供を求めることができる。CMR（発がん性、変異原生、生殖毒性があるとされる物質）、PBT（難分解性、生物蓄積性、毒性のある物質）やvPvB（極めて残留性・蓄積性の高い物質）等の高懸念物質や年間100 t以上の広範囲かつ拡散的なばく露をもたらす用途であって、危険と分類される物質を登録するための試験提案は、優先的に審査される。

登録されるためには、化学物質の安全性評価（CSA：Chemical Safety Assessment）が実施される。登録を求める製造業者や輸入業者より下流の川下業者は、CSAに必要な用途・ばく露情報を登録者に伝える必要がある。この場合の用途には、加工、コンパウンド製造、消費、貯蔵、保存、処理、容器充填、容器から別の容器への移動等も含まれる。

このCSAの目的はリスクの有無を明らかにすることではなく、リスクをコントロールすることである。すなわち、物質の製造および用途に関するライフサイクルのあらゆる段階における安全条件を確立することである。登録者はCSAを実施し、川下業者を含めたサプライチェーンでの化学物質を用いた加工や使用から生じるリスクが、適切にコントロールされる条件を明らかにすることが求められている。

CSAは、欧州で10トン／年以上取扱われる化学物質ごとに実施されることが必要であり、以下のステップで実施されている[69)]。

・ステップ－1：物質固有の性状について、要求される入手可能な情報の収集と作成
・ステップ－2：人の健康に対する危険有害性の評価（分類と無毒性量の導出を含む）
・ステップ－3：物理化学的危険有害性の評価（分類を含む）
・ステップ－4：環境危険有害性の評価（分類と予測無影響濃度の推定を含む）
・ステップ－5：PBT、vPvB物質の評価（物質が危険有害性の基準に一致しない、PBT、vPvB物質に該当しない場合は、以下不要）
・ステップ－6：ばく露評価
・ステップ－7：リスクの判定

・ステップ－８：CSA の見直し

CSA では一般に以下のアウトプットが要求されている。

1）危険有害性の評価のための入手可能な情報、危険有害性の分類と表示、PBT ／ vPvB 物質評価の結論、人と環境に対する危険有害性基準

2）物質が危険有害性の分類基準または PBT ／ vPvB 基準を満たす場合、リスクが適切にコントロールされる製造・用途の確認（ばく露シナリオの作成）

3）評価結果（化学物質安全性報告書（CSR）に記述）

4）ばく露シナリオを作成する場合、当事者と川下使用者は、リスクが適切にコントロールされる用途条件を順守する。また、これらの情報は CSR 報告書に記載されるとともに、その要約は拡張安全性データシートに貼付され、サプライチェーンを通して川下使用者に情報伝達される。

ウ）認可（Authorization）

認可のシステムは、人や環境に与える影響が非常に深刻で、その影響が不可逆的な高い懸念を有する有害物質の製造・使用のリスクを評価し、その製造・使用の可否を決定する仕組みである。

高懸念物質（SVHC）から認可物質リスト（附属書 XIV）に収載された物質の製造・使用が、認可の対象となっている。高懸念物質には、上記の CMR、PBT、vPvB が含まれており、2008 年 10 月 28 日、ECHA は第１次の SVHC 候補として 15 物質のリストを発表し、以後順次、候補物質のリストを発表している。

認可のポイントは、化学品安全評価書に則って、特定された用途に対して使用・流通時に適切なリスク管理ができるか、代替技術や代替物質があるか、代替物質があれば代替する計画が、そして代替技術・物質がない場合はリスクを上回る社会的経済的利益があるか等であり、これらの点について検討される。

当該物質の使用が適切に管理される、あるいは代替物質の可能性を

検討し、社会経済的な利益がリスクよりも重要であるということを示すことができた場合のみ認可される。

SVHCを使用・上市する場合は、取扱量が1t未満であっても特定された用途毎に「化学品庁」の許可が必要である。

認可対象物質やそれを利用する調剤をEU域内にて製造または輸入したい場合は、欧州化学品庁に申請し認可を受ける必要がある。認可の基準は、

① 使用が適切に管理される（リスクが小さい）こと、例えば、当該物質の全ライフサイクルを通して物質の放出、排出および損失などによって、人の健康や環境へのばく露が悪影響を及ぼす閾値未満に適切に管理できる場合

② 社会経済的便益がリスクを凌駕し、かつ代替物質・代替技術がないこと、例えば、安全レベルが決められない物質については、社会経済的便益がその物質の使用から生じる人の健康や環境へのリスクを上回り、かつ代替技術や代替物質が無い場合である。

認可の手続きをとる当事者は、EU域内の製造業者、輸入業者、川下業者、EU域外の製造業者が指定するEU域内の唯一の代理人（OR）である。

また、認可申請時に提出が求められる情報は以下のものである。

・当該物質の名称、CAS番号、構造式、分子量等の物質を特定する情報

・申請者の名前および連絡先

・用途を特定した認可の要請

・化学品安全報告書

・適切な代替物がない場合、代替物の研究活動に関する情報

なお、研究開発用の用途、植物保護製品、殺生物性製品、ガソリンおよびディーゼル燃料等の自動車用燃料、可動式または固定式燃料プラントにおける燃料、化粧品としての使用、食品包装容器としての使用、調剤中のPBT物質、vPvB物質、内分泌撹乱物質の濃度が0.1%

未満で使用する物質等については、認可の対象外になる。

なお、人の健康や環境に対して受け入れられないリスクのある物質の製造・使用・上市は、EU全域で制限条件が付き、必要ならば禁止される。

エ）制限（Restriction）

REACHの附属書XVII（ある危険な物質、調剤および成形品の製造・上市および使用の制限）に制限物質が記載されており、その例を以下に示す。

この制限には、特定された物質の特定製品への使用禁止、消費者の使用禁止、完全な禁止などの種類がある。この制限物質は、扱う量に関係なくその条件での使用が制限されるので、特定用途での使用制限物質として理解しておくとよい。

製品（物質、調剤）が上記の制限条件を侵してしまう場合、EU域内への直接的な輸出に加え、当該製品を使用して製造される川下物品（調剤や成形品）の輸出もできなくなる。また、制限条件を満足しない場合は、代替物質の輸入に切り替えるか、それもできない場合はEU向けの販売が実質的に不可能になる。

オ）サプライチェーンでの情報伝達

化学物質を安全に製造・使用するという目標を達成するためにはサプライチェーン上での情報の伝達が不可欠であり、サプライチェーンを通じた企業間でのリスク情報の共有がREACHの主目的になっている。川上企業から川下企業への化学物質の情報提供は、統一情報としてSDSの情報が使用される。その中でも年間10 t以上製造、輸入する「高懸念物質」が関係する場合は、「ばく露シナリオ」をSDSの付属書類として提供する義務がある。

川下企業は、化学物質の新規有害性情報やSDS記載用途の管理対

表－31　附属書XVIIの記載物質例[70)]

制限物質の名称	状況
トリクロロベンゼン	物質として、または0.1wt%以上の濃度で調剤の成分として含まれていると、全ての用途に対して上市または使用を禁止
トルエン	一般公衆に販売されることを意図する接着剤またはスプレー塗料中に、物質としてまたは0.1wt%以上の濃度で調剤の成分として含まれていると、全ての用途に対して上市または使用を禁止
カドミウム	以下に挙げられる物質および調剤から製造される最終成形品に対しては、着色するための使用を禁止 ・ポリ塩化ビニル　・ポリウレタン　・エポキシ樹脂他
ベンゼン	玩具または玩具部品の、遊離状態でのベンゼンの濃度が5mg／kgを超える場合には、上市を禁止
アスベスト繊維	これらの繊維および意図的に加えられたこれらの繊維を含有する成形品の上市と使用を禁止
ポリ臭化ビフェニル類	皮膚と接触することが意図される衣類、下着および寝具類のような織物成形品への使用を禁止

策に疑念がある場合には、安全対策上川上企業へ当該情報を提供する義務がある。

なお、「高懸念物質」が成形品中に0.1wt%を超えて含有される場合、成形品の供給者は川下企業に成形品の安全使用情報を提供して注意喚起する義務がある。また、消費者から要求があれば、安全使用情報を45日以内に提供しなければならない。

なお、REACH規則では、規則に沿わない行為は「罰則」の対象になることが規定されて（126条：不遵守に対する罰則）おり、罰則の内容は各国の国内法で定めることとなっている。

ドイツの場合、EU化学品庁への報告やサプライチェーン間での情報伝達義務違反等の低いレベルでの違反があった場合、10万ユーロ以下の罰金または2年以下の懲役、健康と環境に重大な影響を及ぼす可能性がある時の高度で重大な不遵守の場合、最大5年の懲役刑を課すことになっている[71)]。

EUのREACHでは、成形品に含有されている化学物質は同規則の対象にされており、発がん性等が疑われる高懸念物質（SVHC）を含有する成形品に関する欧州化学品庁（ECHA）への届出や供給先への情報伝達、消費者からの問い合わせへの対応等が細かく規定されている。そのためか、REACHを模した法制を有するアジア諸国でも、製品含有の化学物質管理への取り組みが本格化してきている。

REACHでは、成形品は次のように定義されている。「成形品とは、生産時に与えられた特定の形状、表面またはデザインがその化学組成よりも大きく機能を決定する物体をいう」と。この成形品に関するREACHの手続きは次のようになっている。

①成形品中の含有化学物質の届出

成形品の中に0.1w/w%以上含まれ、年間1トン以上になるSVHCは届け出ること。但し､使用方法がすでに当該物質の登録ドシエ(技術一式文書）に記載されている場合は、届出が免除される。

②規制物質の成形品への組み込みおよび使用の認可

REACH規則で指定された認可対象物質を使用して成形品を生産する場合等は、認可を得ることが義務になっている。

③成形品からの意図的放出物の登録

香り付き消しゴムの香り成分のように、成形品として機能させるために意図的に放出される化学物質は登録が要求される。

その他、タイヤ補修キットのような最終製品でない調剤を含むものについては、その補修液がREACHの登録対象になる。また、気化性防錆紙に含まれている成分のように、気化して防錆効果を発揮する防錆剤や乾燥剤のようなものも登録対象になる。

なお、日本では成形品中の化学物質に関する情報の提供がルール化されていないので、REACHへの対応では必要に応じて背景を説明して、情報を川上企業に求め、川上企業に適切な情報を提供してもらうことになる。

【輸入国の化学物質管理規制に違反した事例】

☆オランダの企業が台湾から輸入したスクーター用のクラッチに、アスベスト繊維を含有していることが判明した。REACH 規則に違反していたため、オランダ企業は多額の罰金を支払うと共に、最終消費者から製品の回収を行った。

☆ルクセンブルグの企業が中国から輸入した毛布の生地に使用されていたポリ塩化ビニルに、カドミウムが最大で約 0.1% 含有されていた。そのため REACH 規制に違反しているとして、市場から製品が回収された。

☆スウェーデンの靴販売会社が、NGO から、同社製品中にフタル酸エステル類が含まれていることを指摘された。販売会社は本来川下会社にその情報を伝達する必要があったが、これをしなかった。そのため販売会社は全製品の市場からの回収を表明。

③ 日本企業の対応

2015 年 11 月欧州化学品庁は、2018 年 5 月末の既存物質最終登録期限に向けて準備を開始し、共同登録者を探すよう注意喚起した。第 2 次までの登録は大手企業が取り扱う化学品と思われるが、第 3 次の最終登録になるとかなり様相が変わり、中小企業が対象になって登録が行われるようになるため、欧州化学品庁はその辺の落差を懸念していたという。製品としては高機能製品や特殊用途製品が登録対象になっていたと思われる。REACH 対応では登録で手続きが完結する訳ではなく、「評価」の段階でもコストが掛かってくる。費用と手間およびビジネスリスクをしっかりと検討し、欧州事業をどう展開するかを企業は考えねばならない。

欧州化学品庁から提示された 2018 年登録までの手順は以下の通りである[72]。

ア）自社の化学品ポートフォリオを知ること

⇒物質という観点（化学物質自身、混合物、成形品）で自社のポートフォリオを整理する。

☆自社で登録すべき物質、購入者の登録で判明する物質、または登録を取りやめる物質(顧客との調整)等の見極めが必要。

イ）自社の化学品を特定すること

⇒物質の組成とタイプ（単一物質、多成分物質、UVCB：Substances of Unknown or Variable composition, Complex reaction products or Biological materials ← e.g. ガラス）を決定する。

☆登録免除に該当するかどうか、1トン／年の閾値に達しているかどうかを確認する。

ウ）自社の登録義務を決定すること

⇒自社の対象物質は登録する必要があるかどうかを決定する。

エ）自社にとって必要な情報を理解すること

⇒分析情報のように自社の物質を特定する情報、製造・使用・ばく露に関する情報、沸点・蒸気圧のような化学物質の物理化学的情報、有害性・生態毒性情報のような生物学的情報、分類と表示情報を理解する。

☆必要な項目は、附属書Ⅵ、Ⅶ、Ⅷに記載されている。

オ）自社の事業への影響を検討すること

⇒自社内で共同登録者とともに情報の編集と評価を行う。

☆社内情報の整理・組織化、IT ツール（IUCLID、REACH – IT）の利用、継続的な自社内登録を更新する手続きが重要。

カ）自社の物質が既に登録されているかどうかを ECHA の Web サイトで調べる。

キ）自社の予備登録を確認する。

ク）自社の共同登録者を見つけ、e – mail で接触する。

⇒ REACH – IT を用いて、pre – SIEF（Substance Information Exchange Forum：物質情報交換フォーラム）の中で共同登

録者を見つけ、協議したいという意思を示す。

☆自社のみが登録者ということもありうる。

ケ）自社の登録物質と共同登録者の登録物質の同一性をECHAのガイダンスに従って検討し確立する。

コ）SIEFでの共同作業のために準備を行う。

⇒同じSIEFのメンバーになった共同登録者と、SIEF内で情報交換し活動を助け合い、役割分担する。

2) CLP規則

CLPとはClassification, Labelling and Packaging of substances and mixtutesの頭文字を取ったもので、「化学物質と混合物の分類・表示と包装」に関する規則であり、従来のEUの分類、包装、表示システムにGHSを導入し、REACH規則に組み入れ、分類・表示イベントリーを包含したものである。

2009年1月に発効したCLP規則では、製品を輸入するEU域内の輸入業者が分類表示の届出を行うことになっている。届出のためにはもちろん正しい分類や製品中の物質に関する分類表示およびEU域内に向けたSDS等による正しい情報伝達が必要である。

EU域内の事業者は、CLP規則に対して次のような対応をすることになる。

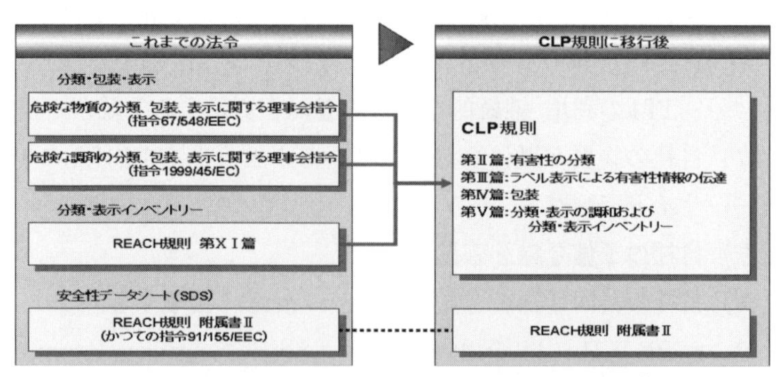

図−65 EUのこれまでの法令とCLP規則の関係[73)]

ア）分類の実施

EU に上市される原則的に全ての物質および混合物について、製造・輸入を行う事業者は CLP 規則に従い、上市前に危険有害性の分類を実施する。

CLP 規則は、GHS に準拠した危険有害性の分類項目と分類基準を定めているが、完全に同じではなく、GHS が定める分類基準の一部について、CLP 規則で採用していないものがある点、注意が必要である。

但し、放射性物質、税関の管理下に置かれた物質、単離されない中間体、上市されない研究目的の物質（混合物）、並びに医薬品、動物用の医薬品、化粧品、食品添加物、飼料中の添加物、動物の栄養剤については、CLP 規則は適用されない。

イ）ラベル、包装

CLP 規則に従い分類した結果、危険有害性を有すると判断された化学品（物質、混合物）について、CLP 規則に従ってラベル表示、包装を実施する。

ハ）分類と表示の届出

化学品を上市する EU の製造者・輸入者は、危険有害物質（混合物の場合は、混合物中の危険有害成分）の分類、表示の情報を欧州化学品庁に届け出る。

ちなみに、CLP 規則での届出対象物質は以下である。

・REACH 登録対象物質

・CLP 規則に従い危険有害性を有すると分類される物質、または混合物中に濃度限度を超えて含まれる危険有害性物質

CLP 規則での届出必要情報は、以下である。

(a) 届出者の所属、連絡先

(b) 物質の名称・CAS 番号等

(c) 物質の分類

(d) 未分類の危険有害性区分がある場合、"データがない"、"信頼

できるデータがない”、あるいは“信頼できるデータから分類に該当しない”のいずれかを示す。

(e) 該当する場合、固有の濃度限界値またはM－ファクター（CLP規則第10条：水生環境に対して非常に有害な物質（すなわち、LC_{50} または EC_{50} ＜1mg /L）の倍率）

(f) ラベル要素：絵表示（Pictogram）、注意喚起語（Signal Word）、危険有害性情報（Hazard Statement）

3) RoHS指令

① RoHS 指令および WEEE 指令

RoHS 指令（Restriction of the use of certain Hazardous Substances in electrical and electronic equipment）は、EU が2006年7月1日から実施している電気・電子製品への有害化学物質の使用を規制する指令で、EU 加盟国の法令を指令に合わせて整備するよう促すものであり、2005年8月13日に発効した廃電気・電子機器の発生を予防することを目的とするWEEE 指令（電気・電子機器の廃棄処理規制：Waste Electrical and Electronic Equipment）と表裏一体をなすものである。

その理由はというと、前者は有害物質の使用を制限するとともに、人の健康の保護および環境に悪影響を及ぼさないように電気・電子機器を廃棄物として処分し、また再生することを目的としている。制限される有害物質は、鉛、六価クロム（クロム（VI）化合物）、水銀、カドミウム、並びにPBB（ポリ臭化ビフェニル）およびPBDE（ポリ臭化ジフェニルエーテル）という2種類の臭素系難燃剤の計6物質であり、最大許容濃度は、均質な素材重量に対しカドミウムは0.01％、その他の5物質は0.1％となっている。2006年7月1日以降は、これらを超える6物質を含む製品はEU 域内では販売できない。

なお、2011年6月8日にRoHS 指令が改正（2011/65/EU：

表−32　RoHS指令およびWEEE指令の対象製品

番号	対象製品	例示	RoHS対象	WEEE対象
1	大型家庭用電気製品	冷蔵庫、洗濯機、電子レンジ等	○	○
2	小型家庭用電気製品	電気掃除機、アイロン、トースター等	○	○
3	ITおよび遠隔通信機器	パソコン、フリンター、複写機等	○	○
4	民生用機器	ラジオ、テレビ、楽器等	○	○
5	照明装置	家庭用以外の蛍光灯など	○	○
6	電動工具	旋盤、フライス盤、ボール盤等	○	○
7	玩具、レジャーおよびスポーツ機器	ビデオゲーム機、カーレーシングセット等	○	○
8	医療用デバイス	放射線療法機器、心電図測定機、透析機器等	2011/65/EU改正指令で追加	○
9	監視および制御機器	煙感知器、測定機器、サーモスタット等	2011/65/EU改正指令で追加	○
10	自動販売機類	飲用缶販売機、貨幣用自動ディスペンサー等	○	○
11	以上の10カテゴリー以外の電気電子機器		○	

RoHS（Ⅱ））され、7月1日に公布、同月21日に発効した。このRoHS（Ⅱ）では、今後優先的にリスク評価すべき物質として、ヘキサブロモシクロドデカン（HBCD）、フタル酸ビス（2－エチルヘキシル）（DEHP）、フタル酸ブチルベンジル（BBP）、フタル酸ジブチル（DBP）の4物質が追加された。

そして、後者のWEEE指令は、廃電気・電子機器の部品・材料の解体および再利用が容易にできる電気・電子機器の設計および生産を奨励するものであり、さらに廃電気・電子機器を分別収集し、回収量、リサイクル率の向上を促すことにより、電気・電子機器の廃棄物の減量と、環境負荷低減に結びつけることを意図している。

対象とする製品は、大型家電、小型家電、IT通信機器、民生用機器、照明装置、電動工具、玩具、監視および制御機器、自動販売機類など、ほとんどすべての電気・電子製品で、両指令により人の健康の保護と環境への悪影響を予防し、かつ電気・電子機器の廃棄物量を最小化し、また有効に再利用することが図られている。

RoHS 指令と WEEE 指令の対象製品は以下の通り一部が異なっているだけで、主力電機製品ではほとんど同じである。

WEEE 指令から例外扱いされていた医療用デバイスと監視および制御機器は、RoHS（Ⅱ）から、RoHS 規制範囲に含まれることになり、2019 年には完全適用範囲に入った。

さらに、10 のカテゴリーに含まれていなかった家庭用の電球や照明といった電気・電子機器にもこの RoHS（Ⅱ）が適用されることになった。

② RoHS 指令の効力

RoHS 指令は、EU 加盟国に対する指令で、市場に置かれる商品だけに適用されるもので、EU 加盟国はそれらを順守しなければならない。製品が生産者から販売代理店まで、そして最終消費者またはユーザーまで移転する全ての段階で適用されるものである。

EU 域外の国、例えば、日本には RoHS 指令の効力は及ばないものの、日本の電気製品メーカーが家電機器を EU に輸出する場合には、この RoHS 指令に従わねばならない。その意味から、最終製品の販売企業のみならず、電気・電子機器部品、材料の製造業者まで業界全体に影響が及ぶことになる点、影響が大きいものである。

鉛は製品中に含んではならないため「鉛フリーはんだ」を使用して製品を組み立てる場合、「鉛はんだ（共晶はんだ：錫 63% − 鉛（Pb）37、融点「183℃」）」と比較すると鉛フリーはんだ（217℃：Sn-Ag-Cu 系、200℃：Sn-Zu 系、227℃：Sn-Cu 系）の方は融点が 20 〜 40℃も高くなっている。そのため、機器の構成材料や部品は耐熱性を高めたものを使用する必要が出てくる。日本またはアジア等のサプライチェーン内の工場では、設備変更や鉛フリーはんだ用装置の導入を求められるので、RoHS指令とて我が国にも影響するところが大きい。

④ 2011/65/EU改正指令（RoHS（Ⅱ））の適用除外

現在の科学技術では規制対象となる有害物質を使用する以外に代替手段がない場合は、申請により適用除外（「使用止む無し」という扱い）が認められている。但し、この適用除外は永続的なものではなく、物質ごとに用途、使用量の制限、有効期間が細かく定められているとともに、将来見直しが行われることになっている。

従来適用除外とされていた主なものは以下のものである。

ア）鉛

・高融点はんだ（鉛85%＜含有）に含まれる鉛

・電子セラミック部品中の鉛

・指定された合金に制限濃度以下で含まれる鉛

・CRT、電子構成部品、および蛍光灯のガラスに含まれる鉛

イ）水銀

・様々な種類のランプに含まれる水銀

以上に対し、RoHS（Ⅱ）指令で適用除外になったものは、次の通りである。

a）大規模な工業用工具

b）2006年7月1日以前にEU市場に投入した電気・電子機器の修理のための予備部品

c）2006年7月1日以前にEU市場に投入した電気・電子機器の再利用

d）鉛、水銀、カドミウム、六価クロム、ポリ臭化ビフェニル（PBB）、ポリ臭化ジフェニルエーテル（PBDE）の特定の用途

RoHS（Ⅱ）指令では附属書Ⅲおよび附属書Ⅳで適用除外用途が定められており、この適用除外用途は、産業界等からの申請に基づき、欧州委員会（EC）が新規追加や削除、更新等の見直し手続き

を適宜実施している。

4）米国

米国では公害防止や環境保護をめぐる運動は1960年代に動き出し、大気清浄法、水質汚染防止法などの環境保護を目指す法律が1960年代後半に成立した。そして1970年には米国環境保護庁（EPA）が誕生し、環境政策は日本より一歩先を進んでいた。

にもかかわらず、ニューヨークのハドソン川の底質のPCB汚染、オゾン層破壊物質、塩素系殺虫剤“ケポン（クロルデン）”が工場から排出されて河川汚染を起こした等の環境問題が1970年代に発生したことを受け、1976年にTSCA（Toxic Substance Control Act）が制定された。

① TSCA

TSCA（有害物質管理法）は、1977年1月1日に施行された。同法は、有害な化学物質による人の健康または環境への影響の不当なリスクを防止することを目的にした有害物質を規制する法律である。

このTSCAの基本条項のTitle ⅠからⅥのうち、全般的かつ基本的な部分であるTitle Ⅰの「有害物質規制」は制定以来大幅な改正は行われていなかった。しかし、改正前のTSCAは化学品管理規制の法案としては幾つか機能不全があり、改正の必要性が有識者の間で叫ばれていた。例えば、既存化学物質に関する安全データの取得は基本的にEPAの責務であり、企業にデータを要求する必要性がでた場合には、健康・環境リスクの存在を予め立証する必要があった。しかしながら、リスクの立証はなかなか難しく、また代替品の利用可能性や経済的な影響等を考慮した最も負担の少ない方法を選択することも難しかったので、当該化学物質の使用制限や禁止が困難であった。

なお、化学物質を規制、禁止するための法律上の制限がゆるく、規制対象物質が数物質（e.g.PCB、アスベスト、ラドン、鉛塗料、ホルムアルデヒド）しか明言されていないこと、また企業から企業秘密であると要請されると、一般および他の政府機関への情報開示が制限されてしまう等の問題点も指摘されていた。

これらの課題や問題点が解決されていないところへ、近年の国際的な化学物質管理の動向やSAICM達成の流れが加わり、TSCA改正に議会が動き出した[74)]。

2016年6月22日に、米国で長らく議論されてきたTSCAの近代化に向けた改正法が、オバマ大統領の署名により40年ぶりに改正された。

② TSCA改正法（Frank R. Lautenberg Chemical Safetyfor the 21st Century Act：ローテンバーグ化学安全法）の概要[75)]

ローテンバーグ化学安全法によってEPAの権限は強化された。EPAは今後、これまで健康被害が疑われてきた少なくとも10の物質の化学的調査に着手する。2016年11月29日に着手が発表された物質は、1,4－ジオキサン、1－ブロモプロパン、アスベスト、四塩化炭素、ヘキサブロモシクロドデカン（HBCD）、塩化メチレン、N－メチルピロリドン、ピグメントバイオレット29、トリクロロエチレン、テトラクロロエチレンの10物質である。

EPAは、当該物質のリスク評価を行い、基準値など規制基準を設定し、基準値を超えて不測の事態が発生した場合には、直接行政権限を発動するという権限も与えられ、更に詳細なリスク評価をせずに規制をかけられる「ファストトラック制度」も設けられた。

また、EPAはリスクベースの評価プロセスにより、リスク評価対象の高優先化学物質とリスク評価の対象にならない低優先化学物質に優先順位付けを行い、高優先化学物質に対してはばく露やリスクの評価などを行い、評価結果が悪ければ、使用制限や流通制限を課すこともできる。

新規化学物質についてはPMN（製造前届出）申請の場合、90日間でEPAが申請書の評価を終えることになっており、期間が過ぎると評価が終了しなくても輸入開始できたのが、改正法ではEPAの評価が終わり認可されるまで輸入開始ができなくなった。

欧州のREACH規制や日本の化審法に比べ、米国では化学物質規制対策が大幅に遅れていたが、今回の法案成立により、遅れを取り戻す権限がEPAに与えられ、今後既存化学物質および新規化学物質の安全性、それに成形品に含まれる化学物質に関する規制は確実に強化される。

③州法による化学物質規制

TSCAの改正がなかなか進まないことが基になって、全米では州による規制強化が並行して進行しており、多くの州で独自の化学物質規制法が制定されている。全米35州で169の州法が採択済みで、同一物質／項目に対して複数の州法が存在する場合がある[76]。

カリフォルニア州では、同州に流通するすべての最終消費者向け製品に適用される「SAFER CONSUMER PRODUCTS」規則が2013年10月1日施行された。

同規則は、懸念化学物質とそれを含む消費者製品を特定し、優先付けを行い、懸念物質を代替することで懸念物質による悪影響を削減することを目的としており、懸念化学物質を含む消費者製品のカリフォルニア州への上市を防ぐためのプロセスを決定している。

但し、ローテンバーグ化学安全法ができたことにより、同法にはEPA規制と矛盾する州法を無効化できるという条項も盛り込まれたので、今後は全米にこの安全法の規制が浸透していくものと思われる。

ちなみに、TSCAと他の化学物質、環境保全を対象とする米国の化学品規制の関連を以下に示す[77]。

表−33　米国の主な化学品規制関連法

対　象		法　規
化学物質規制	一般化学品	有害物質規制法（TSCA）
	農薬	連邦殺虫剤・殺菌剤・殺鼠剤法（FIFRA）
	食品添加物、医薬品、化粧品	連邦食品・医薬品・化粧品法（FFDCA）
	有害物質	安全飲料水及び有害物質施行法（カリフォルニア州法）
労働安全衛生	分類・表示（SDS、ラベル）	労働安全衛生法／危険有害性周知基準（OSHA/HCS）
環境関連	大気	大気浄化法（CAA）
	水質	水質浄化法（CWA）
	飲料水	安全飲料水法（SWDA）
	廃棄物その他	資源保護回収法（RCRA）、緊急計画・地域社会知る権利法（EPCRA）
輸送関連	危険物輸送法	危険有害物質輸送規則（HMR、DOT）

5）中国

中国は1979年に改革開放政策を打ち出し、その後市場経済への移行が始まり、1990年代になって市場経済の形が整ったと言える。「世界の工場」と言われるまでに経済に力を入れた過程において、都市部での大気や水質の汚染、廃棄物等の都市環境問題が深刻化してきており、現在でも環境問題に四苦八苦して取り組んでいる。

環境保護を基本国策として確立したのは、「環境保護事業の一層の強化に関する国務院の決定」（1990年）であり、その中で「生産環境と生態環境の保護と改善、汚染その他の公害の防止と改善は、わが国の基本国策である」と表明した。しかしながら、政府中央は環境保護を国策としているが、地方政府や企業は環境保護よりも経済的利益を最重要課題としてきたように見受けられる。

しかしながら、2001年のWTO加盟により国際経済体制へ組み入れられた中国にとって、国際的潮流となっていた化学物質管理への対応を避けて通れなくなった。高度経済成長を遂げた中国に対して、世界各国から数々の要求が持ち上がり、中国製商品の安全性の問題に世界の目が向けられ、また中国国内でも化学物質管理に関する社会的懸念も増してきた。このような背景もあって、中国は「化学物質管理の国際整合性」が経済発展にとっても重要な要因と位置づけて、2000年以後、化学物質に関する規制を急速に充実させるようになった。

①新規化学物質環境管理弁法の制定

環境汚染防止、健康被害防止、危険性防止および輸入管理を目的とする中国の新規化学物質の登録制度は、日本の化審法に相当するもので、2010年10月15日に施行され、数年以上運用されてきた。中国へ新規化学物質を輸出、販売、使用する場合に、事前登録･許可証（新規化学物質環境管理登記証）の取得が義務付けられた。

この法律は、2003年より施行されていた「中国新化学物質法」の改訂版で、EUのREACHを基にしてGHS分類、リスク評価、数量等級および唯一の代理人などの理念が導入されたことから“中国版REACH”と言われている。

中国の「新規化学物質環境管理弁法」は新規化学物質の環境管理を強化するもので、分類による管理がなされ、研究、生産、輸入および加工使用に至るまで、管理の範囲が広がってきている。通常申告された新規化学物質は、一般類新規化学物質と危険類新規化学物質に分類管理され、後者の物質のうち残留性、蓄積性、人および生態環境へ毒性を及ぼす物質は、「重点環境管理危険類新規化学物質」に分類され、追跡管理がなされることになっている。

前者の一般類新規化学物質は初回製造または輸入してから満５年で「中国現有化学物質名簿（既存化学物質リスト）」に収載される。他方、後者の危険類新規化学物質の場合は、初回製造または輸入してから満５年の６か月前に提出された活動状況報告が評議審査委員会で審査・評価され、その評価結果に基づいて「中国現有化学物質名簿」への収載可否が判断される[78)]。

②新規化学物質環境管理弁法の内容

ア）申告が必要とされる物質

「中国現有化学物質名簿」に記載されていない新規物質、医薬品・農薬等の中間体、調剤または混合物から生じ、かつ2003年以降に製造された新規化学物質、低懸念ポリマー、意図的に放出させるように設計された成形品に含有される新規化学物質等が申告の対象となる。

申告方法は、通常申告、簡易申告、科学研究申告の三つの方法がある。年間1トン未満製造・輸入等する場合は簡易申告でよいが、年間1トン以上製造・輸入等する場合は通常申告が求められ、国家環境保護部の登記センターに申告する。

通常申告では、3種類の報告（新規化学物質通常申告表、リスク評価報告、新規化学物質の試験データ）が求められ、取り扱うトン数が一桁増えるごとに等級が設けられており、REACH規則と同様に要求される試験データが多くなる。なお、簡易申告では2種類の報告（新規化学物質簡易申告表、中国国内で中国の試験用生物を用いて行った生態毒性学特性試験データ）が、また科学研究申告では新規化学物質科学研究記録表による報告が求められる。

なお、成形品の使用過程で新規化学物質が人や環境へのばく露による危険性がある場合には、申告の義務が課せられている。この点はREACH規制と同様だが、REACHにある濃度限界値についての言及はない。

中国で製造・輸入される新規化学物質は、中国市場に流通する前に登録センターに申告を行うことが義務付けられている。登録証を取得していない企業は、当該化学物質を製造または輸入することができなくなっている。

イ）代理人

申告義務があるのは中国内の製造者または輸入者で、輸入者が対応できない場合等に、中国国内の代理人（中国新規化学物質事後管理代理人：REACHでのORに相当）が登録を行う制度を中国は採用している。国内、国外申告人の法定代理人で上記管理弁法第16条等が根拠になっている。中国国外の企業のうち代理人を指名して申告できるのは、最終輸出者のみで対象物質のCAS番号等の申告に必要な情報や対象化学物質の評価に必要な情報を代理人に伝え、中国当局へ申告することになる。

ウ）指定試験機関

新規化学物質環境管理弁法に基づく通常申告の生態毒性試験報告書は、中国環境部が認可する中国国内（大陸）試験機関が作成するデータを基に作成することが求められている。非中国系試験機関は、所在国の審査を通過するものか、または米国のGLP基準（優良試験所規範）を満たすことが要求されている。

③危険化学品安全管理条例の改正

2011年12月に危険化学品安全管理条例が改正され、中国は危険化学品目録を作成することになった。危険化学品については、国連GHSに基づいた分類、ラベルを作成し、SDS、危険有害性情報等の作成を海外企業にも要求し、中国語対応も要求している。

本条例は危険化学品を管理するための重要な規制として、危険化学品の製造または輸入から、販売、貯蔵、運送、使用等まで、サプライチェーンの各段階に関わってくるものである。

6）韓国

韓国でも化学物質による各種中毒の防止を目的として、毒物となる有毒化学物質および毒素を管理する法令が1963年から1990年にかけて作られてきた。その後1996年にかけて、有害性評価を含む体系的な化学物質管理システムを持つ本格的な化学物質管理政策が立案され、これが有害化学物質管理法（TCCA）として制定された。

韓国は1996年にOECDに加盟し、2005年にかけてTRI（有害化学物質排出目録）、GLP（Good Laboratory Practice：優良試験所規範（基準））およびリスクアセスメント制度を導入し、先進的な化学物質管理に対する基盤を整備した。その後、化学物質の自己確認、禁止・制限化学物質という概念を設け、リスクアセスメントに基づいた公衆衛生重視への政策転換（TCCA 改正）を図った。

2004 年に改正された有害化学物質管理法は、韓国における化学物質管理の基礎となる法令となり、化学物質による健康および環境に対するリスクを防止し、誰もが健康的な環境下で暮らすことができるように有害化学物質を管理することになった。

①「有害化学物質管理法」の改正

韓国では、従来の有害化学物質管理法が改正され 2015 年 1 月 1 日に「化学物質管理法」および「化学物質の登録および評価等に関する法律（化評法）」（日本の化審法に相当）に移行した。

化評法（KOREA-REACH）は、韓国の「環境部」所管で、化学物質の登録、化学物質および有害化学物質を含有する製品の有害性・危害性に関する審査・評価、有害化学物質指定に関する事項を規定している。化学物質に対する情報を作成・活用することにより国民の健康および環境を保護することを目的としたものであり、全ての新規化学物質と年間 1 トン以上の既存化学物質を製造、輸入、販売する者に対し、その量および用途等の報告義務を課している。また、登録対象既存化学物質については、人の健康や環境に深刻な被害を与える化学物質については、製造量・輸入量が 1 トン／年未満であっても登録が必要となっている。

化学物質管理法は、化学物質による韓国国民の健康および環境上の危害を予防して化学物質を適切に管理する一方、化学物質によって発生する事故に迅速に対応することで化学物質から全ての国民の生命と財産または環境を保護することを目的としている。

韓国では、化評法、化学物質管理法それに「産業安全保健法」（日本の安衛法に相当）の三つの法律で化学物質管理が行われている。新規化学物質、登録対象の既存化学物質を韓国で製造または輸入する場合にはこれらの法律に基づいた審査を受け、また事前に登録する必要がある。

化評法下では、環境部（国立環境科学院）は化学物質について有害性審査および危害性評価を行い、有害性審査結果に基づいて有毒物質を指定して公表し、有害性審査および危害性評価の結果次第では、当該物質を許可物質，制限物質または禁止物質として指定する。

②産業安全保健法（産安法）

産業安全保健法は、「雇用労働部」所管で労働者の健康障害を予防するための措置を講じ、また新しく製造または輸入される化学物質の有害性を把握するためのもので、有害性調査制度が1991年7月に施行された。しかし、複数の政府機関による調査制度が重複していると判断され、旧来の「有害化学物質管理法（現化学物質管理法）」との整合性が図られ、既存化学物質目録の統合、調査報告書等文書の環境部への統一した提出等の改正がなされてきた。

現在は、有害性・危険性調査結果報告書の提出時に物質安全保健資料（SDS)、毒性試験成績書、工程図等の添付を義務付けている。目的が違う二つの省庁に新規化学物質届出の義務が存在しているところは日本の化審法と安衛法に基づく届出に類似している。

なお、2016年2月17日に産業安全保健法施行規則が改正されたことにより、新規化学物質の届出が緩和された。これまで一律に要求されていた試験がトン数域別の試験要求となり、高分子の届出軽減措置も導入された。物質安全保健資料に関する基準である「化学物質の分類・表示および物質安全保健資料に関する基準」にも化評法の改正内容が反映され国連GHS改訂4版相当とするよう改正され、両法域間の整合性が図られている。

③化学物質の登録

ばく露量、有害性情報および取扱量に基づいて韓国既存化学物質リストから選定される登録対象既存化学物質は、既存化学物質のうち、有害性審査または危害性評価を行うために登録する必要があると認められ、環境部長官が化学物質評価委員会の審議を経て告示したものをいい、年間製造・輸入量が1トン以上の場合は登録が要求される。

健康および環境に対して深刻な被害を与える化学物質については、製造・輸入量が1トン／年未満であっても登録が求められる。なお、新規化学物質（既存化学物質を除いたすべての化学物質）は取扱量に関係なく、すべて登録する必要がある。

製品中に含有される有害化学物質が1トン／年以上の場合も事前申告が要求される。

④代理人

化学物質および登録対象既存化学物質の製造者または輸入者は、実際に製造または輸入する前に韓国の環境部（国立環境科学院：NIER）に登録を行うが、化評法は韓国法ゆえ韓国の国内企業は自身で登録できるものの、国外の製造者や輸出者は、韓国国内の輸入者または韓国国内の代理人（REACH の ÒR に相当）に化評法対応を依頼することになる。

輸入者は国外のサプライヤーに対して規制に対応するための関連情報を提供するよう要求することができる。

代理人は、新規化学物質または年間取扱量が1トン以上の既存化学物質については、化学物質の前年度の製造・輸入量および用途に関する情報を年度報告として提出する必要があり、登録業務、サプライチェーンにおける情報伝達、有害化学物質を含有する製品の申告等の義務を果たさなければならない。

代理人の資格要件については、化評法施行規則案第59条第1項に記載されており、化学物質情報管理に対する知識を有しており、化学物質管理に関する3年以上の業務実績がある韓国国民・韓国内に住所を有する者で足りるとされている。但し、法令に違反する行為があった場合、罰則は代理人が負うことになる。

⑤その他

化評法では、韓国国内の化学物質販売者、製造者・輸入者は、新規化学物質または年間取扱量が1トン以上の既存化学物質について、化学物質の前年度の製造・輸入量および用途に関する情報を年度報告として提出する義務がある。

なお、機械に内蔵されて輸入される化学物質、機械・設備の試運転のために機械・設備と共に輸入される化学物質、特定の固体の形で一定の機能を発揮する製品に含有され、その使用過程で流出されない化学物質については、この年度報告義務から免除されている。また、川下の使用者はこの年度報告の義務から免除されている。

他方、化評法では化学物質の川下使用者にも義務条項があり、サプライチェーンにおける情報伝達について、川下使用者は川上サプライヤーの要求に応じて化学物質の用途、性質、, 使用量または販売量, 安全使用等の情報を提供しなければならない。

7) 国連危険物輸送勧告

国連は「危険物輸送に関する勧告」を出しており、その冊子体の色からこの勧告は“オレンジブック”と呼ばれている。危険物の国際輸送において人、財産および環境への安全確保を目的として、国連経済社会理事会の危険物輸送専門家小委員会によって策定されたもので、危険物の輸送に関わる政府並びに国際機関に宛てられている。従って、貨物輸送を行う上で適用範囲は非常に広く、その影響は大きなもので

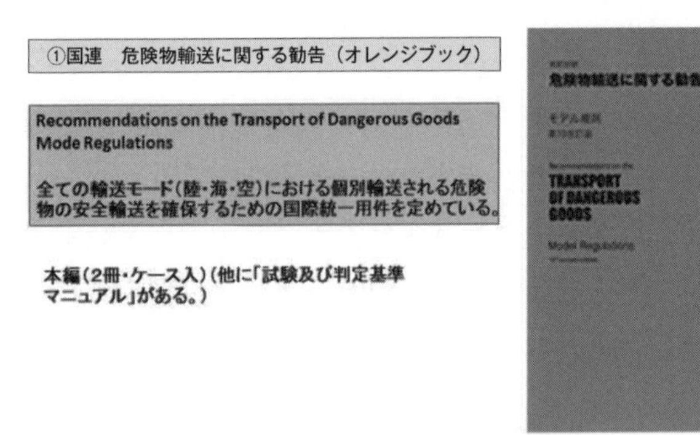

図－66　オレンジブック

ある。

この国連勧告を受けて、日本では下記の様な定めになっている。

ア）海上輸送については、国際海上危険物規定の内容とほぼ同じにした船舶安全法を定め、その下に以下の海防法、危規則及び危告示等を定めている。

海防法：海洋汚染等及び海上災害の防止に関する法律
危規則：危険物船舶運送及び貯蔵規則
危告示：船舶による危険物の運送基準等を定める告示

イ）航空輸送については、ICAO危険物安全空輸技術指針の内容とほぼ同じにした、航空法を定めている。

ウ）陸上輸送については、日本は島国なので危険物国際陸上輸送に関する条約に加盟していない。

国連勧告では、輸送する危険物を以下のように九つつに分類している。なお、副次的危険性があって二つ以上の分類に属するものに対しては、別途「危険性優先順位表」を定め、そこに示された優先順位に従って分類されるようになっている。

また、危険性の程度に応じて容器等級等が定められている。

②識別（Identification）：国連分類

危規則の分類・項目	危規則の等級
(1) 火薬類	1.1～1.6
(2) 高圧ガス	ー
引火性高圧ガス	2.1
非引火性非毒性高圧ガス	2.2
毒性高圧ガス	2.3
(3) 引火性液体類	3
(4) 可燃性物質類	ー
可燃性物質	4.1
自然発火性物質	4.2
水反応可燃性物質	4.3
(5) 酸化性物質類	ー
酸化性物質	5.1
有機過酸化物	5.2

危規則の分類・項目	危規則の等級
(6) 毒物類	ー
毒物	6.1
病毒をうつしやすい物質	6.2
(7) 放射性物質等	7
(8) 腐食性物質	8
(9) 有害性物質	9

⑤国連番号（UN No.）

・危険物リストの最左欄（or最右欄）の4桁の数字
・正式品名と一対をなす識別項目
・国連番号と正式品名を一対にして危険物運送書類に記載すると共に輸送物に表示することが要求される。
記載例："UN 2790 ACETIC ACID, SOLUTION"

⑥正式品名（Proper Shipping Name：PSN）

・危険物リストに示された英文の大文字で示された品名。
・国連番号と同様に危険物運送書類に記載するとともに輸送物に表示する。
記載例："ACETIC ACID, SOLUTION more than 10 % and less than % acid, by mass"

グローバルなビジネス環境下、危険な化学品を国際間を輸送させる指標として国連番号が使用されている。この「国連番号（United Nations Number, UN No.）」は、国連経済社会理事会に設置された危険物輸送専門家委員会が国際連合危険物輸送勧告の中で作出したもので、番号は"UN"と四桁の数字で表すものである。そして危険物は便宜上前述（上記②）のように1～9としてクラス分けされ、その危険性が区分名称により分かるようになっている。

更に、その番号ごとに正しい容器や包装方法が示されている。危険物の場合は、運送中にその商品価値が損なわれることなく無事に荷受人へ届くために梱包されるが、それに加えて運送中に運送従事者、船舶、設備等の安全性確保を目的に当該貨物の危険性、物理的性状、容器材質との反応性などを考慮した各種要件が規則によって課せられている。

アルコール類（引火性かつ毒性のもの）を例に挙げると、国連番号1986（UN1986）、英語ではALCOHOLS, FLAMMABLE, TOXIC, N.O.S.と表示し、クラス区分は3（可燃性物質）に分類されている。

なお、個々の物質に付与された国連番号は、制定順に付与されているため番号そのものに意味はない。また、単一の化合物だけなく、爆弾（砲用完成弾：UN0006）やリチウムイオン電池（UN3480か3481）にも番号付けされている。

③容器等級（Packing group）

・危険性の種類はClassで示されるが、通常その危険性は3つの度合いに分けられ、容器等級（Packing group :PG）としてローマ数字で表される。

PG 1： 危険性 大
PG Ⅱ： 危険性 中
PG Ⅲ： 危険性 小

④副次危険性（Subsidiary risk(s)）

・ある物質が2つ以上の危険性を有する場合には、そのうちのいずれの危険性が当該物質のClass（主危険性）になるかを決定しなければならない。
・ある物質についてその 物質のClassは1つだけであり、2つ以上のClassに分類されることはない。
・火薬類等一部危険性の高い危険物を除き2つ以上の危険性を有する危険物のClassは、危険物の優先順位表（Precedure of hazard table IMDGコード2.0.3.6、危告示別表第一備考3）を基に決定される。

危険物を運ぶために使う容器に関する規定は、危険品ごとに使用すべき容器の材質・種類・仕様や、梱包可能な容量が決まっている。船による海上輸送の場合、小型容器、高圧容器、大型容器、ＩＢＣ容器、ポータブルタンク、フレキシブルバルクコンテナ、特別規定について危険物ごとに容器の容量と種類が定められている。

容器の種類を特定する方法として、容器コードが使われており、これは容器の種類、材質ごとに数字とアルファベットを振ったもので、コードが分かればどのような容器なのか同定することができる。

以下、容器の種類ごとの規定を一覧表にして以下に示す。

⑦容器包装の種類

名称	容量	種類/昨日
小型容器：Packagings	収納する危険物の質量が400kg以下の容器。（液体の危険物を収納する告示で定める容器に会っては、内容咳が450L1以下のものン限る。）	ドラム、ジェリカン、箱、袋、組合わせ容器、複合容器
大型容器 Large Packagings	内容積が450Lを超える容器又は収納する危険物の質量が400kgを超える容器であって、内容積が3000L以下のもののうち、告示で定めるもの。	硬質大型容器（組合せ容器）。フレキシブル大型容器（単一容器）／機械荷役に対応できるように設計されたもの
IBC容器：Immediate Bulk Containers; IBCs	3,000L以下の中間的容量の容器	金属製IBC容器、フレキシブルIBC容器、硬質プラスチックIBC容器、ファイバ板製IBC容器及び木製IBC容器
ポータブルタンク：Portable tanks	タンク形式の危険物容器（高圧ガスを充てんするものにあっては、内容積が450L異常のものに限る。）	タンクをコンテナに固定したタンクコンテナ形式のものが多いが、単体で使用する小容量タンクもある。
高圧容器 Pressureres receptacle	許容用量は1,000L以下のもの（継目なし容器に会っては3,000L以下）	シリンダ、圧力ドラム、チューブ等／高圧ガスを充てんし、又は液体の危険物を収納する容器

なお、航空機で輸送することが可能な危険物には、それぞれどのような包装容器・梱包をすべきかが定められている。使用すべき容器や包装については、「少量輸送許容物件」「旅客機」「旅客機以外の航空機」に分けて、対象となる危険物に付与されている国連番号ごとに記号で示されている。

危険物の輸送に適切な容器であることを示すためには、以下のような国連マーク（UN マーク）がドラムなどの容器に印字される。

⑧ UN マーク等（効力を有する表示）

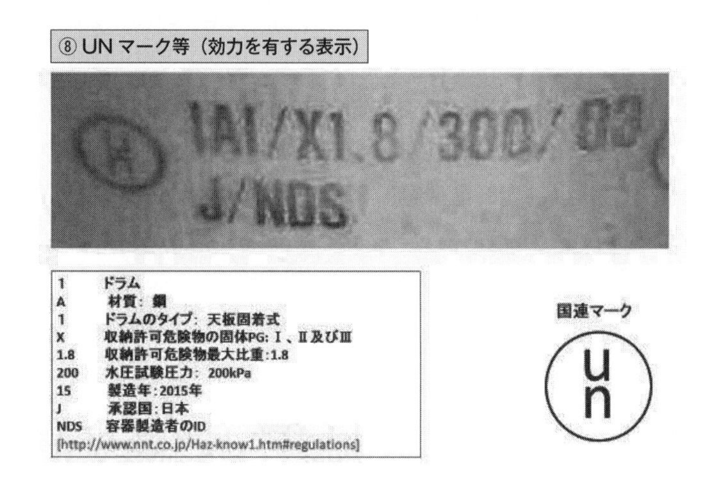

以下に危険物輸送に関する国際的規制に対する国内法の対応を示す。

図－67　輸送危険物輸送に関する国内法体系

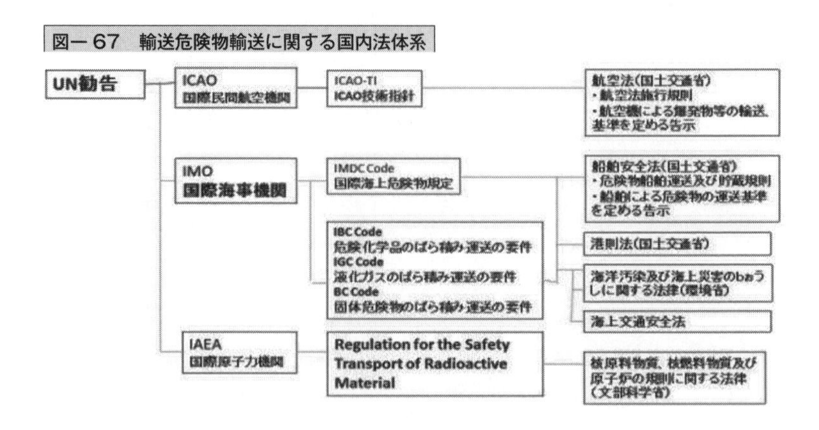

練習問題

1 「化学品の分類および表示に関する世界調和システム（GHS）」は、化学品を取り扱うサプライチェーンの川上から川下の人々に、対象となる化学品の危険有害性情報を正確に伝え、人の健康や環境の保護を目指すものである。以下の問いに答えよ。

（1）GHS が国際的に統一された方法で化学品の危険性を分類している区分である「物理化学的危険性」、「健康に対する有害性」、「環境に対する有害性」の概要を記述せよ。

（2）GHS により混合物を分類する場合の留意点を述べよ。

（3）GHS による表示対象となる化学品は、作業場に供給される時点で GHS ラベルが添付されるが、例外的にラベル表示の必要がないものを示せ。

2 化審法について、以下の問いに答えよ。

（1）化審法において、化学物質の申請に至るまでに、どのような化学的・生物学的試験を必要とするか、概要を示せ。

（2）審査特例制度の概要を簡単に述べよ。

（3）化審法（平成 29 年改正法）で、審査特例制度における全国数量の上限の見直しが行われた。前制度と新たな制度の違いを比較し、見直しが行われた理由を説明せよ。

（4）我が国において化学物質の管理は、個別事業者による自主管理を原則としている。その理由を述べよ。

3 事業者が自社の事業場から排出された有害物質を把握するとともに、行政機関に当該排出量を年に一度届出し、行政機関は届出られたデータを集計して公表する制度が PRTR 制度である。以下の問いに答えよ。

（1）PRTR 制度の元での事業者による「届出方法の概要」、「届出対象業種・規模」、「把握する排出量等の区分と算出・把握方法」を簡単に説明せよ。

（2）（独）製品評価技術基盤機構が公表している、化学物質の濃度や排出量に関するPRTRマップとはどのようなものか、その概要を示せ。

4 2012年（平成24年）4月、化学品の情報伝達に関する国際標準であるGHSの導入の促進を目的として化管法のSDS省令（指定化学物質等の性状及び取扱いに関する情報の提供の方法等を定める省令）が改正され、安全データシート（SDS）の提供が義務づけられ、またラベル表示が努力義務となった。SDSについて以下の問いに答えよ。

（1）SDS制度の「対象事業者」、「対象指定化学物質」、「提供方法」、「提供時期」を簡単に説明せよ。

（2）例外的にSDSを提供しなくても良い製品を5つ述べ、具体例を示せ。

（3）SDSの記載項目を10示せ。

5 改正労働安全衛生法（安衛法）について、以下の問いに答えよ。

（1）2016年（平成28年）6月に施行された改正安衛法により、化学物質管理が強化された背景を述べよ。

（2）事業場において一定の危険有害性のある化学物質について、リスクアセスメントを行う場合、「対象となる事業場」、「実施義務が発生するとき」、「リスクアセスメントの実施体制」を簡単に述べよ。

6 REACH 規則について、以下の問いに答えよ。

(1) REACH 規則に従って、日本企業が EU 内に化学品を輸出し、欧州化学品庁に登録するまでの手続きの流れを説明せよ。

(2) REACH 規則第５条で、物質、調剤また成形品中の物質は登録されていなければ EU 域内で製造または上市されてはならないとされている（No data, no market の原則）。この原則の例外について述べよ。

(3) SVHC（Substances of Very High Concern：高懸念物質）について述べ、REACH 規則においてどのように取り扱われるかを述べよ。

7 TSCA 改正法（Frank R. Lautenberg Chemical Safetyfor the 21st Century Act：ローテンバーグ化学安全法）では従来に比べ、米国環境保護省（EPA）の権限が強化された。EPA の行うリスク評価の概要を述べよ。

8 中国の新規化学物質環境管理弁法について、以下の問いに答えよ。

(1) 申告が必要とされる物質について述べよ。

(2) 中国の代理人制度と EU の代理人制度の違いについて述べよ。

[参考文献]

39）http://sydrose.com/case100/306/
40）山本都、森川薫「化学災害と毒性情報の収集」薬学雑誌 Vol.126 No.12（2006）pp1255 － 1270
41）http://www.aseed.org/rio-10/report/stockholm.htm
42）http://www.meti.go.jp/policy/chemical_management/int/un.html
43）“化学品を取り扱う事業者の方へ” － GHS 対応－「化管法・安衛法におけるラベル表示・SDS 提供制度」平成 24 年 10 月 経済産業省 厚生労働省
44）http://kikakurui.com/z7/Z7252-2009-01.html
45）http://www.meti.go.jp/policy/chemical_management/files/PRTRSDSLAW_SDSguidance2016re.pdf
46）https://www.keikoku-label.com/user_data/ghs.php
47）平野靖史郎「ナノマテリアルの安全性を評価する」環境儀（国立環境研究所の研究情報誌）No.46, October 2012 pp.3 － 12
48）安間武「ナノ物質の安全管理 化審法でなく新たなナノ物質管理法が必要」 化学物質審査規制法の見直しに関するシンポジウム 化学物質問題市民研究会 2008 年 6 月 29 日
49）長谷川あゆみ「ナノマテリアルの自主管理と化学物質管理規制」SCAS NEWS 2012-I
50）http://www.meti.go.jp/policy/chemical_management/kasinhou/index.html
51）http://www.meti.go.jp/policy/chemical_management/kasinhou/information/H29kaiseikasinhou_seminar.pdf
52）http://www.meti.go.jp/policy/chemical_management/kasinhou/index.html
53）http://www.jfrl.or.jp/item/other/other8.html
54）https://www.nikkakyo.org/organizations/jrcc/page/2030
55）https://www.mhlw.go.jp/new-info/kobetu/roudou/gyousei/anzen/130813-01.html
56）化学物質管理セミナー「キャラバン 2012」～化学物質管理における事業者の役割と情報伝達の重要性～講演要旨集 主催 経済産業省
57）https://www.mhlw.go.jp/content/11201000/000365300.pdf
58）http://www.meti.go.jp/policy/chemical_management/law/index.html
59）http://www.env.go.jp/chemi/prtr/about/about-4.html
60）http://www.taikimap.nite.go.jp/prtr/index.html
61）http://www.meti.go.jp/press/2015/03/20160304004/20160304004.pdf
62）http://www.meti.go.jp/policy/chemical_management/law/msds/2.html
63）http://www.nihs.go.jp/mhlw/chemical/doku/situmon/qa.pdf
64）http://www.mhlw.go.jp/file/05-Shingikai-12601000-Seisakutoukatsukan-Sanjikanshitsu_Shakaihoshoutantou/0000021840.pdf
65）https://www.sankyo-chem.com/wpsankyo/814
66）http://www.kasuyananbu-shobo.jp/news/syousai/hou2/kiken4.pdf
67）田中弘幸「欧州の新たな化学品規制（REACH 規則）の概要と対応」NEW GLASS Vol.22 No.4 2007 pp48-53
68）http://www.europa.eu/environment/chemicals/r67each/reach_en.htm
69）REACH における化学物質安全性評価（CSA）の要点（案）: 環境省の「平成 20 年度 REACH における化学物質安全性評価に関する情報収集・発信業務」化学物質研究評価機構作成
70）欧州の新たな化学品規制（REACH 規則）に関する解説書 Ver. 1.0
71）http://j-net21.smrj.go.jp/well/reach/qa/151.html
72）http://echa.europa.eu/reach-2018/know-your-portfolio
73）http://www.cerij.or.jp/service/10_risk_evaluation/international_regulations_01_file06.pdf
74）庄野文章「化学物質管理規則の最新動向と産業界の取り組み」 化学物質管理ミーティング 2015 年 6 月 19 日 於東京都産業貿易センター
75）http://j-net21.smrj.go.jp/well/reach/column/160715.html
76）玉虫完次「米国化学物質規制の最新情報」 Chemical Management 2017, Feb 1-11
77）https://j-valve.or.jp/env-info/3501/
78）http://j-net21.smrj.go.jp/well/reach/column/160415.html

Chapter

V

化学物質の姿と作用

化学物質の物理化学的性質、反応性、その他諸性質および生理学的所見について述べられている成書は数多く出版されているので、詳細はそれらの成書に任せ、本章では幾つかの視点から化学物質を眺め、GHSではどのように扱われているかに焦点を当てて具体的に解説する。

1 有機化学物質

私たちの身の回りを見てみると、すべてのものが何がしかの化学物質から構成されまたは含有していることに気付かされる。安衛法では、化学物質とは「元素および化合物」と定義され、化審法では「元素または化合物に化学反応を起こさせることにより得られる化合物」となっており、天然物は対象外となっている。なお、JIS Z 7253では、「化学物質とは天然に存在するか，または任意の製造過程において得られる元素およびその化合物」と定義され、「混合物とは互いに反応を起こさない二つ以上の化学物質を混合したもの」といい、「化学品とは化学物質または混合物（製品と同じ意味である。但し，製品という呼称は，毒物及び劇物取締法における製剤の意味だけでなく，器具，機器，用具といった物品の意味で用いられることがあるが，物品は化学品からは除かれることに留意する必要がある）をいう」としている。

有機化合物が如何に多彩であるか、佐藤健太郎「有機化学美術館へようこそ」[79]という本から有機化学ギネス記録というものを紹介しよう。

- 最長の長鎖アルカン　CH3-（CH2）388-CH3
- 理論上最強の爆薬　オクタニトロキュバン
- 最も辛い化合物　カプサイシン
- 最も甘い化合物　ラグドゥネーム
　（砂糖の22万～３０万倍甘い）
- 最も臭い化合物　エタンチオール

・この世に一番沢山ある有機化合物　セルロース
・最も複雑な天然物　　マイトトキシン
　　　　　　　　　　　（分子量 3422、環の数 32）
・最も生産量の多い薬　アスピリン（年間 1,000 億錠）
・最強の発がん物質　　アフラトキシン B1（カビ毒）

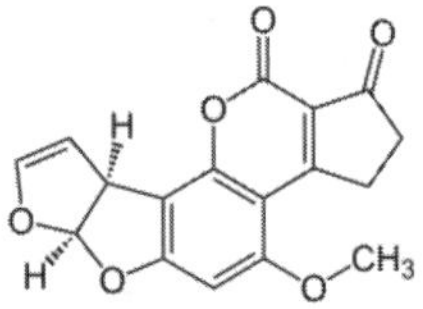

（－）-アフラトキシン B_1 の化学構造

多種多様な特徴を持つ化合物がこんなに多くあることに驚かれる。無機化合物、有機化合物を問わず、化学物質は今では我々の生活に無くてはならないものであることには、誰もが異存はないだろう。

では、世の中にはどのくらいの化学物質が知られ、生産されているのであろうか。

・CAS 登録番号が付与された物質数は 1 億種超（図－ 2 参照）
・工業的に生産されている物質は約 10 万種
・世界で年間千トン以上生産されている物質は約 5,000 種

2 化学物質の反応性

(1)化学物質の結合構造

化学物質はその構造式をみると、どんな性質があるか、不安定か、爆発性か、反応性が高いかが推定できる。おそらく、近い将来、構造式だけで、物理化学的性質（沸点、引火点、揮発性、酸性度、水への溶解度等)、反応性、安定性、毒性、生態蓄積性を推定、判定できるようになるように思われる[80)]。

そこで、構造式のどこに着目すれば反応性を推定できるか見てみよう。反応を引き起こすドライビング・フォースは何か、幾つあるかを以下に列挙してみる。

①電荷の偏り　－Ｃ－Ｘ　結合はδ＋とδ－に分かれる
同じ電気陰性度の元素はないので、異種元素が結合したら、必ず電荷は偏る。

②弱い結合は強い結合になり易い
フッ素ガスは反応性が極めて高く、非常に強い酸化作用がある。従って、ほとんどの有機化合物と爆発的に反応する。
ex. Ｆ－Ｆ（弱い）➡ Ｃ－Ｆ（強い）

③不対電子対（非共有電子対）は電子不足部分と結びつきやすい
－ＯＨ、－ＮＨ－は電子不足部分と結びつき、安定した化学構造になる。

④内部に特定の機能を持たせた分子は、安定分子を放出しやすい
ex. Ｎａ＋（Ｎ＝Ｎ＝Ｎ）－（エアバッグ発ガス剤）➡ N_2を放出（エアバッグはこの窒素で膨らませる）

ここで、経産省HP「物理化学的危険性」からGHS2.1.4.2.2（a）で述べられている「爆発性に関わる原子団」を見てみよう。

ア）不飽和のＣ－Ｃ 結合：アセチレン類、アセチリド類、1,2－ジエ

ン類

イ）C－金属、N－金属：グリニャール試薬、有機リチウム化合物

ウ）隣接した窒素原子：アジド類、脂肪族アゾ化合物、ジアゾニウム塩類、ヒドラジン類、スルホニルヒドラジド類

エ）隣接した酸素原子：パーオキシド類、オゾニド類

オ）N－O：ヒドロキシアミン類、硝酸塩類、硝酸エステル類、ニトロ化合物、ニトロソ化合物、N－オキシド類、1,2－オキサゾール類

カ）N－ハロゲン：クロルアミン類、フルオロアミン類

キ）O－ハロゲン：塩素酸塩類、過塩素酸塩類、ヨードシル化合物

(UNRTDG：Manual of Tests and Criteria, Appendix 6, Table A6.1)

これらの結合はみな、原子間の結合エネルギーが小さく、切れやすい結合を持つ原子団で、より安定な結合をしようとして爆発的エネルギーを放出する。これらの原子団を含まない物質は、爆発性について評価する必要はない。

(2) 自己反応性に関わる原子団

GHS2.8.4.2 (a) で述べられている「自己反応性に関わる原子団」は以下のものである。

①相互反応性グループ：アミノニトリル類、ハロアニリン類、酸化性酸の有機塩類

②S＝O：ハロゲン化スルホニル類、スルホニルシアニド類、スルホニルヒドラジド類

③P－O：亜燐酸塩類

④歪のある環：エポキシド類、アジリジン類（歪を解消してエネルギー的に安定になろうとする傾向有）

⑤不飽和結合：オレフィン類、シアン酸化合物（多重結合は反応しやすいπ結合なので、安定な単結合を作ろうとする傾向）

(UNRTDG：Manual of Tests and Criteria, Appendix 6, Table A6.2)

爆発性ないし自己反応性の原子団を含まない物質は、自己反応性の評価は要らない。

(3) 反応性化学物質のエネルギー危険性

化学物質による事故を物理化学的見地から眺めて見てみると、以下のように物質単独のエネルギー危険性や混合・複合作用によるエネルギー危険性が事故の原因になっている。

a)　単独での危険性

・酸化性、引火性／可燃性（含粉塵爆発）：マグネシウム、アルミニウム粉、ガソリン

・発火危険性（自然発火性、自己発熱性）：黄リン、シラン、PH3、B2H6

・自己反応性（ニトロ化物、過酸化物、感光剤）：銅アセチリド、NaN3

・重合危険性（熱、不純物で発生）：アクリル酸、スチレン、エチレン

・禁水性：アルカリ金属、金属炭化物、窒化物、水素化物

b)　複合系の危険性

・混合危険性：シアン化物＋強酸、さらし粉＋水

・反応性による危険性：不安定物質、有害物の生成

(4) GHSによる危険性・有害性の分類[83)]

化学品の危険有害性に関する情報は、それを取り扱う全ての人々に正確に伝えることによって、人の安全・健康および環境の保護を行うこと前提として作成されている。GHSでは、化学物質の危険性と有害性を併せて危険・有害性（Hazard）として括り、以下のように28種に分類している。

A．物理化学的危険性

①爆発性

爆発性とは、化学的またはエネルギー的に不安定で、刺激や衝撃によって爆発と呼ばれる熱と衝撃波を伴う急速な化学変化を生じさせることをいい、以下のものが対象物である。

(a) 爆発性物質および爆発性混合物

爆発性物質（または混合物）とは、それ自体の化学反応により、周囲環境に損害を及ぼすような温度および圧力並びに速度でガスを発生する能力のある固体物質または液体物質(もしくは混合物)をいう。

(b) 爆発性物品

但し、不注意または偶発的な発火、若しくは起爆によって、飛散、火炎、発煙、発熱または大音響のいずれかによって装置の外側に対し何ら影響を及ぼさない量の爆発物を含む装置を除く。

なお、爆発性物品とは、爆発性物質または爆発性混合物を一種類以上含む物品をいう。

(c) 上記（a）および（b）以外の物質、混合物および物品であって、爆発効果または火工効果を実用目的として製造されたもの（火工品)。

火工効果とは、爆轟性ではないが、持続性の発熱化学反応による熱、光、音、ガス、煙の発生またはこれらの組み合わせによって得られる効果をいい、火工品とは、火薬類のうち、火薬、爆薬を使用して、ある目的に適するように加工、成型したものの総称である。

②引火性

引火性とは、揮発性の高い性質を有する物質が気化して、離れている着火源からでも着火する可能性がある性質のことをいい、以下のものが対象物である。

ア）可燃性／引火性ガス（化学的に不安定なガス）

可燃性／引火性ガスとは、標準気圧 101.3kPa で 20℃において、空気との混合気が爆発範囲（燃焼範囲）を有するガスをいう。

可燃性／引火性ガスは、次の二つの区分のいずれかに分類される。

区分１：標準気圧 101.3kPa、20℃において以下の性状を有するガス

(a) 濃度が 13%（容積分率）以下の空気との混合気が可燃性／引火性を有するガス

(b) 爆発（燃焼）下限界に関係なく空気との混合気の爆発範囲（燃焼範囲）が 12% 以上のガス。

区分２：区分１以外のガスで、標準気圧 101.3kPa、20℃においてガスであり、空気との混合気が爆発範囲（燃焼範囲）を有するもの。

以上の区分の判定基準については、よく調べ理解を深めることが大切である。

表－34　可燃性／引火性ガスのラベル要素

項目	区分1	区分2
シンボル	炎	シンボルなし
注意喚起語	危険	警告
危険有害性情報	極めて可燃性／ 引火性の高いガス	可燃性／ 引火性の高いガス

イ）エアゾール

エアゾールは、圧縮ガス、液化ガスまたは溶解ガス（液状、ペースト状または粉末を含む場合もある）を金属製、ガラス製またはプラスチック製の再充填不能な容器に内蔵したものである。内容物は、ガス中に浮遊する固体もしくは液体の粒子、または液体中またはガス中に分散する泡状、ペースト状もしくは粉状の粒子である。

エアゾールは、GHS 判定基準に従うと可燃性／引火性に分類される。

表−35　可燃性／引火性ガスのラベル要素

項目	区分1	区分2
シンボル	炎	炎
注意喚起語	危険	警告
危険有害性情報	極めて可燃性／引火性の高いエアゾール	可燃性／引火性の高いエアゾール

ウ）支燃性／酸化性ガス

支燃性／酸化性ガスとは、一般的にはその物質自身が酸素を供給することにより、空気以上に他の物質を発火させる、または燃焼を助けるガスをいう。

なお、酸素含量が23.5vol％以下の人工空気は、規制目的（たとえば輸送など）によっては支燃性／酸化性とは見なされないこともある。

表−36　支燃性／酸化性ガスのラベル要素

項目	区分1
シンボル	円上の炎
注意喚起語	危険
危険有害性情報	発火または火災助長のおそれ；支燃性／酸化性物質

エ）高圧ガス

高圧ガスは、200kPa（ゲージ圧）以上の圧力の下で容器に充填されているガスまたは液化または深冷液化されているガスをいう。高圧ガスには、圧縮ガス、液化ガス、溶解ガス、深冷液化ガスが含まれる。

ガスは、充填された時の物理的状態によって、次表の四つのグループのいずれかに分類される。

表−37　高圧ガスの判定基準

グループ	溶解ガス
圧縮ガス	加圧して容器に充填した時に、−50℃で完全にガス状であるガス（臨界温度−50℃以下のすべてのガスを含む）
液化ガス	加圧して容器に充填した時に−50℃を超える温度において部分的に液体であるガス。次の二つに分けられる。 (a) 高圧液化ガス：臨界温度が−50℃と+65℃の間にあるガス (b) 低圧液化ガス：臨界温度が+65℃を超えるガス
深冷液化ガス	容器に充填したガスが低温のために部分的に液体であるガス
溶解ガス	加圧して容器に充填したガスが液相溶媒に溶解しているガス

「臨界温度」とは、その温度を超えると圧縮の程度に関係なく純粋ガスが液化しない温度をいう。

表−38　高圧ガスのラベル要素

項目	圧縮ガス	液化ガス	深冷液化ガス	溶解ガス
シンボル	ガスボンベ	ガスボンベ	ガスボンベ	ガスボンベ
注意喚起語	警告	警告	警告	警告
危険有害性情報	高圧ガス；熱すると爆発するおそれ	高圧ガス；熱すると爆発するおそれ	深冷液化ガス；凍傷または負傷するおそれ	高圧ガス；熱すると爆発するおそれ

オ）引火性液体

引火性液体は、引火点が 93℃以下の液体をいう。分類基準は、表−39 に従って四つの区分のいずれかに分類される。

表−39　引火性液体の判定基準

区分	判定基準
1	引火点<23℃および初留点≦35℃
2	引火点<23℃および初留点>35℃
3	引火点≧23℃および≦60℃
4	引火点>60℃および≦93℃

表－40　引火性液体のラベル要素

項目	区分1	区分2	区分3	区分4
シンボル	炎	炎	炎	シンボルなし
注意喚起語	危険	危険	警告	警告
危険有害性情報	極めて引火性の高い液体および蒸気	引火性の高い液体および蒸気	引火性液体および蒸気	可燃性液体

カ）可燃性固体

可燃性固体は、易燃性を有するまたは摩擦により発火あるいは発火を助長する恐れのある固体をいう。易燃性とは、粉末状、顆粒状、またはペースト状の物質で、燃えているマッチ等の発火源と短時間の接触で容易に発火しうる、炎が急速に拡散する危険な性質をいう。

表－41　可燃性固体の判定基準

区分	判定基準
1	燃焼速度試験：
	金属粉末以外の物質または混合物
	(a) 火が湿潤部分を越える、および
	(b) 燃焼時間＜45 秒、または燃焼速度＞2.2mm／秒
	金属粉末：燃焼時間≦5分
2	燃焼速度試験：
	金属粉末以外の物質または混合物
	(a) 77火が湿潤部分で少なくとも4分間以上止まる、および
	(b) 燃焼時間＜45 秒、または燃焼速度＞2.2mm／秒
	金属粉末：燃焼時間＞5分 および 燃焼時間≦10分

表－42　危険有害性情報のラベル要素

項目	区分1	区分2
シンボル	炎	炎
注意喚起語	危険	警告
危険有害性情報	可燃性固体	可燃性固体

キ）自己反応性化学品

自己反応性化学品（物質または混合物）は、熱的に不安定で、酸素（空気）がなくとも強い発熱分解を起し易い液体または固体の物質あるいは混合物である。GHSで火薬類、有機過酸化物または酸化性物質に分類されている物質および混合物は、本化学品から除外される。

本化学品は、実験室の試験において処方剤が密封下の加熱で爆轟、急速な爆燃または激しい反応を起こす場合には、爆発性の性状を有すると見なされる。

自己反応性物質および混合物は、下記の原則に従って、このクラスにおける「タイプAからG」の７種類の区分のいずれかに分類される。

表－43　危険有害性情報のラベル要素

項目	タイプA	タイプB	タイプC＆D	タイプE＆F	タイプG
シンボル	爆弾の爆破	爆弾の 爆破と炎	炎	炎	
注意喚起語	危険	危険	危険	警告	
危険有害性 情報	熱すると 爆発のおそれ	熱すると 火災や爆発の おそれ	熱すると 火災のおそれ	熱すると 火災のおそれ	ラベル表示 要素の 指定はない

タイプGには危険有害性情報の伝達要素は指定されてはいないが、別の危険性クラスに該当する特性があるかどうか考慮する必要がある。

ク）自然発火性液体

自然発火性液体とは、たとえ少量であっても、空気と接触すると５分以内に発火しやすい液体をいう。

表－44　自然発火性液体の判定基準

区分	判定基準
1	液体を不活性担体に漬けて空気に接触させると５分以内に発火する、または液体を空気に接触させると５分以内にろ紙を発火させるか、ろ紙を焦がす

表－45　自然発火性液体のラベル表示要素

項目	区分1
シンボル	炎
注意喚起後	危険
危険有害性情報	空気に触れると自然発火

ケ）自己発熱性化学品

自己発熱性化学品（物質または混合物）とは、自然発火性液体または自然発火性固体以外の固体物質または混合物で、空気との接触によりエネルギー供給がなくとも、自己発熱しやすいものをいう。この物質または混合物が自然発火性液体または自然発火性固体と異なるのは、それが大量（キログラム単位）に、かつ長期間（数時間または数日間）経過後に限って発火する点にある。

表−46　自己発熱性化学品の判定基準

区分	判定基準
1	25mm立方体サンプルを用いて140℃における試験で肯定的結果が得られる
2	(a) 100mm立方体のサンプルを用いて140℃で肯定的結果が得られ、および25mm立方体サンプルを用いて140℃で否定的結果が得られ、かつ、当該物質または混合物が3m3より大きい容積パッケージとして包装される、または (b) 100mm立方体のサンプルを用いて140℃で肯定的結果が得られ、および25mm立方体サンプルを用いて140℃で否定的結果が得られ、100mm立方体のサンプルを用いて120℃で肯定的結果が得られ、かつ、当該物質または混合物が450 リットルより大きい容積のパッケージとして包装される、または (c) 100mm立方体のサンプルを用いて140℃で肯定的結果が得られ、および25mm立方体サンプルを用いて140℃で否定的結果が得られ、かつ100mm立方体のサンプルを用いて100℃で肯定的結果が得られる。

表−47　自己発熱性化学品のラベル要素

	区分1	区分２
シンボル	炎	炎
注意喚起語	危険	警告
危険有害性情報	自己発熱；火災の可能性	大量で自己発熱；火災の可能性

コ）水反応可燃性化学品

水反応可燃性化学品は、水と接触して可燃性／引火性ガスを発生する物質または混合物であり、水との相互作用により、自然発火性となるか、または可燃性／引火性ガスを危険となる量発生する固体または液体の物質あるいは混合物である。

表−48　水反応可燃性化学品の判定基準

区分	判定基準
1	大気温度で水と激しく反応し、自然発火性のガスを生じる傾向が全般的に認められる物質または混合物、または大気温度で水と激しく反応し、その際の可燃性／引火性ガスの発生速度は、どの1分間をとっても物質1kg につき10 リットル以上であるような化学品
2	大気温度で水と急速に反応し、可燃性／引火性ガスの最大発生速度が1時間当たり物質1kgにつき20リットル以上であり、かつ区分1に適合しない化学品
3	大気温度では水と穏やかに反応し、可燃性／引火性ガスの最大発生速度が1時間当たり物質1kgにつき1リットル以上であり、かつ区分1や区分2に適合しない化学品

表−49　水反応可燃性化学品のラベル要素

	区分1	区分2	区分3
シンボル	炎	炎	炎
注意喚起語	危険	危険	警告
危険有害性情報	水に触れると自然発火するおそれのある可燃性／引火性ガスを発生	水に触れると可燃性／引火性ガスを発生	水に触れると可燃性／引火性ガスを発生

サ）酸化性液体

酸化性液体とは、それ自体は必ずしも可燃性を有しないが、一般的には酸素の発生により、他の物質を燃焼させまたは助長する恐れのある液体をいう。

表−50　酸化性液体の判定基準

区分	判定基準
1	化学品をセルロースとの重量比1：1の混合物として試験した場合に自然発火する、または物質とセルロースの重量比1：1の混合物の平均昇圧時間が、50%過塩素酸とセルロースの重量比1：1の混合物より短い物質または混合物
2	化学品をセルロースとの重量比1：1の混合物として試験した場合の平均昇圧時間が、塩素酸ナトリウム40%水溶液とセルロースの重量比1：1の混合物の平均昇圧時間以下である、および区分1の判定基準が適合しない物質または混合物
3	化学品をセルロースとの重量比1：1の混合物として試験した場合の平均昇圧時間が、硝酸65%水溶液とセルロースの重量比1：1の混合物の平均昇圧時間以下である、および区分1および2の判断判定が適合しない物質または混合物

表－51　酸化性液体のラベル要素

	区分1	区分2	区分3
シンボル	円上の炎	円上の炎	円上の炎
注意喚起語	危険	危険	警告
危険有害性情報	火災または爆発のおそれ；強酸化性物質	火災助長のおそれ；酸化性物質	火災助長のおそれ；酸化性物質

シ）酸化性固体

酸化性固体とは、それ自体は必ずしも可燃性を有しないが、一般的には酸素の発生により、他の物質を燃焼させまたはそれを助長する恐れのある固体をいう。

表－52　酸化性固体の判定基準

区分	判定基準
1	サンプルとセルロースの重量比4：1または1：1の混合物として試験した場合、その平均燃焼時間が臭素酸カリウムとセルロースの重量比3：2の混合物の平均燃焼時間より短い化学品。
2	サンプルとセルロースの重量比4：1または1：1の混合物として試験した場合、その平均燃焼時間が臭素酸カリウムとセルロースの重量比2：3の混合物の平均燃焼時間以下であり、かつ区分1の判断基準が適合しない化学品。
3	サンプルとセルロースの重量比4：1または1：1の混合物として試験した場合、その平均燃焼時間が臭素酸カリウムとセルロースの重量比3：7の混合物の平均燃焼時間以下であり、かつ区分1および2の判断基準に適合しない化学品。

一部の酸化性固体は、ある条件下で爆発危険性を持つことがある（大量に貯蔵しているような場合）。例えば、一部の硝酸アンモニウムは厳しい条件下では爆発する可能性がある。

表－53　酸化性固体のラベル要素

	区分1	区分2	区分3
シンボル	円上の炎	円上の炎	円上の炎
注意喚起語	危険	危険	警告
危険有害性情報	火災または爆発のおそれ；強酸化性	火災促進のおそれ；酸化性	火災促進のおそれ；酸化性

ス）有機過酸化物

有機過酸化物とは、２価の -O-O- 構造を有し、１あるいは２個の水素原子が有機ラジカルによって置換されるので、過酸化水素の誘導体と考えられる。この用語はまた、有機過酸化物組成物（混合物）も含む。有機過酸化物は熱的に不安定な物質または混合物であり、自己発熱分解を起こす恐れがある。

表－54　有機過酸化物のラベル要素

	タイプA	タイプB	タイプC＆D	タイプE＆F	タイプG
シンボル	爆弾の爆破	爆弾の 爆破と炎	炎	炎	
注意喚起語	危険	危険	危険	警告	
危険有害性情報	熱すると 爆発のおそれ	熱すると 火災や爆発の おそれ	熱すると 火災のおそれ	熱すると 火災のおそれ	ラベル表示 要素の 指定はない

セ）金属腐食性物質

金属に対して腐食性である物質または混合物とは、化学反応によって金属を著しく損傷し、または破壊する物質または混合物をいう。

表－55　金属腐食性物質の判定基準

区分	判定基準
1	55℃の試験温度で、鋼片またはアルミニウム片の両方で試験されたとき、侵食度がいずれかの金属において年間6.25mmを超える。

表－56　金属腐食性物質のラベル要素

	区分1
シンボル	腐食性
注意喚起後	警告
危険有害性情報	金属腐食のおそれ

【化学物質は危険か】：2017年4月9日付の日本経済新聞「毒と薬」の記事

世界初の抗がん剤「ナイトロジェンマスタード」の基となったのは毒ガスで有名な「イペリット」の名で知られるマスタードガスであった。第2次世界大戦中に攻撃を受けた米国の貨物船からこの毒ガスが流出した事件が抗がん剤誕生のきっかけとなった。事件の被害者に白血球が減るなどの症状が見つかったことから、毒ガスの成分を改良して抗がん剤として使われるようになったという。こういった例は非常に多く、毒は薬にもなり、薬は毒にもなるということを知っておいた方がよい。

B．人の健康と環境への有害性

現在、わが国で約30,000の化学物質が使われている。そのうち約20,000物質は1973年に化審法が制定される以前から使われていた既存化学物質で、残る約10,000物質はその後に新しく合成された既存化学物質である。随分多くの化学物質が人々の廻りで使用されている。食塩を例に取れば、食塩は人の健康の恒常性を保つ上で必須な成分であるが、過剰な摂取は健康上良くないので厚労省は1日摂取目標量を公表したり、減塩食品が雑誌等でもてはやされたりしている。

ここで注意しなければならないのは、上記約30,000物質のうち、慢性毒性など主要なデータが収得されているのは約700物質であるという点である。1,2－ジクロロプロパンによる胆管がんの発症、1,2,5,6,9.10－ヘキサブロモシクロドデカン（HBCD）による難分解性かつ生物蓄積性に加えた長期毒性等が前もって見通せない遠因が、このあたりにあるのだろう。

①化学物質による有害性の発現

樹脂の溶媒等に使用されているN, N-ジメチルアセトアミドでも、許容濃度以下の作業環境でのばく露により肝障害が発生したとの事例が数例報告されている。このように高濃度ではなく低濃度でも反復ばく露が重なると肝臓は悲鳴をあげる。

肝臓は生体にとって不可欠な幾つかの機能を持っており、その一つは、摂取した栄養素を代謝や合成により、生体維持に必要な化学物質に変換する機能である。もう一つは、アルコール等の有害物質を解毒し体外に排出しやすくする機能で、アルコールの大部分はこの肝臓でアルコール脱水酵素（ADH）の働きによりアセトアルデヒドに分解されている。このアセトアルデヒドが悪酔いや二日酔いの原因物質となるので、ある意味で有害性の原因と言える。化学物質にはこのように隠された有害性があるので、労働安全衛生上地道な研究が今後も求められる。

経口摂取、経皮吸収それに吸入により体内に取り込まれた化学物質は、いくつかの経路を経て体外に排出されるが、その一部は、肝臓の代謝酵素の働きにより代謝過程を経て尿中へ排泄されやすいものに変換される。この代謝は化学物質の毒性発現に関して次の二つの重要な意味を持っている。

ア）摂取された化学物質が、代謝の過程で活性代謝物や活性酸素種を生成することにより、人体に対して毒性が発現するかどうか

イ）摂取された化学物質が体内から排泄されるのに要する時間が長いか短いか

つまり、化学物質による毒性を考える場合、吸収された化学物質がどのような形に変換され人体の組織や臓器に障害を与えるのか、それがどのぐらいの間体内に滞留するのか、それらに対して人間の体はどのように反応するか、ということをきちんと把握することが重要である。これらが解明されると、特定の化学物質が特定の障害の原因となることを明確に示す証拠にもなり、生体への影響の程度を知るための指標やばく露の程度を知るための指標の選択に一役買うことになる[81)]。

次に海外で問題になったPM2.5（粒径2.5 μ m以下の微小粒子状物質）が人体に対してどのような悪影響を及ぼすのか、どの程度の毒性を示すのか等について考えて見る。

PM2.5はサイズがとても小さいため、呼気として吸い込むと肺の中まで入り込み、さらに小さい粒子は肺の中の呼吸域（酸素を血液に渡している肺胞）に沈着してしまう。PM2.5は様々な物質をその粒子の中に含んでいるので、それが有害物質であればPM2.5のばく露によって有害物質が体内に取り込まれ、毒性が発現する可能性は十分にある。例えば、多環芳香族炭化水素のベンゾ［a］ピレンが含まれていると、この物質は発がん性や変異原性を有しているので、人間にばく露すると毒性が発現する可能性がある。

さらに、PM2.5からは酸化ストレスを引き起こす物質も検出されている。アレルギーや循環器系疾患は酸化ストレスと関連する疾患ゆえ、PM2.5からそれらの疾患が発症する可能性も示唆されている。このように、人間が作った化学物質等に起因する発がん性とPM2.5の関係が懸念されている[82)]。

②人の健康に対する有害性[83)]

ア）急性毒性

急性毒性は、物質の経口または経皮からの単回投与、あるいは24時間以内に与えられる複数回投与ないしは4時間の吸入ばく露によっておこる有害な影響である。ただし、単回ばく露で起こる非致死性の臓器への影響は、急性毒性ではなく特定標的臓器毒性（単回ばく露）として取り扱う。

分類基準は下表のように定められている。

表−57　急性毒性区分およびそれぞれの区分を定義する急性毒性推定値（ATE）[83)]

ばく露経路	区分1	区分2	区分3	区分4
経口（mg/kg体重）	ATE≦5	5＜ATE≦50	50＜ATE≦300	300＜ATE≦2000
経皮（mg/kg体重）	ATE≦50	50＜ATE≦200	200＜ATE≦1000	1000＜ATE≦2000
気体（ppmV）	ATE≦100	100＜ATE≦500	500＜ATE≦2500	2500＜ATE≦20000
蒸気[a)]（mg/L）	ATE≦0.5	0.5＜ATE≦2.0	2.0＜ATE≦10	10＜ATE≦20
粉じん[b)]及びミスト[c)]（mg/L）	ATE≦0.05	0.05＜ATE≦0.5	0.5＜ATE≦1.0	1.0＜ATE≦5

※表中の注記の説明
a）蒸気：液体または個体の状態の化学品から放出されたガス状の化学品
b）粉じん：気体（通常は空気）の中に浮遊する化学品の個体の粒子
c）ミスト：気体（通常は空気）の中に浮遊する化学品の液滴

イ）皮膚腐食性および皮膚刺激性

皮膚腐食性とは、皮膚に対する不可逆的な損傷を生じさせることである。すなわち、試験物質の4時間以内の投与で、表皮を貫通して真皮に至る壊死が明らかに認められる場合である。腐食反応は潰瘍、出血、出血性痂皮により、また14日間の観察での皮膚脱色による変色、付着全域の脱毛、および瘢痕によって特徴づけられる。疑いのある病変部の評価には組織病理学的検査を検討すべきである。皮膚刺激性とは、試験物質の4時間以内の適用で、皮膚に対する可逆的な損傷を生じさせることである。

ウ）眼に対する重篤な損傷性または眼刺激性

眼に対する重篤な損傷性は、眼の表面に試験物質を付着させることによる、眼の組織損傷の生成、あるいは重篤な視力低下で、付着後21日以内に完全には治癒しないものをいう。眼刺激性は、眼の表面に試験物質を付着させることによる眼の変化の生成で、付着後21日以内に完全に治癒するものをいう。

エ）呼吸器感作性／皮膚感作性

呼吸器感作性とは、物質の吸入の後で気道過敏症を引き起こす性質である。

皮膚感作性とは、化学物質との皮膚接触の後でアレルギー反応を引き起こす性質である。

これらの感作性は二つの段階を含んでいる。最初の段階は、アレルゲンへのばく露による個人の特異的な免疫学的記憶の誘導である。次の段階は惹起、すなわち、感作された個人がアレルゲンにばく露することにより起こる細胞性あるいは抗体性のアレルギー反応である。

呼吸器感作性で、誘導から惹起段階へと続くパターンは一般に皮膚感作性でも同じである。皮膚感作性では、免疫システムが反応を学ぶ誘導段階を必要とする。続いて起こるばく露が視認できるような皮膚反応を惹起するのに十分であれば臨床症状となって現れる（惹起段階）。従って、予見的試験は、まず誘導期があり、さらにそれへの反応が通常はパッチテストを含んだ標準化された惹起期によって測定されるパターンに従う。誘導反応を直接的に測定する局所のリンパ節試験は例外的である。人での皮膚感作性の証拠は普通診断学的パッチテストで評価される。

オ）生殖細胞変異原生

この有害性は主として、次世代に受継がれる可能性のある突然変異を誘発する化学物質の人に対する毒性である。in vitroでの変異原性／遺伝毒性試験、およびin vivoでの哺乳類を用いた試験で検査される。

突然変異は、細胞内遺伝物質の量または構造の恒久的変化として定義され、表現型レベルで発現されるような経世代的な遺伝的変化と、その根拠となっているDNAの変化（例えば、特異的塩基対の変化および染色体転座等）の両方がある。変異原性は、細胞または生物の集団における突然変異の発生を増加させる物質の性質である。

遺伝毒性とは、DNAの構造や含まれる遺伝情報、またはDNAの分離を変化させる物質の作用を言い、これには正常な複製過程の妨害によりDNAに損傷を与えるものや、非生理的な状況において（一時的に）DNA 複製を変化させるものもある。遺伝毒性試験結果は、一般的に変異原性作用の指標として採用される。

カ）発がん性

発がん性物質は、がんを誘発するか、またはその発生率を増加させる物質あるいは混合物を言う。動物を用いて適切に実施された試験で悪性腫瘍を誘発した物質は、腫瘍形成のメカニズムが人には関係しないとする強力な証拠がない限り、人に対する発がん性物質と推定される。

但し、物質または混合物について発がん性を有するかどうかの分類は、物質固有の特性に基づいてなされるものであるが、このように分類されたからといって、当該物質が人にがんを起こすリスクの程度についての情報まで提供するものではない。

キ）生殖毒性

生殖毒性には、雌雄の成体の生殖機能および受精能力に対する悪影響に加えて、子への発生毒性も含まれ、以下の二つの主項目に分けられている。

(a) 性機能および生殖能に対する悪影響

化学品による性機能および生殖能を阻害するあらゆる影響は、雌雄生殖器官の変化、生殖可能年齢の開始時期、配偶子の生成および移動、生殖周期の正常性、性的行動、受精能／受胎能、分娩、妊娠の予後に対する悪影響、生殖機能の早期老化、または正常な生殖系に依存する他の機能における変化等が含まれる。

(b) 子の発生に対する悪影響

発生毒性は広く、胎盤、胎児あるいは生後の子の正常な発生を妨害するあらゆる作用が含まれる。それは受胎の前のいずれかの親のばく露、胎児期における発生中の胎児のばく露、あるいは出生後の性的成熟期までのばく露によるものがあるが、発生毒性は、本来的には妊娠中または親のばく露によって誘発される悪影響をいう。

ある種の生殖毒性の影響は、性機能および生殖能の損傷によるものであるか、または発生毒性によるものであるかを明確に評価することはできない。それにもかかわらず、これらの影響を持つ化学品は、一般的な危険有害性情報には生殖毒性物質として分類される。

ク）特定標的臓器毒性（単回／反復ばく露）

特定標的臓器毒性は、人に関連するいずれの経路、すなわち、経口、経皮または吸入によっても起こりうる。

特定標的臓器毒性（単回ばく露）は、単回ばく露によって起こる一つまたは複数の臓器（肝臓、腎臓等の臓器あるいは神経系、免疫系、循環器系等）で生じる有害影響あるいは特定臓器に限定されない全身的な有害影響を対象とするもので、ばく露後比較的短期間内に生じるもののみでなく遅発性の有害影響も含むものである。

単回ばく露は、可逆的と不可逆的、または急性と遅発性の機能を損なう可能性があるすべての重大な健康へ影響を及ぼすものである。そして、化学物質が特定標的臓器毒性物質であるかどうか、およびそれにばく露した人に対して健康に有害な影響を及ぼすものであるかどうかを特定することになる。

特定標的臓器毒性（反復ばく露）は、反復ばく露によって生じる特異的な非致死性の特定標的臓器毒性であり、可逆的若しくは不可逆的、または急性若しくは遅発性の機能を損なう可能性があるすべての重大な健康への影響を含むものである。

ケ）吸引性呼吸器有毒性

人の吸引性呼吸器有害性は誤嚥によって起こる。これは、液体または固体の化学品が口または鼻腔から直接、または嘔吐によって間接的に、気管および下気道へ侵入することをいい、誤嚥後に化学肺炎、種々の程度の肺損傷を引き起こしたり、死に至る重篤な急性の作用を引き起こすことがある。

なお、動物における吸引性呼吸器有害性を決定するための方法論は活用されているが、標準化されたものはない。動物実験で陽性であるという証拠は、人に対して、吸引性呼吸器有害性に分類される毒性があるかもしれないという指針として役立つ程度である。

③環境に対する有害性

ア）水生環境有害性

この分類には、水生環境有害性（急性）と水生環境有害性（長期間）がある。前者は、物質への短期的な水中ばく露において、生物に対し有害な影響を及ぼす物質本来の特性であり、魚類、甲殻類および藻類等への急性毒性で、環境中で水生生物へ有害な影響を及ぼす性質が強いことを言う。

後者は、水生環境における化学品への長期間のばく露を受けた後に引き起こされる化学品の慢性有害性を意味する。

GHSでは、水生生物に対する固有の主要な有害性は、化学物質による急性および慢性両方の毒性によって代表されると認識されている。急性有害性と長期間有害性はそれぞれ区別することが可能であるため、この双方の性質については有害性レベルの種類によって区分が定められている。適切な有害性区分を決定するには、通常、異なる栄養段階（魚類、甲殻類、藻類）について入手された毒性値のうちの最低値が用いられる。急性毒性データは最も容易に入手でき、試験も標準化されている。

イ）オゾン層への有害性

フロン類の一種であるCFC（クロロフルオロカーボン）は、1930年頃に人工的に発明・製造された物質で、化学的に安定で、毒性が小さい等の利点から、冷蔵庫やエアコンの冷媒、建材用断熱材の発泡、スプレー噴射剤および半導体の洗浄剤等に幅広く使われてきた。

しかし、地上で使われたCFCが大気中を上昇して成層圏に達すると、強烈な紫外線により分解されて塩素ラジカルが生じる。塩素ラジカルはいずれ大気に吸収されるが、大気が塩素ラジカルを吸収する能力には限りがあるため、残った塩素ラジカルがオゾンを破壊してしまい、有害な紫外線の吸収できなくなる。オゾン層がCFCによって破壊されるメカニズムの発見によって、有害な紫外線の増加によって人や生態系に影響が生ずる可能性が指摘された。

「オゾン層を破壊する物質に関するモントリオール議定書」(1987年9月16日）は、ウィーン条約の下で、オゾン層を破壊するおそれのある物質（特定物質の規制等によるオゾン層の保護に関する法律に示されている、グループA－1、A－2、B－1、B－2、B－3、C－1、C－2、C－3及びE－1の各グループの合計96化合物）を特定し、当該物質の製造、消費および貿易を規制して、人の健康および環境を保護するものである。これに引き続いて、2009年の国連GHS 文書改訂第3版で、オゾン層破壊物質を対象とする新たな環境有害性クラスが新設された。対象となる物質は、クロロフルオロカーボン（CFC)、ハロン、四塩化炭素、1,1,1－トリクロロエタン、ハイドロクロロフルオロカーボン（HCFC)、ハイドロブロモフルオロカーボン、臭化メチル、ブロモクロロメタンの8物質である[84)]。

3 物理化学的危険性やハザードを分類判定するために利用可能な情報源

GHSには16項目（17項目：「政府向けGHS分類ガイダンス」令和元年度改訂版（Ver.2.0））の物理化学的危険性の分類項目があり、対象化学物質を譲渡するときには危険性に関する必要事項並びに各種ハザード情報をSDSに記載する必要がある。その際、入手可能なデータ（既存情報）を用いて分類して良く、分類のために新たな試験は要求されないので、日本のみでなく世界の利用可能な化学物質に関する情報源を知っておくことは大変重要なことである。以下に各国の代表的な資料を紹介する。

(1) 物性データ集

ガスおよび低沸点液体のGHS 分類において、物理的性質の情報は重要である。本節では、まず20世紀を通じて化学研究者・技術者の基本的な文献としての地位を保ち続けた著書を（1～4）として、また特に化学工学技術者に役立ってきた物性データ集について（5、6）として紹介する。そして、最近の有機化学物質に関する物性資料（オンラインデータベースを含む）を（7～13）として紹介する。

なお、固体と高沸点液体については、物理的性質がハザードに与える影響は小さいので次節で述べるハザードデータ集に収載されている物性情報で十分な場合が多い。

1）Gmelins Handbuch der Anorganischen Chemie およびGmelin Handbook of Inorganic and Organometallic Chemistry 8th Ed（データ数：107万件）

ドイツの化学者Leopold Gmelin が1817年に大学の講義のためにテキストとして著作したHandbuch der theoretischen Chemie が本文書の基になっている。ドイツ化学会が1921年に編集業務を譲り受け、本文書を基に無機化合物および有機金属化合物に関する体系的資料を作成することになった。

1924年にシステム番号32「亜鉛」から第8版の刊行が開始され、20世紀末までに300巻位の大著になり、1980年頃から英語での発行に変わった。最近は電子データ化され、ＣＤで入手できるようになっている。

２）Beilsteins Handbuch der Organischen Chemie および Beilstein Handbook of Organic Chemistry 4th ed.（データ数：705万件）

ペテルスブルグの帝国工学研究所教授 F.K.Beilstein によって1881～２年に２巻本の有機化学ハンドブックとして発行されたのを嚆矢とする。第３版までは Beilstein が手がけたが、1896年に以後の編集をドイツ化学会に委譲した。

1918年に P. Jacobson と B. Prager によって第４版の刊行が開始された。その後編集を受け継ぎながら、第４版の追補版として20世紀を通じて発行が続けられた。

1980年頃に刊行された第５増補版から英文に変わった。20世紀末に電子データ化され、ＣＤで提供されるようになった。

３）The Merck Index 13th Ed（データ数：10,250件）

メルク社によって1889年に創刊された試薬および医薬物質の解説書で、新たな物質が世に出てくるにつれ、増補版が発行されている。

４）Chemical Abstracts

1907年に The American Chemical Society が編集し、The Chemical Publishing 社（後に Chemical Abstracts Service 社）から刊行されるようになった抄録誌である。世界の化学学術文献および特許を網羅するもので、物質情報だけでなく、理論化学、化学技術のすべてをカバーしている。1967年から物質索引に CAS 番号を付けるようになった。現在も書籍形態での発行が続いているが、オンラインでの利用が主流になりつつある。

５）International Critical Tables of Numerical Data, Physics,

Chemistry and Technology

米国 National Research of Council が International Research Council および米国 National Academy of Sciences の後援で編集したデータ集である。1926 年から 1930 年にかけて全 7 巻が McGraw-Hill 社から刊行され、1933 年にその総索引が付けられるようになった。

6）物性定数

日本の化学工学協会が 1963 年から 1972 年にかけて、毎年 1 冊ずつ全 10 集を編集し、丸善から刊行された。第 4 集（1966 年）は第 1 ～ 3 集の総索引であるが、第 5 集以降には総索引が作成されていない。

7）Ullmanns Encyklopaedie der technischen Chemie および Ullmann's Encyclopedia : Industrial Organic Chemicals

1920 年代に発刊されたウルマンの工業化学百科事典第 4 版が、1972 年～ 1984 年に Verlag Chemie 社から刊行された。1 ～ 7 巻は総論で、8 ～ 24 巻は物質ごとの各論である。第 25 巻が索引になっている。有機の基礎原料物質と中間体を選んで編集した英語版（全 8 巻）が 1999 年から Wiley-VCH 社によって刊行された。

主要な反応、用途、毒性なども含み、1 物質グループで約 20 ページの記述があるが、物性表が非常によくまとまっている。

8）Handbook of Physical Properties of Organic Chemicals（データ数：約 13,000 件）

Syracuse Research Corporation の P.H.Howard と W.M.Meylan が編集した物理性データ集で、1997 年に Lewis 社から刊行された。約 13,000 有機化合物について、CAS 番号順に配列され、8 項目〔融点、沸点（減圧下での沸点を含む）、水溶解度、オクタノール／水分配係数、蒸気圧、解離定数、ヘンリー係数、ならびに大気中での水酸化ラジカル反応速度定数）のデータが収載されている。

9）Chapman and Hall Chemical Data base（データ数：1997 年現在 442,257 件）

初期には HEILBRON と呼ばれていた有機化合物の物理化学性デー

タベースである。

10) CRC Handbook of Chemistry and Physics

CRC 出版が化学物質の物理化学的性状に関するハンドブックとして出版し、84 版を数える。CAS 番号で検索ができる。

11) HODOC File (Handbook of Data on Organic Compounds) (データ数：2002 年現在 25,580 物質)

CRC 出版のハンドブックをデータベース化したもの。日本では科学技術振興事業団（現科学技術振興機構）が管理している。

12) Sax' s Dangerous Propaties of Industrial Materials

Wiley 出版が工業製品の危険物性データ集として出版し、11 版を数える。反応性、火災・爆発性に関する 2 万物質以上のデータが収載されている。CAS 番号で検索ができる。

13) Hazardous Substances Data Bank (HSDB)

米国厚生省の National Library of Medicine (NLM) が作成したデータベースであり、物理化学的性状データも含まれている。CD-Rom 版の他にインターネットからも検索できる。CAS 番号で検索ができる。

(2) 物理化学的危険性データ集

化学物質のハザードに焦点をあててまとめた文献が 20 世紀後半になって数多く現れてきた。これらはハザードデータ集というより、緊急時の処置やハザードが発現した場合の予防策を述べたものが多く、文章表現や危険度のランク付けの記載で占められている。特に物理化学危険性については、GHS の区分には使用しにくい。当面は判定済みの区分資料に頼ることになろう。ハザードデータ集は人の健康に対するハザードも含んでいるが、中でも物理化学的危険性の記述が多いと思われるものが選ばれている。GHS 区分よりも、SDS 作成の参考資料と思ってよい。

なお 2)、3) は現在の GHS には含まれていない 2 物質間の反応性に重点を置いており、参考のためここに掲載した。

1）ホンメル 危険物ハンドブック（データ数：1,205 物質）

ドイツ語版はギュンター・ホンメルが編集して1970年に Springer-Verlag 社から刊行され、その後改定を重ねた。1987年版を新居六郎先生が日本語に訳し、シュプリンガー・フェアラーク東京社から1991年に発行された。

2）Bretherick's Handbook of Reactive Chemical Hazards およびブレセリック危険物ハンドブック 第7版

1975年に英国の Butterwoth-Heinemann から発刊され、第5版が1995年に発行された。混触危険性に関する記述が詳しい。田村昌三先生の監訳で1998年に日本語訳（第5版）が丸善から発行された。第7版は2006年に発刊された。

3）化学薬品の混触危険ハンドブック（東京消防庁）

吉田忠雄・田村昌三両先生の監修で1980年に日刊工業新聞社から発刊された。第2版は1997年に発行され、520余りの物質について、それぞれ10物質前後の混触危険物質を表示し、個々に危険度をランク付けしたものである。

4）Hazardous Chemicals Data Book（G. Weiss）および Solvents Safety Handbook（D. J. De Renzo）

前者は1986年に第2版（1016物質を含む）が刊行されたが、この版から後者（335溶剤を含む）が分割された。米国の Noyes Data Corporation の発行である。

各物質1ページのフォーマットにまとめられているが、後者にはそのうち7項目について、温度と対比した表がもう1ページついている。米国の書籍であるため温度は華氏、その他の単位はヤード・ポンド法によっている。

5）危険物データブック（東京消防庁）

東京連合防火協会が編集し、東京消防庁警防研究会が監修して1988年に丸善から刊行された。1993年に290物質を含んだ改定第2版が発行された。

6）道路輸送危険物のデータシート（総合安全工学研究所）
財団法人総合安全工学研究所が道路3公団の支援を得て1991年に刊行した。後に増補版が出たあと、1996年に322物質を含んだ改定版にまとめられた。
7）化学物質安全性データブック（化学物質安全情報研究会）
上原陽一先生の監修で1994年にオーム社から発刊されたあと、1997年に改訂増補版（582物質を含む）が発行された。
8）International Chemical Safety Cards（国際化学物質安全性カード）
国際化学物質安全性計画（IPCS）が作成している。ILOは、引火点、発火点、および爆発限界などの物理化学的危険性を、WHOは人の健康を担当し、英語の他に、日本語、中国語、韓国語、ドイツ語、イタリア語、フランス語、ロシア語などの16言語に翻訳されている。現在の所、約1,400物質についてカードが作成されている。CAS番号で検索ができる。
国際化学物質安全性カードの日本語版は、http://www.nihs.go.jp/ICSC/にある。
9）Fire Protection Guide to Hazardous Materials
NFPA（National Fire Protection Association、米国防火協会）が編集した防火指針であり、引火点、発火点、及び爆発限界などの物理化学的危険性に関するデータを収載しており、13版を数える。CAS番号で検索ができる。

(3) 最新の化学物質安全性情報

1）eChemPortal（OECD）[85)]
OECDは、政府機関等により提供されている化学物質特性情報（有害性、GHS、ばく露・用途等）を一括で検索するため本ポータルサイトを開発している。このeChemPortalには2014年7月現在で29のデータソースが集合しており、物質の番号（CAS番号、MITI番号、

EC 番号、UN 番号等)、化学物質名称(日本語名称を含む)による一括検索が可能となっている。

物質の番号、化学物質名称による検索においては、提供されているデータソースの化学物質特性情報の種類(有害性、GHS、ばく露・用途)によるフィルタ機能も開発されており、より利用しやすく改良されている。また、eChemPortal の物質特性検索機能では、物理化学的性状、環境中の運命、生態影響、人健康影響の個別エンドポイントの条件、数値等による詳細な検索機能も提供されている。

eChemPortal では、検索結果の一覧から、該当するデータソースへのリンク情報を提供しており、利用者は、一括検索の後、条件に該当するデータを容易に確認することができるようになっている。

なお、NITE から J-CHECK(化審法既存点検結果等の情報)および GHS-J(GHS 分類情報)が eChemPortal に参加しており、eChemPortal の日本語名称検索、MITI 番号検索においては、J-CHECK のデータが利用されている。

2)CHRIP(NITE)

NITE-CHRIP(NITE Chemical Risk Information Platform)は,化学物質の総合的なリスク評価・管理に関する様々な情報を提供するオンラインデータベースである。いつでも誰でも無料で使用することができ,約 70 種の情報,約 25 万物質の情報(物質特性、GHS 分類、有害性評価、排出曝露、法規制、用途等)を収載,国内外の化学物質に関する法規制情報をワンストップで確認することができる。

化学物質の番号や名称、構造式から、目的の物質の総合情報(有害性情報や法規制情報等)を検索することができる。検索キーワードは以下のようなものである。

・CHRIP_ID
・物質名称
・CAS 番号
・化審法番号

・安衛法番号
・EC 番号
・国連番号

また、各法規制対象物質や各機関の評価物質等を、個別のリスト毎に一覧表示することができ、一覧から物質を特定することで、総合情報（有害性情報や法規制情報等）をみることができる。

具体的な操作については、CHRIP に附属している「NITE-CHRIP ユーザーマニュアル」に、詳しく記載されている。

3）BIGDr（JCIA）

一般社団法人日本化学工業協会が提供する化学物質リスク評価支援ポータルサイトで、国内の主な有害性情報 DB や法規制情報 DB についての横断検索、国内外の主要な有害性評価書等へのリンク、ばく露情報やリスクの調査、安全性要約書の作成などが可能である。有害性情報、法規制情報は物質名や CAS 番号により検索できる。

利用できる主な機能（2015 年 1 月 29 日現在）は以下の通りである。

ア）有害性情報 DB ポータル（一括横串検索・閲覧機能）

・収載データベース：経済産業省、厚生労働省、環境省、製品評価技術基盤機構、科学技術振興機構、国立環境研究所、国立医薬品食品衛生研究所等主要機関、および国際化学工業協会協議会が管理するデータベース等

イ）国内外法規制情報（一括横串検索・閲覧機能）

・収載法規制・リスト：化審法、化管法、安衛法、毒劇法、有害家庭用品規制法、大気汚染防止法、水質汚濁防止法、土壌汚染対策防止法、国連番号国連危険物分類、［米国］有害物質規制法、その他アジア諸国の規制等

ウ）安全性要約書

エ）リンク集

オ）国内外主要機関発信情報、報道発表情報の閲覧（過去３年分）

4）環境省　化学物質情報検索支援システム　ケミココ（chemi

COCO）

http://www.chemicoco.go.jp

国内の法律ごとに関連する化学物質リストを見ることができる。また、化学物質が我が国のどの法律で規制されているか、化学物質情報も見ることができる。

(4)メールマガジン(無料)

1）NITE ケミマガ（毎週水曜日発行、バックナンバーも見られる）

http://www.nite.go.jp/chem/mailmagazine/chemmail_01.html

官報情報、経産省、厚労省、環境省、農水省、文科省等からの発信情報

産業技術総合研究所、中小企業基盤整備機構、国立医薬品食品衛生研究所

政府の審議会等の議事録も読める。無料講習会の案内もある。

OECD、ECHA、EPA の動静もわかる。

2）みずほ情報総研（ケミマガ毎月第２及び第４水曜日）

https://www.mizuho-ir.co.jp/publication/mailmagazine/chemimaga/index.html

化学物質管理に関するサイトの新着、報道発表などがわかる。

3）経産省メルマガ 毎日１回（土・日・祝日、12 月 29 日～１月 3 日を除く）

meti-mailmagazine@meti.go.jp

経済産業省のホームページに新しく掲載された情報が配信される。

4）化学工業日報社メルマガ

https://www.chemicaldaily.co.jp/merumaga/index.html

新刊書物の案内、化学物質管理に関するセミナー案内等が配信される。

5）情報機構社『月刊 化学物質管理』メルマガ（毎月１回発行）

https://www.johokiko.co.jp/cgi-bin/chemmatemg.cgi

化学物質管理に関する情報が配信される。

4 毒性評価の潮流

以下にQSARの現状について述べる。この定量的構造活性相関について種々検討がなされているものの、未だ毒性予測について実用的に信頼できる正確性を持つに至ってはいない。

(1)構造活性相関(QSAR:Quantitative Structure-Activity Relationship)

QSARは、物性等のパラメータを用いて統計的に得られたモデル式により、データがない物質の物性、環境中での運命あるいは毒性を予測する方法として用いられる(図－68)。一般に統計学的手法等により構築されたモデル式を用いた予測(例:EcoSAR、TOPKAT)、ハンシュ－藤田式 logP = $\rho\sigma$、化合物の疎水性(logP)、ハメットの置換基定数、電気陰性度、オクタノール/水分配係数等と活性の関

【QSARとその応用範囲】
- 化学物質の構造(または物理化学的定数)と生物学的(薬学的か毒性学的分解性、蓄積性、毒性エンドポイント等)な活性との間に成り立つ量的関係
- これによる構造的に類似した化合物の薬効や毒性の予測
- 安全性試験にかかる莫大なコストと時間の節約(日本では、数万の化合物が流通し、その1割しか評価されていない)
- NEDO/経産省委託事業「構造活性相関手法による有害性評価手法開発」(平成19年～平成23年)⇒HESS*の開発(OECDと連携)
  *HESS:Hazard Evaluation Support System
- 新規化学物質の生物蓄積性の類推に基づく判定(QSARの予測結果を証拠として、類推を根拠とした蓄積性の判定の適用範囲)が、2013年9月27日に厚労省、経産省、環境省のWebサイトから公表

係式から、化学物質の毒性等が予測されている。

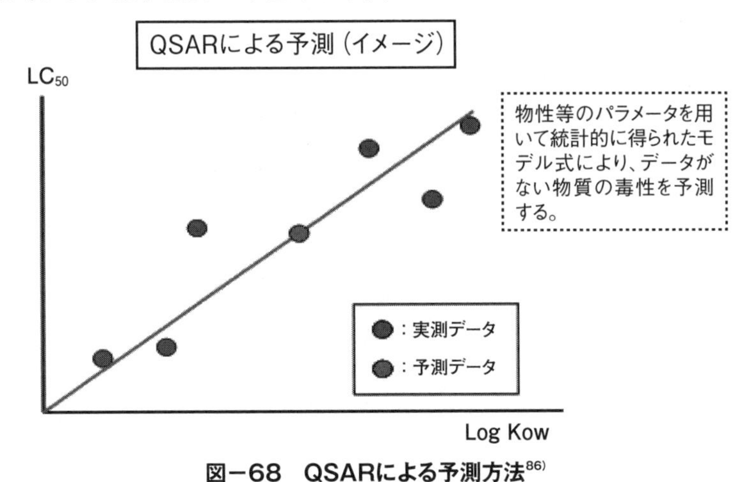

図－68　QSARによる予測方法[86)]

(2) QSARのin silico評価／カテゴリーアプローチ[87)]

市場に流通する膨大な化学品の有害性情報を収集してリスク評価することはほとんど無理に近く、コンピュータによるシミュレーション技術および既存の情報並びに暗黙知を活用するコンピュータによる毒性予測や計算化学を含む広範囲な評価手法が、より効率的に早期のリスク管理に繋げるための手法として利用されている。

この手法として注目されているのが、QSAR（定量的構造活性相関）やカテゴリーアプローチ等のin silico評価（コンピュータによるシミュレーション技術および既存の情報並びに暗黙知を活用するコンピュータによる毒性予測や計算化学を含む広範囲な評価手法）である。

カテゴリーアプローチは、化学物質の構造的な類似性から、性質（物性、環境中の運命あるいは毒性）が類似あるいは規則的な変化パターンを示すと予想される化学物質をグループ化してケミカルカテゴリーを形成した後（OECD, 2007）、同じカテゴリー内の化学物質の一部について既に得られている試験結果を用いて、類似物質の選定の方法などエキスパートジャッジに基づいて、他の化学物質における性質を

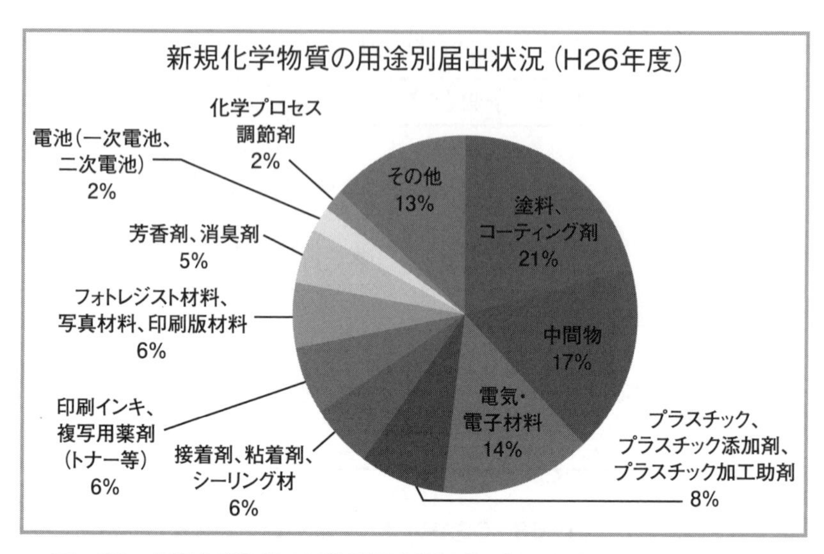

図－69　新規化学物質の用途別届出状況（平成26年度：METI資料から）

予測する方法である。このカテゴリーアプローチは、QSARが適用できないエンドポイントや物質群に対して有効な方法となる[87]。

化学物質の有害性評価において構造活性相関とカテゴリーアプローチは、実験用生物を用いずに、多種の物質を安価で短期間のうちに評価できるという利点を持つ代替試験法の一種と見なされており、各国の化学物質管理の様々な場面において活用されている。

欧州の化学品規制であるREACH規則、米国におけるTSCA等の制度では、QSARやカテゴリーアプローチによる方法で得られたデータを登録や申請に使用することができる。

☆合計624件で、塗料、コーティング剤関係、中間物に新規化合物を使う例が多いのが、特徴である。

(3) 将来の評価法

昨今、REACHの附属書が改定され、皮膚腐食性／刺激性、重篤な眼の損傷／眼刺激性、急性皮膚毒性および皮膚感作性について、REACHの要件が変更された。EUでは政策的に動物愛護の観点から、動物実験の代替と削減が求められ、ECHA への登録者は代替試験法を使用しなければならなくなった。

このため、欧州では、SEURAT プロジェクト、米国では ToxCast ／ Tox21 プロジェクトといった細胞試験の開発が始まり、欧米は OECD のテスト法をガイドラインとして採用し、データの相互受け入れを取り入れる等、細胞試験の標準化を戦略として採用しようとしているように見受けられる。

我が国はといえば、上記細胞試験が標準化されてしまうと、その試験法を行わざるを得なくなる。欧米が知財を戦略に組み入れた試験法をとれば、日本は欧米企業が特許を持つ試験機器を高額で導入せざるを得なくなる。考えどころは、安価な費用で安全性試験が実施できる海外の研究所に開発拠点を移すか、細胞試験の標準化に日本の試験法を組み込んでもらうかであろう。

練習問題

1 危険有害性がある化学品の容器や梱包した箱に貼るGHSのラベルは、化学品の危険有害性に関する情報がまとめて記載されている書面、印刷またはグラフィックである。
以下の問いに答えよ。
（1）ラベルに記載する要素項目を挙げ、記載方法を解説せよ。
（2）メタノールの注意喚起語、絵表示、危険有害性情報を記せ。

2 新規化学物質の安全性評価に要する費用は高額になる。そのため、安全性のデータがない化学物質の物理化学定数と生物学的活性（毒性等）の相関関係を予測する方法として構造活性相関（QSAR）とカテゴリーアプローチが提案されている。
以下の問いに答えよ。
（1）構造活性相関（QSAR）の考え方、応用範囲並びにQSARで求められた安全性評価の妥当性について述べよ。
（2）カテゴリーアプローチの考え方、応用範囲並びにカテゴリーアプローチで求められた安全性評価の妥当性について述べよ。

[参考文献]

79）佐藤健太郎「有機化学美術館へようこそ～分子の世界の造形とドラマ～」　技術評論社　2007年5月19日
80）安井　至『安心・安全社会と“化学”の役割』　化工日主催「安心・安全と化学の関係」「化学の日／化学週間」記念ケミカルフォーラム2017　2017年10月25日
81）http://www.jniosh.go.jp/publication/mail_mag/2012/47-column.html
82）藤原泰之「化学物質の毒性発現機構と生体防御機構～PM2.5を中心に～」日本医薬品卸勤務薬剤師会平成27年度「研修会」上　Vol39　No.6　2015　pp314－321　平成27年5月15日　於大手町サンケイプラザ
83）経産省　政府向けGHS分類ガイダンス（平成25年度改訂版（Ver.1.1））
84）藤本康弘、宮川宗之「GHSの動向～改定第3版におけるおもな修正点～」安全工学　Vol48　No.6（2009）pp358－367
85）https://officeks.net/chemical-information/post-1824/
86）https://www.cerij.or.jp/service/10_risk_evaluation/QSAR.html
87）化審法スクリーニング評価・リスク評価におけるQSAR等活用に係る調査等
～ソフトウェア評価と活用可能性～（経産省委託　平成24年3月みずほ情報総研）報告書

Chapter

VI

化学物質が原因の事故と安全対策

1 はじめに

化学物質はそれ自体、自己反応性、可燃性、禁水性、酸化性、反応危険性、混合危険性、爆発性といった固有の物理化学的危険性があり、また製品の製造段階では加熱、加圧、混合、および粉砕等の危険を伴う操作がある。

そこに操作条件上の人為的ミスや設備不良、機器の故障等が加わると化学物質本来の取扱い過程では起こり得なかったリスクが顔を出す。

異常も早期に発見できれば、防護策を講じられるが、何らかの原因で見逃されてしまうと火災、爆発といった事故や環境破壊のような公害につながることは、人々の苦い経験となっている。国内、海外で起こった化学物質が基になった多くの事故事例を見ると、ちょっとした不注意、不作為の連鎖が事故や事件の原因になっている。

化学物質の人へのばく露に対する安全な対処法は保護具や局所排気等の利用になるが、化学物質が原因となる事故の場合は様相が異なる。世界中で化学物質は至る所で製造され、取り扱われ、使用されている。種類は多く、どこにどんな化学物質が存在するかは一般市民には分からない。貨物列車等の移動体による移送中に事故が起こった場合には被害が拡散され甚大になることが予想される。まずは、以下に示す国内外の事故事例を見てみよう。

このような事例や世界各国で起きた公害や事故の原因になった化学物質をどう安全かつ有用に生産し使用するかに英知を注ぐため、既述の通り、世界各国が動きだし、国際社会は「ハザード管理からリスク管理」、「川上の化学産業から川中・川下企業までのサプライチェーン全体での化学物質管理」、「化学物質の安全な製造・使用」へと移行する“パラダイムシフト”が起こった。これまでの機能・利益重視のビジネスモデルから、安全性情報が製品の付加価値となり、透明性のあるリスク情報の提供が企業の信頼性に直結することにシフトしたのである。

表−58　国内外の事故事例[88)]

原因物質	発生年	発生場所	概要
過酸化ベンゾイル	1990年5月	日本・東京都	化学工場で過酸化ベンゾイルの小分け作業中に爆発が起こり、8名が死亡、18名が負傷。
クロルピクリン	1993年4月	日本・愛知県（高速道路）	東名高速道路でクロルピクリン積載車両が交通事故で出火、クロルピクリンが漏洩。1名が死亡。
ヒドロキシルアミン	2000年6月	日本・群馬県	ヒドロキシルアミンをタンク内で再蒸留中に爆発が起こり、4名死亡、近隣住民など約60名が負傷。
硝酸アンモニウム	2001年9月	フランス・トゥルーズ	化学肥料工場で大爆発が起こり、周辺住民を含む31人が死亡、約2,500人が負傷。
ベンゼン、ニトロベンゼン等	2005年11月	中国・吉林省松花江	石油化学工場で爆発事故が起こり爆発で5人死亡。主にベンゼンを含む多量の汚染物が松花江に流出。事故の影響がロシアにも及んだ。

【日本の化学産業の現状】

日本の化学産業の出荷額　約44兆円（2017年）であり、世界でみるとその出荷額は、1位中国、2位アメリカ、3位日本となっている。

従業員数は92万人、設備投資額1.9兆円（2018年）、研究費2.7兆円（2017年）という規模であり、化学産業は日本の基幹産業であることをまず頭に入れておこう。

化学産業における安全の強化のため、リスクの存在を認識し、それを許容レベル以下に低減するため、リスクアセスメントを推進することが、今求められている。

「日化協パンフレット（アニュアルレポート2019年から）」

2 化学物質による事故と事件

WSSD の 2020 年目標を達成するためには、化学物質による人や環境への悪影響を最小にするだけではなく、化学物質を安全に製造することが求められている。さらに国連の 2030 年目標の SDGs でも、同様に化学物質を使う責任だけでなく作る責任も求められている。化学物質管理士は、この“作る責任”について重責を担うことになるので、本節では化学物質が原因となった事故について既述の内容と重複する部分もあるが、事故防止の原因を探し出すことに重点を置いて詳述することにする。

図－70　これからの社会の目標～SDGsとESD～

(1) インドボパール事故（被災者:35万人（推定））

インドのボパールで想像を絶する事故が起こった。1984 年 12 月 2 日の夜中、殺虫剤の製造原料として工場内に貯蔵されていたイソシアン酸メチル（MIC）が、タンクから噴出した。MIC を中間体とする製造プロセスは長期間停止中であった。MIC 貯蔵タンクと配管で接続された設備の洗浄を行ったとき、MIC タンクと設備間の弁が腐食していたため、タンク内に洗浄水と鉄錆が入りこんだ。鉄錆が触媒となり、MIC の加水分解が急激に進行して二酸化炭素が発生し、同時にタンク内部の温度が上昇したため、MIC の蒸気圧により内圧が上昇し､気化した MIC が噴出した。噴出した MIC は毒性が極めて高く、工場周辺の住民など 4,000 人近くが死亡し、多くの人々が後遺症で苦しんでいる。

この事故は以下の不注意や不作為が複合的に絡み合って起こったものと解析されている。

☆人的要因

・水を使用して配管を洗浄したときに、禁水性の MIC タンクと作業部分との間に水の流入防止用仕切り板を挿入せずに作業した。

・水の混入によるタンク内圧の上昇を検知した作業員が、交代勤務者に告知しなかった。

・タンクの周囲にいた作業者が、催涙により漏洩を検知し管理者に連絡したが、管理者がそれを一時的に無視した結果、分解反応が加速度的に進行し、制御不能となった。

☆設備保全上の問題

・安全弁からの放出有害物を処理するための中和タンクが故障していた。

・鋳鉄製の弁を使用していたものの、この貯蔵タンクの鋳鉄製の弁が腐食していた。

・貯蔵タンクの冷却器が故障で作動しておらず、タンク内温度上昇を検出する警報装置も作動状態になっていなかったため、内温上昇、圧力上昇が分からなかった。

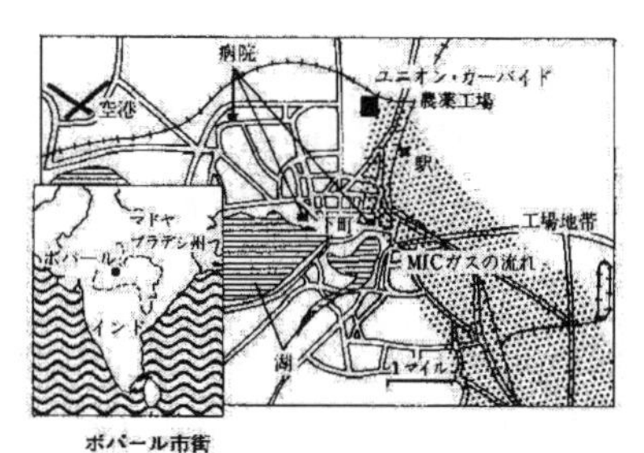

図－71　インドボパール市街

【インドボパール事故の教訓】
◎周辺住民と事前のリスクコミュニケーションを持つ必要性の契機となった。
◎安全マニュアルの作成、作業員の安全意識改革、安全教育、化学品による被害に対する治療法の作成が必要とされた。
◎経営層の安全姿勢の確立が求められる。

(2) 天津の爆発事故

2015年8月12日に中国天津の危険物保管倉庫で大規模な爆発事故があった。

事故の直接原因は、中国企業が運営する危険物倉庫の荷降ろし場南側に置かれたコンテナ内の“硝化棉（ニトロセルロース）”が、湿潤剤の消失によって局部的に乾燥し、高温（天気）などの要因で分解・放熱を加速し、蓄積された熱で自然発火した。この火が周辺のコンテナ内のニトロセルロースやその他の危険化学品の燃焼を引き起こし、荷降ろし場に堆積されていた“硝酸銨（硝酸アンモニウム）”などの危険化学品の爆発を誘発した。

事故を発生させた企業の化学物質管理上の主要な問題は次の通りである。

・各種許可を得ずに違法に事業を行っていた
・硝酸アンモニウムを違法に保管していた
・限度を大幅に上回る量の化学物質を保管していた
・多数の化学物質を混在して保管し、コンテナを高く集積して積んでいた

等が「8.12 天津爆発事故の事故調査報告書」で指摘されている。
https://www.irric.co.jp/pdf/risk_info/china_fl/20160210.pdf

天津の爆発事故の場合は、化学物質の物理化学的危険性に由来する事故というよりも、企業の順法モラルの欠如による“人災”的要素が強い事故に分類される。

写真－1　天津の爆発事故（最初の爆発の様子）

我が国でも化学品の取扱量は多く、事故とは無縁ではない。2013年には危険物に端を発する事故は表-59に示す通り多数発生している。

それからすると我が国で発生した事故のほとんどは危険物施設で起きている。これらの事故について関係する事業者の責任により、従来から消防法などの法規制に基づいた管理がなされている。一方、危険物施設以外では運搬中の事故が3%弱と少ないが、この種の事故は事業者から離れた不特定の場所で起こり、爆発や中毒等の重大な事故につながる恐れがあるため、その安全対策は一般の人々や環境対策上最

表－59　危険物に係る事故の発生件数（2013年）

区分＼事故の態様		火災	流出事故	その他	合計
危険部施設		188	376	177	741
危険物施設以外	無許可施設	5	4	0	9
	危険物運搬中	5	15	0	20
	仮貯蔵・仮取扱	0	1	0	1
	小計	10	20	0	30
合計		198	396	177	771

出展：総務省　消防庁Webサイト

重要課題になっている。

(3) 韓国加湿器用殺菌剤事件

お隣の国、韓国でも大規模な事件が発生している。加湿器の雑菌増殖防止に使う韓国製殺菌剤*が事故の原因になった。加湿器は水を継ぎ足しながら使うため、清掃せずに放置すると雑菌が繁殖しやすい。そこで殺菌剤を水に混ぜてミストとして出すことで菌を除去しようとするものである。この殺菌剤は当時広く使用され、人体への皮膚毒性が比較的少なく様々な用途に使われていた。但し、呼吸器に対する吸入での影響は分かっていなかったようである。

2001年から2011年の間、韓国国内で販売された加湿器から噴霧されたこの殺菌剤を含むミストを吸入した人が多数死傷した。韓国政府が認定した被害者は221名で、そのうち死者は95名だった。300人以上が生涯にわたる後遺症を患い（市民団体の調査によれば、被害者数1,000名超ともいわれている）、現在も被害は進行している。

被害者を襲ったのは、間質性肺疾患で、人間の肺が末端から繊維組織化されて固まっていく病気である。人が肺に酸素を取り込もうとして懸命に息を吐き吸い込んでも、生存に必要な酸素を十分に得られないという悲惨なものである。

この事件は、政府関係者、安全・安心を謳って殺菌剤を使った加湿器販売企業、開発者・技術者の各々が、実際に健康被害が現実に現れるまで呼吸器疾患が起こることについて考えが及ばなかった。そのようなこともあって、本件を「家の中のセウォル号事件」と揶揄する向きもある。

そして、事の重大性により、韓国では「化学物質の登録および評価等に関する法律（化評法（ARECs)、いわゆるK − REACH, 2015.1.1施行)」制定の契機となった。

なお、日本では当該化学物質は使用されていない。

*原因物質

PHMG：ポリヘキサメチレングアニジン

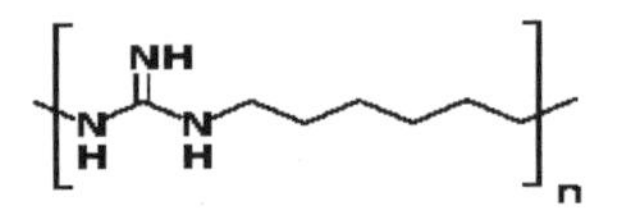

PGH：塩化エトキシエチルグアニジン

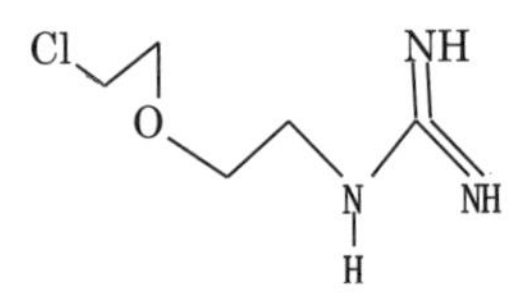

図−72　韓国加湿器用殺菌剤事件の原因物質

(4) 大阪市の校正印刷会社の胆管がん[89)]

「厚生労働省は、2013年3月14日、大阪市の校正印刷会社で働いていた作業者16人が胆管がんを発症した問題について、業務で使用していた化学物質との因果関係を認め、労災認定する方針を決めた。3月中に認定が決定される見込み。」という記事が印刷業界ニュースに載っていた。

印刷業務に従事していた作業者が、退職後30年以上経過してから胆管がんを発症し、死者が出たのである。1,2－ジクロロプロパンが原因物質ではないかと疑われている。

当該事業所の作業者は地下一階にあるオフセット校正印刷工程で、印刷インクの洗浄にこの1,2－ジクロロプロパンを使用しており、これが高濃度でばく露していたようである[4)]。

安全性データが事前に十分揃えられておらず、また当時の作業時点では胆管がんのリスクが認識されていなかったため、安全な使用法が前もって採り得なかったのだろう。

1,2－ジクロロプロパンは、金属用洗浄、印刷インク残渣の洗浄を始めとし、多くの工業用およびドライクリーニング用の優れた溶剤として長く使用されて来たので、何も起こらない段階では使われ続ける。

思うに同事業所の場合、胆管がん発症前は塩素系溶剤による有害性は低く見積もられており、「ばくろ量×ばく露時間×有害性」＜「安全性×ベネフィット」と思っていたものが、時間の経過とともにリスクの方が大きくなり、“不等号の向き”が逆になってしまったのだろう。

専門家の報告書によると、「胆管がんはジクロロメタン、または1,2－ジクロロプロパンに長期間、高濃度でばく露すると発症し得るものと医学的に推定できるとした上で、胆管がんを発症した16名全員に、胆管系の慢性炎症などの胆管がん発症因子が認められなかったことや、同事業所の校正印刷部門に在籍する男性労働者の罹患リスクが日本人男性平均の約1,200倍となっていることを踏まえ、16名全員が1,2－ジクロロプロパンにばく露しており、長期間（約4～13年）、高濃度ばく露したことが原因で発症した蓋然性が極めて高い」と結論づけられている。これらの事実から1,2－ジクロロプロパンは安衛法の特定化学物質第2類に指定された。

この作用機序も安全性のデータも事件が起こるまでは分かっていなかった。また後になって塩素系有機溶剤への大量ばく露と職業性胆管がんの発症とを結びつける重要な発見（図－73）があったが、“想定外”

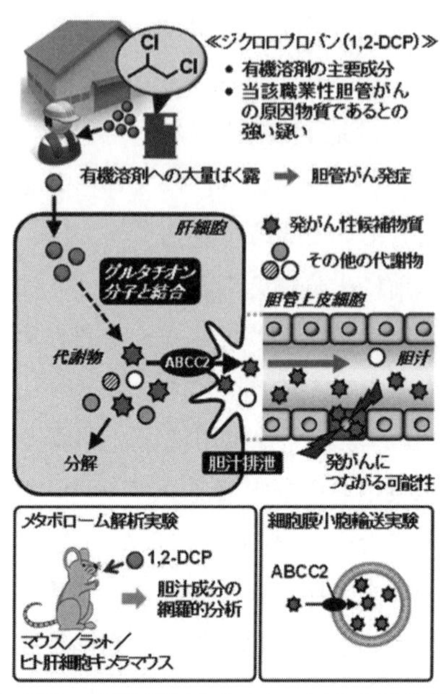

図−73　胆管がん発症メカニズムの検証[90)]

を事前に把握することは難しい。

3 化学物質に起因する事故・災害への対策

(1) 化学工業の災害・事故の特徴

一般に製造現場では危険・有害物を取扱うことが多いから、いったん事故が発生すると一件当たりの死傷者の数が多くなる。個別の事故をよく見ると、保護具の欠陥、設備の不足、危険な場所への人の接近および安全情報の不足等が原因となる労働災害が繰り返されている。

また、事故の直接的な原因がヒューマンエラーというのも少なくなく、同種の事故が繰り返されることもあり、事故防止のためには、背後の要因をしっかり調べ、再発防止に努める必要がある。

なお、「請負」、「下請け」、「派遣」や「資格者不在」等の作業が少なくなく、指示の伝達不足、コスト削減・人員削減に伴う合理化のしわ寄せ等から企業幹部層の法順守の取組不足のようなケースも散見される。

(2) ヒューマンエラーへの対処

ルール違反などの不安全行動については厳しくとがめなくてはならない。違反や意図的な「不安全行動」による労働災害が起こった場合、本人を咎めるだけでは十分ではない。

事故当事者だけに責めを負わせる責任追及型から、再発防止のための対策指向型への意識転換が必要である。

(3) 予測が難しい危険への対処

安全データが十分揃わない場合、予測できない隠れたリスクがある場合に、これから起こるかも知れない事故を予測することは難しい。そこで、事業者が取り組むべき課題を３省（総務省消防庁、厚生労働省、経済産業省）連絡会の提言から２，３紹介する。

①経営層の強い安全意識、リーダーシップ

経営層と現場のコミュニケーションの強化、現場の声を踏まえた適切な経営資源の投入

②リスクアセスメントの徹底

緊急時、異常時を想定し、定期修理・プロセス変更時のリスクアセスメントの徹底

③人材の徹底育成

保安用人材、プロセスでの危険予知能力の育成

④社内外の知見活用

自社の保安への取組を定量的･定期的に評価し、改善につなげる。また第三者の評価も活用

4 安全文化（保安力、現場力）[91]

安全は「安全基盤」と「安全文化」によって支えられている。その総体が「保安力」であり、事業者の保安力の多寡によって事業所の安全レベルに差が出てくる。この保安力は、安全文化（人的側面）と安全基盤（技術的側面）がうまい具合に組み合わさらないと効果を発揮しない。

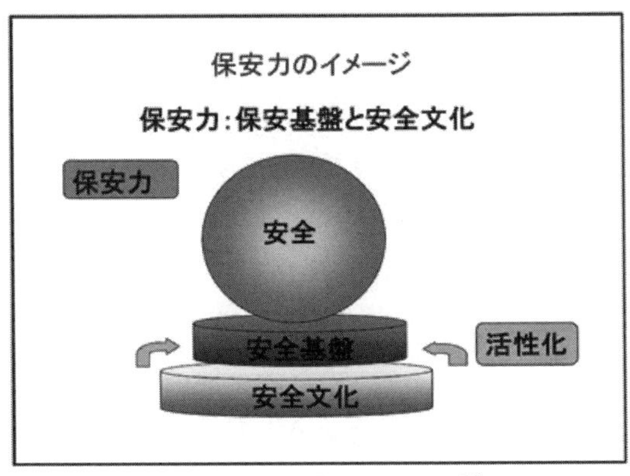

図－74　保安力のイメージ[91]

（1）安全文化とは

1986年、旧ソ連のチェルノブイリ原子力発電所で原子力発電史上最悪の事故が発生した。この炉心溶融による爆発事故は、当初、運転員の規則違反が原因であると公表された。しかしながら、事故から2年後、ピストル自殺した主席調査官が残した録音テープによって、この事故は当時のソ連が抱えていた社会問題や官僚組織の風土に大きく影響されて発生したことが明らかになった。調査にあたった国際原子力機関（IAEA）の国際原子力安全諮問グループ（INSAG）は報告書の中で、社会から信頼され、安心される原子力発電所とするためには

「安全文化」の創造が重要であることを指摘している。

INSAGは、この「安全文化」を、“安全が何ものにも勝る優先度を持ち、その重要度を、組織および個人がしっかりと認識し、それを基点とした思考・行動を、作業に従事する者だけでなく、組織と関係する個人が、恒常的・自然に採ることのできる行動様式体系”と定義した。この安全文化の概念に共鳴して、「安全を全てに優先させる」という理念のもとに、安全管理手法やシステムを導入して災害や事故の防止を図る企業が増加している。

これまでよりも企業の経営層は、数ある事業活動のすべてに優先して安全問題を取り扱うという安全文化を作り、その重要性に相応しい注意がしっかりと払われるような組織とすることに留意すべきである。そして社員一人ひとりにこの安全文化を根付かせ、通常業務に活かし、意識づける必要があるだろう。それが最終的に企業の利益や繁栄に結びつく。以下に安全文化を掘り下げて見てみよう。

①安全文化を創り上げるために必要な意識作り[92]

イギリスの心理学者でヒューマンエラーの研究で名高いジェームス・リーズンは、「組織事故」という著作の中で、安全文化を創るのに必要な意識付けとして「報告する文化」、「正義の文化」、「柔軟な文化」、「学習する文化」を取り上げている。組織が良き安全文化を創り上げるために、この四つの文化を醸成しなければならず、安全部門をはじめとする安全担当スタッフは、これらを総合した安全文化を作る努力をすべきであるという。

ア）報告する文化

エラーを包み隠さず報告し、その情報に基づいて不安全作業や事故の芽を事前に摘み取るように絶えず努力することが必要である。二度と同じエラーを繰り返さず、そのエラーが事故に結びつかないようにするためである。中でもこの「報告する文化」は「安全文化」の基本だという。

エラーの原因と背景事情を究明し、職場全体の事故防止対策として人的、設備的、財政的措置を講じることが組織全体に求められる。生産現場では、ヒヤリハット体験、違反行為、不安全行動および職場の危険要因等、安全を脅かす可能性のあるリスク情報を必ず報告する仕組み作り、情報提供を積極的に呼びかける習慣作りが大事である。

報告を受けとる側は、「人は誰でもミスをするものだ」、「時には善意であっても違反することがある」と考えて、ミスや違反をただ叱るだけでなく、リスクに関わる報告内容を業務の改善に役立てる方に考えるべきである。なお、従業員から信頼されていない管理者や経営トップには、正確な情報が寄せられないことも改めて認識する必要がある。

イ）正義の文化

この文化は、叱るべきは叱る、罰すべきは罰するという規律のことである。安全規則違反や不安全行動は大事故につながる恐れがあり、放置してはならない。事故が起きてしまった場合には、そこからしっかり原因を究明し最大限の学習をし、職場の安全性を高めるための対策を立てておくこと、それと同時に事故の被害者や社会に対して最大限の説明責任を果たすことが大事である。この二つの目的を実現するための挑戦を続ける組織文化が、「正義の文化（ジャスト・カルチャー）」と言われている。

一例を挙げると、航空運送の安全に直接係わる不安全事象を引き起こした行為のうち、十分注意していたにも拘わらず、避けられなかったと判断されるヒューマンエラーは、懲戒の対象にはされていない。

この考え方は、「エラーを起こした個人を責めるのではなく、なぜエラーが起こったのか、真の原因を究明し再発防止を図る」観点が基本になっている。安全文化の醸成に寄与する先進的なポリシーと言える。

ウ）柔軟な文化

ピラミッド型指揮命令系統をもつ中央集権的な構造を、必要に応じて地方分権的な分散型組織に再編成できる柔軟性を組織が持つと、各前線部隊（フロントライン）が専門性を発揮して最良と思われる判断を下し、難局を切り抜けることができる場合がある。危機に直面した場合、臨機応変の対応が強く求められたり、通常の上下関係からフラットな組織への変更が受け入れられたりすることがある。

例えば、震災時に安全に対して良い対応ができた組織の特徴は、以下のようである。

・組織に柔軟性があり、刻々変化する要求に効率的に適応できる仕組みになっている。
・中央集権型から権力分散型の管理に素早く切り替える能力がある。
・緊急時に第一線部隊への権限移譲ができる。
・事前の訓練によって共有された安全意識・価値観があるので安全性が確保できる。

エ）学習する文化

過去または他の企業や産業で起こった事故や安全に関する様々な情報から、多くのことを学ぶことができる。個々の事例から安全に関する特徴・ポイントを抽出し、一般化すると良い。そこから学んだ要点を、自らの組織の安全にとって必要と思われる改革に結びつけようとする意志が重要である。

安全性に結びつく情報を積極的に拾い上げて事例集を作り、リスクへの対応を検討し、安全文化向上への大きなうねりを作り、学習することがこの文化の特徴である。学習した教材を作業場で整理した上で蓄積しておくと、後の世代へ安全文化の申し送りができる。

(2) 安全基盤

安全工学会が図示している前掲の保安力のイメージ図が示すように、保安力は「安全文化」と「安全基盤」の二つの要素からなっており、安全基盤は製造施設等の安全を担保する技術・システム・マネージメントという基本的な設備関連の体系である。「安全基盤」はプロセス安全管理、プラント安全基盤情報、安全設計・安全技術、運転、保全、工事、災害・事故の想定とそれへの対応、プロセスリスクアセスメント、変更管理、教育の各要素に区分されているが、それぞれ相互に関連がある。

プロセスの開発段階や設計、変更、トラブルシューティング等の様々な場面で、物質の物性、反応性、プロセス条件、制御システム、安全装置および設備材質等を総合的に検討する必要があり、これらがプロセス安全検討であり、安全基盤の多くの要素をカバーすることになる。

『安全基盤項目の概念と体系（93項目）』

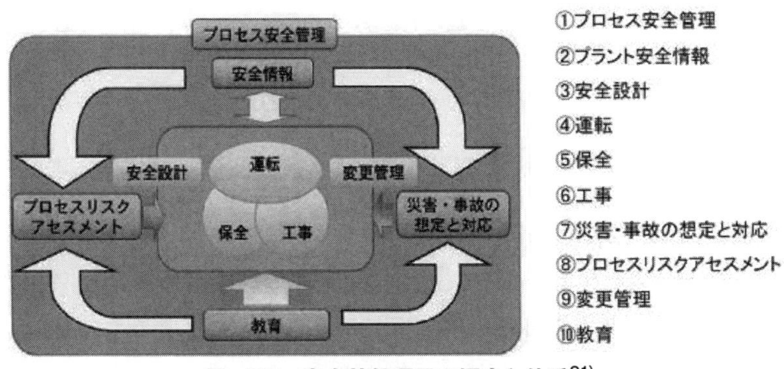

図−75　安全基盤項目の概念と体系[91)]

この安全基盤は、事業所の生産現場を安全に運営するための管理の仕組みであり、運転、保全、工事を中核とした下表に示す大項目と中項目に分類され、更に詳しい93の小項目に分かれている。

表－60　安全基盤の内容

大項目	中項目の概要
プロセス安全管理	安全を基本とするプラントのプロセス安全管理技術のフレームワーク
プラント安全管理情報	安全に関する設備や物質の情報、安全成績の活用
安全設計	新設や大規模な増改築での安全設計・安全システムの機能維持
運転	化学物質や設備・機器を取扱う現場の安全の基本
保全	設備維持の基本、その保全管理と運営
工事	大規模ならびに日常工事の安全管理
災害・事故の想定と対応	災害想定の在り方や緊急対応訓練
プロセスリスクアセスメント	潜在危機の洗い出しとリスクアセスメントに基づく改善
変更管理	変更管理の基準、適切な実践
教育	技術者安全教育の実施と成果

(3)トップ、管理職および安全担当スタッフに必要な条件

企業内では、本社や事業所のトップが安全文化を浸透させる姿勢を貫く責任がある。安全性を常に議題として取り上げ、作業員に積極的に意識付けして軽率な行為や不安全行動を見逃さないような気配りが求められる。回り道のようだが、この姿勢が最終的には企業の持続可能性や利益に直結するからである。

①トップのリーダーシップによる安全文化の醸成

トップ、管理職および安全担当スタッフは、事業場内の設備や作業の安全に関心を持っており、失敗や悪い知らせがあれば素早く報告するよう促す必要がある。それには、彼らが失敗情報を素直に話してもらえる人徳、冷静にリスクを分析できる判断力、必要な対策を説明する際の説得力等を併せ持っている人であることが望まれる。

また、現場のトップは能力ある従業員に安全に関わる責務を委ね、日頃から作業員との職場の安全問題について情報交換を行うべきである。そして、自身は全体的な安全管理に責任を持ち、分かり易い言葉で安全の大事なことを具体的に説明し、生産現場によく姿を見せるこ

とで、従業員に安心感を与えることができる。忘れてはならないのは、自らも安全に関する問題意識をもって現場を廻り、継続的に不安全箇所の改善に努めなければならないことである。

安全部門を担当するスタッフの最大の使命は、重大事故に結びつく可能性がある様々な予兆、アクシデント、ヒヤリハット情報を日ごろから幅広く集め、自分なりに分析し、重大事故を想定した対策を事前に立てておくことである。

以上で大事なのは、やはり企業のトップの姿勢である。安全を企業経営の最優先課題とし、先に述べた「報告する文化」、「正義の文化」、「柔軟な文化」および「学習する文化」を社是として掲げ、日頃から従業員に意識付けすることを続ければ、安全文化が根付くように思われる。

安全活動に新たな生命を与えるものとして、安全文化創造に向けた取り組みや、潜在的な危険・有害要因を減らし、組織的・体系的な安全衛生活動に対応するため、多くの企業体では「労働安全衛生マネジメントシステム（OSHMS）」の採用が進んでいる。

このシステムは、事業所における安全衛生水準の向上を図ることを目的として、計画的かつ継続的に安全衛生管理を主体的に推進するためのシステムである。1999年4月に当時の労働省（現・厚生労働省）から「労働安全衛生マネジメントに関する指針」が告示されて以来、多くの事業場で自主的に安全衛生管理を推進する観点から導入が積極的に進められている。

②リスクの認識

生産設備は老朽化すると、少なからず故障要因を内蔵しているのが普通で、これは仕方がないことである。そのために、工務課をはじめ製造担当部署では、製造設備のライフサイクル全体を通じて設備と作業安全の重要性を認識しつつ、危険要因と事故との関連性を机上で解析し、投資効率を勘案して何層もの予防策を講じている。ここで利益を重視して安全予算を削減すると事故の発生確率が増え、実際に事故が起こってしまうと、安全予算の削減額以上の大きな損害が出てしまうので、経営者としても留意すべきところである。

③教育の重要性

安定した生産を指向する者は、リーダーでも作業員でも、絶えず安全に係る専門的知識の学習を怠らず、安全確保上の弱点はないか、安全性向上の余地はないかの吟味を重ねる姿勢を持つことが必要である。

また、安全性の問題を最優先する責務を感じ、安全性を絶えず向上させるためのスキルや技術を磨き、安全に関する他部門や他社の経験や教訓を積極的に共有することが大事である。その上で安全管理システムを作るとともに、自社の安全に関する専門技術者の継続的な育成に努めることが必要である。

安全は、企業組織全体の意思や行動が職場単位の取組みと結びつき、ステークホルダーとの協力によって達成されるものである。

(4) 安全文化の劣化

化学産業では、これまで安全対策技術の向上やリスクマネジメントシステムの導入等により、プラントの安全性を大きく向上させてきている。しかし、最近では誤操作や誤判断が発端となった事故が目立つようになり、「学習伝承」、「作業管理」および「相互理解」等、安全活動のベースとなる「安全文化」が着目されるようになってきた。企業では、事業所単位、課単位の強みや弱みを把握した上で課題を設定し、「安全文化の深化活動」を推進していることが窺える。なお、学識経験者によるセミナーや保安力評価も有効である。

1) 続発する安全文化の劣化に伴う事故

①グラン・パロイーズ・AZF 化学肥料工場（仏）[93]

2001 年 9 月 21 日、フランス南西部、トゥールーズ市のグラン・パロイーズ・AZF（Azote de France）化学肥料工場で硝酸アンモニウムを取扱う工場の貯蔵設備で大きな爆発があり、31 名が死亡した（表 − 56)。爆発による飛散物は近くの高等学校、スーパーマーケット、高速道路などを直撃し、2,000人以上が負傷した。産業界は安全性向上のため、安全文化の普及を目指した産業安全文化研究所（ICSI）を設立した。

爆発の中心が工場内の硝酸アンモニウム（300トン）を貯蔵した倉庫とみられており、爆発の原因は、化学肥料の製造において混合作業時に薬品の取扱いを誤った結果の硝酸アンモニウムの蓄熱爆発によるものと推測されている。

フランス環境省は、同年11月に当該事故に対する公式報告書を発表した。その報告書によると、硝酸アンモニウムの危険性、および適用する各種の安全ルールについて説明を加えた上で、事故の直接の原因には触れず、今後は爆発の危険性に応じて化学物質を分類すべきだと結論づけている。また同報告書では、EUのセベソⅡ指令の規制対象とされる危険な工業施設に適用される各種の規則についても見直しを行っている。なお、爆発事故を発生させたAZF社の施設についての報告書は、わが国でもよく見られるように、一般住宅の建設が徐々に工場に隣接する形で許可されて来たことにも言及した上で、都市地域に近い危険な主要工業施設の規制について、複数の勧告を提示している。

② Du Pont社メチルメルカプタン事故

2014年11月15日、米テキサス州LaPorteにあるDu Pont社の工場で、殺虫剤Lannateの原料として使うメチルメルカプタンの漏洩事故が発生して、従業員4人が死亡した。停止中であった殺虫剤Lannateの工場スタートアップ中のでき事だった。

事故はメチルメルカプタン水和物の除去作業中、作業員がバルブ操作を間違えたことで起きたという。その結果、メチルメルカプタンがベント系配管に流入し、それに気付かず室内に通じるバルブを開けてしまったことでメチルメルカプタンが室内に充満してしまった。そのために、少量でも致命傷となるこの悪臭ガス9トン以上が漏洩してしまった。漏洩数時間後、バルブ操作に携わった作業者が殺虫剤工場の階段の吹抜けで死亡しているのが見つかった。また、倒れている作業者を助けに駆け寄った他の作業者３人もガスにやられて死亡し、１人が病院に運ばれた。

Du Pont 社はメチルメルカプタン漏洩の事故原因をオペレーターのエラーの連鎖と考えていたようだが、CSB（米国化学事故調査委員会）は、別の見方をしている。事故後の CSB の報告によると、事故の５日前に始まった一連の引継ぎ伝達ミスが、最終的に９トン以上のメチルメルカプタンの漏洩に繋がったことが判明し、プラントのデザイン、欠陥のある操作手順および Du Pont 社の安全文化を直ちに見直すべきだと指摘している。

また CSB は、事故後死傷の原因となる複数の重大な法違反と欠陥設備を改善していなかったこと（損傷した加熱装置から圧を持った蒸気が通路に噴出している）等も見つかっており、従業員の教育について安全、シャットダウン手順、工場の排気システムの使い方等について管理が欠如していたことも指摘している。

LaPorte 工場は過去にも Lannate の原料である塩素を漏洩させた事故があり、またバルブの不適切な操作により、50kg の一酸化炭素を漏洩したこともあった。これらのことが基で、テキサス州環境問題委員会から「定期安全検査の実施、設備の整備および非合法のガスの漏洩の防止」を勧告され、罰金を課されていた。

製造現場における災害の一番の要因は、シフト引継ぎ不備によるものであると言われている。運転員は、シフト間の引継ぎの時点で、対象プロセスがどの様な状態になっているのかをまず把握しておく必要がある。

③東ソーの南陽事業所（山口県周南市）

我が国でも最近化学薬品を原因とする事故が幾つか起こっている。

2011 年 11 月 17 日 東ソーの南陽事業所の第二 VCM プラント（塩ビモノマー：年産能力 55 万トン）で爆発・火災が発生し、社員１人が死亡した。

同工場では同月13日午前6時頃、EDC（二塩化エチレン）プラント不具合が生じ稼働を停止して点検中だった。作業員10人が午前6時頃から、不具合箇所から約100メートル離れた場所で、塩ビモノマー等を貯蔵タンクに一時的に抜き出す移液作業をしていた。塩ビモノマーを精製する工程装置に直径10メートルの空洞ができており、ここで爆発が起きたとみられている。

外部の専門家を交えた事故調査対策委員会が翌年6月にまとめた報告書によると、事故は半日前に起きた比較的軽微な設備トラブルに対処している最中に起きている。爆発の約12時間前、一部の設備についている「緊急放出弁」が故障で開きっぱなしになってしまい、生産ラインの配管内の圧力が低下したことから、設備を止めて調べることにした。

トラブル原因を調べるために設備を止めるのはマニュアルに沿った措置で、現場の判断にミスはなかったが、止めた時間が長すぎた。可燃性のVCMと塩酸が混ざった状態が6時間以上続き、設備内は次第に熱を持ち、最終的には爆発してしまったようだ。

「VCMと塩酸を混ぜると熱を持つというのは化学の常識。ベテラン社員がマニュアルより基礎知識を優先して設備を動かし続けていたら、事故は起きなかった。」とトップは述懐していた。こういう基礎知識を“ノンテクニカルスキル”という。

【ノンテクニカルスキル（NTS)】

テクニカルスキルを補完し、安全かつ効率的な業務の遂行に寄与するスキルをいう。状況認識、コミュニケーション、リーダーシップおよび意思決定等により構成され、ヒューマンファクターに係わるエラーを防止し、安全を確保していくために現場（指示する側も）が持つべきスキルである。近年、様々な分野でノンテクニカルスキルの不足が原因の事故が増加していることを受け、航空輸送や医療分野においてノンテクニカルスキル向上のための取り組みが普及して来ている。

④三井化学岩国大竹工場プラントの爆発・火災

我 2012 年 4 月 22 日午前 2 時頃、三井化学株式会社岩国大竹工場のプラントが爆発し、火災が発生する事故が起きた。事故があったのは、レゾルシン製造施設で、爆発・火災後、別のプラントにも延焼した。午前 8 時頃には、同じプラントで再び爆発した後、火災が続いたが、同日午後 5 時過ぎに鎮火した。この事故により、社員 1 人が死亡、他社の社員を含む 11 人が重軽傷を負ったほか、近隣住民 14 人が割れた窓ガラスで切り傷を負うなどした。

事故後の調査により爆発を起こしたのは、レゾルシン製造施設の酸化工程にある酸化反応器で、爆発によって破損した酸化反応器の破片が他のプラントや配管ラックに飛散し、延焼したことが分かった。2 回目の爆発は、最初の爆発後、酸化反応器の底部に残っていたハイドロパーオキサイド（R-O-O-R と表される有機過酸化物）が周辺の火災によって温度が上昇し、自己分解を加速させ、大量の可燃性ガスが噴出して着火し、直径約 150m のファイヤーボールが発生した。

工場では、これまで「安全はすべてに優先する」という方針のもとに安全活動を展開してきたが、今回の爆発・火災事故の発生を重く受け止め、直接原因への再発防止対策の他に背後にある深層原因について解析し、その再発防止策が検討された。深層原因は次の通りである。

ア）リスクアセスメントの不足

過去の運転条件を変更する時に、緊急停止処置をどうするかという問題を検討できていなかった。

イ）技術伝承の不足

危険性の高い反応での緊急停止処置の安全設計が、マニュアル類や設備に反映されていなかった。

ウ）規則・ルールの軽視

規定されていた手続きをとらずに、インターロックが解除された。

エ）現場の安全管理力の低下

安全が確保できているという過信があり、過去の事故事例集を活用する姿勢が不足していた。

オ）当事者意識の不足

安全活動に対する“やらされ感”があり、当事者としての緊張感と危機感が不足していた。

⑤日本触媒姫路工場の爆発・火災事故

2012年9月29日午後2時30分すぎ、兵庫県姫路市網干区の日本触媒姫路製造所のアクリル酸製造施設において、高純度アクリル酸精製塔のボトム液を一時貯蔵する中間タンク（機番V－3138、公称容量70m3）が爆発・火災を起こし、隣接するアクリル酸タンク、トルエンタンク等の設備や建屋、および消防車輌にも延焼した。

消火活動中だった消防隊員1人が死亡し、工場従業員1人が意識不明の重体となった。他に従業員ら29人が重軽傷を負った。消防車3台も爆発の影響を受けて焼け焦げた。

同社によると、午後1時ごろに従業員がタンク付近から白煙が上がっていることを確認していた。姫路市消防局によると、午後1時48分ごろ同社から連絡を受け、午後2時10分ごろには正門前に消防車が到着した。既に同社の放水車がアクリル酸のタンクに放水していたため、消防車も放水しようと準備していたところ、爆発した。

日本触媒の事故調査委員会の調査報告書[94]によると、事故の直接原因は以下である。

ア）V－3138へ高温のボトム液を受け入れ、また、タンクの貯蔵液量が増加したにもかかわらず天板リサイクル（タンク下部からタンク上部へ貯蔵液を送るリサイクル）を実施しなかったために、タンクの上部において、アクリル酸を高温で長時間滞留させることになった。

イ）タンク貯蔵液の高温部において、アクリル酸の二量体生成反応

出典：NBCNews.comから引用

写真−2　日本触媒姫路工場の爆発・火災事故

が加速度的に進行し、その反応熱によりタンクの貯蔵液温度が上昇した。その結果、アクリル酸の重合反応が進行し、更なる温度上昇を招いた。

ハ）タンク貯蔵液の温度検知および温度監視に不備があったことにより、アクリル酸の重合反応が進行するまで異常な状況を把握できていなかった。

その結果、V − 3138 は爆発し、さらに火災発生へと至り、甚大な人的・物的被害を引き起こしたと報告されている。

2）安全文化の劣化の特徴

①自己満足、過信並びに安全神話

過去の操業経験から、大したトラブルがなかったので、今後も重大な事故が起こる危険性は極めてわずかとタカをくくり、自社の技術は安全で問題が起きないと根拠のない自信を持つこと

②リスクの過小評価

リスクを伴う複数の低確率の小さな事象は、我々の身近によく起こるが、それらが組み合わさって事故が起きることはほとんどないだろうと思いこむこと。こうなると、事故が起こった時の準備をさぼることになる。

③冗長性に依存、共通原因故障を見逃す

通常「高ハザード施設」の安全設計では、安全上重要な設備には多重性および冗長性を持たせることでシステム全体の安全性を向上さ

せる施策が取られている。しかしながら、福島第一原子力発電所事故の時のように「津波による浸水」という共通原因によって多数の安全設備が同時に故障したが、このように「共通した根本原因により複数のシステム・機器が同時に故障する事象」があることが、ときおり見過ごされることがある。

安全性を担保するために多様性を備えた多重防護システムが、一つの部分で故障が起こると複数アイテムの故障につながる場合があることを見逃さないことが大事である。

④費用、時間など安全確保要素の不足

スケジュールの達成や利益・経済性等を安全確保より優先すると、点検不足が起こったり、細かな不安全事象が安全管理者や交代チームに伝わらなかったりすることがある。

⑤責任と権限の分散

指揮・命令系統がリーダーに正確な情報が伝わるような仕組みになっていないと、途中で意図せぬ情報の分断が起こり、性能に問題があるとする情報や未確認情報等が上手く処理されず、また責任と権限が分散してしまい、コミュニケーション不足・断絶が起こって結果的に事故につながる可能性がある。

(5) 現場の保安力[95)]

1) はじめに

化学物質の製造、輸送、貯蔵、使用および廃棄等一連のライフサイクルにおいて、その取扱いを誤ると、化学物質が本来持っている潜在的危険性が顕在化して、爆発・火災、健康被害や環境汚染等の種々の社会的問題を引き起こす。

化学物質を取り扱う化学産業界は、持続的発展性、事業継続性を求め、日頃から安全確保のため種々の努力をしている。しかし、事故はなかなか無くならない。近年の産業安全問題の要因として、設備の老朽化、安全意識の欠如と安全知識の不足、安全管理体制の不備等が挙げられているが、どうも安全投資の低下、保安要員の削減、保安業務のアウトソーシングや協力会社への委託、また専門家の不足や熟練者の退職等が原因のように思われる。

しかしながら、産業安全性問題の本質的な解決のためには、その背後にある企業環境や社会環境の変化についても考えておく必要がある。経済の発展により我々の生活は確かに豊かになったが、我々を取り巻く社会全体での「ものの考え方」も付随して変わってきた。教育環境の変化、少子高齢化や核家族化という生活や家族環境の変化およびグローバル化等による外国人労働者の雇用による価値観の多様化、倫理観の違いといった問題も感じられる。

一方、近年の産業構造の高度化、バリューチェーンの多様化およびグローバル化に伴う我が国企業の国際的事業展開等により、日本の企業は高い人件費で、国際競争に対応せざるを得ないため、徹底した合理化により、安全性への投資を極限まで押さえざるを得ない状態にあるというのが実態のように思われる。

こうした状況の中で、取り扱う化学物質の種類が増え、製造プロセスおよび管理システム等が複雑に絡み合い、化学物質の潜在的危険性は明らかに増大していると考えられる。

作業者に目を向けると作業内容は細分化し、専門化が進むことにより、１人の作業者では工程の全体像が分からなくなってきている。また、コンピュータの導入により、特に連続プロセスでは現場の複数の反応塔、熱交換機および精留塔等の内部の状況を十分に確認することなく、システムや自動運転に任せている場合がある。反応が順調に進んでいる間は問題がないが、トラブルが発生すると、それへの対応が困難だという声が現場サイドから聞こえてきている。

そこに熟練作業者の退職に伴う新人の採用という世代交代、人員合理化等による作業員の持ち場の拡大、これに工場の海外移転が加わると、技術・技能の伝承を如何に行うか、日本のこれからのものづくり技術の維持・向上にとって大きな課題となっている。

上述の化学産業で続発している爆発・火災事故を見ると、大手企業の高圧ガスの認定事業所等、しかも安全に熱心な企業において発生している。その引き金となっているのが、トラブル、非定常作業時、異常時および緊急時への対応が十分でなかったことが挙げられているが、予め事故が起こることを予測し、十分な対応策が取られているとは言い難い。これらの事故の多くが現場力の低下が原因になっている可能性がある。

安全は産業活動の持続可能性にとって必須要素である。特に、技術立国を目指す我が国は安全、環境、品質、安定生産に配慮した物づくりにおいて世界に対し競争優位に立たねばならない。

最近の産業安全問題、品質問題をみると、かつて日本の安全・安心を支えてきた現場力をどう維持向上させるか、また現場力低下を技術システムやAIによってどうカバーするか、日本の現場力の再構築が待ったなしで望まれている。

2）現場保安力の評価と強化

①現場保安力とは

現場保安力は、詳しく見ると以下のようなものである。

ア）化学品を製造する現場が経営層の安全理念・方針をしっかり理解し、プラントの安全運転・保守に主体的に取り組み、事故の予防や事故発生時の影響・被害の極小化を図るといった現場の安全に対する潜在能力（安全保持ポテンシャル）

イ）現場の安全に対する姿勢を強化する主体的安全活動、それらをリードし、支援する組織としてのマネジメントおよび企業風土

ここにおいて、前者を現場保安力要素と呼び、後者を現場保安力強化活動要素と捉えるとよい。

化学企業で最近発生した事故の大半が現場の保安力の低下によるものゆえ、プロセスおよび作業の危険性への理解、設備・機器の健全性保持と作業の安全化を図ることが何よりも求められる。安全問題への対応として、異常の予兆の事前検知、異常が発生してしまった時の適

切な対処、事故発生時の被害の極小化のシミュレーションが、安全性確保のために重要である。

②現場保安力の評価および強化

現場保安力を強化するためには、まず自社の現場保安力を評価しなければならない。現場保安力を先に述べた現場保安力要素で表すことができれば、それらの要素のレベルがどの程度であるかを評価することにより、現場保安力の弱い要素を明らかにし、現場保安力強化の方向性を明確にすることである。そのためには現場の安全性の弱点をピックアップし、それへの対応策ができるかどうかを検討する必要がある。

現場保安力の強化のための短期的な対応策としては、関連する安全活動事例を収集し、現場保安力の観点から体系的に整理し、それを現場の操業に広く活用することである。また長期的な対応策としては、それらの情報を文書にまとめ体系的な安全教育プログラムを作成し、以下に示すように日頃の現場の操業体系の中に組み込むことである。これが更なる安全推進の助けになる。

ア）安全活動事例の共有化と活用

各企業では、安全の確保、向上のため、種々の安全活動を展開しており、また、安全教育プログラムを作成している。一般社団法人日本化学工業協会では、安全成績の優れた事業所等を表彰する安全表彰制度を実施しており、安全活動等に役に立つ情報の蓄積がなされている。

イ）体系的安全教育プログラムの構築と推進

産業界では長期的視野に立って、自社の安全確保や向上のためのみならず、ステークホルダーを含めた社会の安全も視野に入れ、産学官一体となった体系的安全教育プログラムを構築する努力をしている。

このプログラムは、リスク認識をもち、自分の身は自分で守り、危険への感性を持つという安全の基本的考え方が採用されている。そして、安全活動の当事者は、リスクとベネフィットのバランスを基に科学的な議論ができ、物事の決定ができる素養を平素から培っておく必要がある。

また、安全の基本的知識は、日常生活における安全、学校生活における安全、職場の安全、環境の安全、その他、我々が広く社会生活、産業活動を営む上で必要なものとして、日頃から身につけておくべきものである。

ただ、実態としては、初等・中等教育、高等教育では、基本的な安全知識に関する教育は行われていない。そのため、企業はそれらの教育について自前で行わざるを得ない。それゆえ各企業は安全の確保・向上に必要な管理者、技術者、作業者および研究者向けの企業固有の安全教育と企業共通の一般的な安全教育の双方を行っているように思われる。

そのため製造現場の安全潜在力を高める目的から、以下の活動を日頃から実施している。

③主体的な安全活動

ア）５Ｓ

各職場において安全確保上徹底されるべき事項を５つにまとめたもの。

名前は、５項目のローマ字での頭文字がいずれもＳとなっていることに由来する。５Ｓに基づいた業務管理を５Ｓ管理・５Ｓ活動などと呼んでいる。

・整理：いらないものを捨てる
・整頓：決められた物を決められた場所に置き、いつでも取り出せる状態にしておく
・清掃：常に掃除をして、職場を清潔に保つ
・清潔：机や床上の整理・整頓・清掃を維持する
・躾：決められたルール・手順を正しく守る習慣をつける

5S 自体による効果は、職場環境の美化、従業員のモラル向上等が挙げられている。また5S を徹底することで得られる間接的な効果として、業務の効率化、不具合発生の未然防止、職場の安全性向上等が

挙げられる。これは、整理・整頓により職場をよく見るようになり、問題点などの顕在化が進むためである。

日本で生まれた概念だが、海外で用いられることもあり、「ファイブ・エス（five S）」と呼称されている。

イ）危険予知活動（KY 活動）

危険予知活動は、「どんな危険が潜んでいるか」と、作業前に製造現場や作業に潜む危険要因とそれにより発生する災害につい話し合い、作業者の危険に対する意識を高めて災害を防止しようというものである。作業現場で模擬討論したり、作業の状況を描いたイラストシートなどを用いて机上で行う方法がある。

危険予知活動は、KYT 4ラウンド法（表－61）を用いると効果的である。イラスト　シートや現物で職場や業務にひそむ危険を発見・把握・解決していく危険予知活動が基本になっている。繰り返し訓練することにより、一人ひとりの危険感受性を鋭くし、集中力を高め、問題解決能力を向上させ、実践への意欲を高めることをねらいとした訓練手法である。

KYT 4ラウンド法の進め方は、以下のようになっている。

イラストシートに描かれた、職場や業務の状況の中に「どんな危険が潜んでいるか」を参加メンバーが本音で話し合い、問題解決の四つの段階（ラウンド）を経て、段階的に進めていく。

表－61　KYT4ラウンド法の手順

1ラウンド	現状把握：どんな危険が潜んでいるか
2ラウンド	本質追究：これが危険のポイントだ
3ラウンド	対策樹立：あなたならどうする
4ラウンド	目標設定：私たちはこうする

また、示されたイラストから、次に示す七つのポイントを基にして危険要因を見出す方法もある。

【七つのポイント】[96)]

1．イラストの中の作業者になりきる
2．危険を“危険要因”と“現象（事故の型）”でとらえる
3．“危険要因”はできるだけ、“不安全な行動”と“不安全な状態”でとらえる
4．“危険要因”を掘り下げていく
5．“危険要因”は具体的に表現する
6．“危険要因”は肯定的に表現する
7．“現象”は“事故の型”で言い切る

図−76　イラスト「どんな危険が潜んでいるか」

ウ）ヒューマンエラー（ＨＥ）防止活動

ヒューマンエラーは、人為的な過誤や失敗のことで、JIS Z 8115：2000では、「意図しない結果を生じる人間の行為」と規定されている。

直接的には、人による設備・機械の操作や乗り物の操縦において、不本意な結果（事故や災害等）を生み出しうる行為や、不本意な結果を防ぐことに失敗することである。安全工学や人間工学においては、事故原因となる作業員や操縦者の故意・過失が基になっているもので

ある。

最近では、直接の操作者・操縦者はもちろんのこと、チーム全体、そして管理職の意識も含めてヒューマンエラー防止の対象になると考えるようになってきた。なお、機械設計者・製作者の過誤（ミス）は、通常ヒューマンエラーに含まれないが、これらも、ヒューマンエラーを引き起こす原因にはなりうるものである。

本来、人間の注意力には限界があり、どんなに注意深い慎重な人であっても、疲労や錯覚などでヒューマンエラーを起こす場合がある。様々な職種において、経験を重ねたベテランも例外ではなく、ルーチンワークでも起こり得る事だということは経験的に分かっている。経験で学んだ事により、簡単に業務を全うしようとすると、基本的な確認・操作を省略し、「問題ない」という自己確信（思い込み）が生じる。そのような状況下で、確認・操作を怠ったまま業務を進行させると、定期修理等の非定常作業時等に、重大な問題・被害に発展する可能性がある。

ヒューマンエラーへの対策に秘策はなく、人間である以上必ず失敗（エラー）は起こりうる、人間に任せる完璧な策はないといった観点に基づいた対応策を講じる必要がある。

作業員による予防策は以下のものになるであろう。啓発や注意喚起するもの、注意力や意識が散漫になることを防ぐもののほか、「人間は間違える」ことを前提とした対策が考案されている。

・危険予知トレーニング（KYT）
・指差喚呼
・疲労を起させないための勤務時間管理、適度な休息
・ガムやコーヒーなど眠気覚ましになるものの喫食
・ダブルチェック
・絶対にミスが許されない重要な業務については、１人の人間に任せるのではなく、必ず、２人以上の人間を配置し、ダブルチェック、トリプルチェックといった厳重なチェック体制を設けること

また、物理的なもの、機械的バックアップによる予防策としては、下記のものが挙げられる。

・安全距離（保安距離）
・安全装置
・フェイルセーフシステムの構築
・インターロック
・転落防止柵、ガードレール、ホームドア

エ）相互注意運動、指差し呼称（喚呼）運動、ヒヤリハット（HH）運動

「相互注意運動」､「指差し呼称（喚呼）運動」と「ヒヤリハット（HH）運動」の「三つの運動」は生産管理業務や安全管理業務に活用されており、非常に大きな効果がある。

エ－１）「相互注意運動」の例

この運動はもともと作業中に「危険」を感じたことを、同僚･仲間･他人に「職位」に関係なく声を掛けて伝えるもので、ダブルチェックの一例ともいえる。たとえば、高所作業で一番怖いのは「墜落」であるが、安全帯を使用せずに作業していれば、「２メートル以上の高所作業では必ず安全帯を使用しなさいよ」と声を掛けて「災害の芽」を摘むことができる。大きな「災害」を未然防止する方策である。

エ－２）「指差し呼称運動」の例

「指差し呼称」は、「指差（確認）喚呼」､「指差称呼（唱呼)」等とも呼ばれ､公共交通機関の乗務員等が行っていることをよく目にする。あまり意識しないで行動すると、後になって自身の行動に「自信」がもてなくなるケースを経験している方は多いだろう。そのような場合の危険を未然に防止する策として「指差し呼称運動」がある。

特に心掛けたいことは、「〇〇よし！」ではなく「出口の鍵閉鎖よし！」「ガスの元栓閉鎖よし！」のように「閉めた鍵」等を「指差し」ながら、対象物の名称を具体的に口にして「脳」に叩き込み「お前は出口の鍵を間違いなく掛けたぞ！」と自分に言い聞かせることが大事

である。

エ－3）ヒヤリ・ハット（HH）活動[97)]

作業中にヒヤリとしたり、ハッとしたことがあったが、幸い災害には至らなかったという事例を報告・提案する制度を設け、災害が発生する前に対策を立て、類似の災害についても目配りをすることは大事である。

【事例1】

○商品の仕分け作業庫で商品を運搬中、床が散水により濡れていたため転びそうになった。

「対策」

・床面に散水したときはすぐに拭き取る

・商品を運ぶときは台車を使う。

> 「転倒」は「死」につながる引き金になることもある。滑って転倒しそうになり「あー　ビックリした」と感じたことは、自分自身のものだけに留めずお互いに話し合い「情報を共有する」とともに大事に至らないうちに手を打つことが必要である。

【事例2】

○大阪市営地下鉄谷町線の大日駅（大阪府守口市）で2009年9月、大日発八尾南行き電車（6両編成）が進行方向とは逆の壁に向かって進行し、ATC（自動列車制御装置）が作動して緊急停止した。停止地点から壁まで約200メートルだった。

「対策」

・思い込みはできるだけ排除し、当日の作業を事前に確認しておく

・同僚が正しい行為をする筈だと思い込まず、行為の前に作業の確認をする

市交通局は、男性運転士（37）が進行方向を勘違いし、本来とは反対側の運転席に乗り込んだうえ、赤信号も見落としたことが原因とみている。また、車掌も間違いに気づかず、先頭車両の運転席に座った。この電車には運転士を添乗指導する助役（44）が同乗していたが、助役は、車掌が運転士だと思い込んで確認せず、反対側の最後尾の運転席に乗り込んだ運転士が電車を逆方向に進行させて、初めて異常運転に気づいたという（朝日新聞2010年4月3日付）。

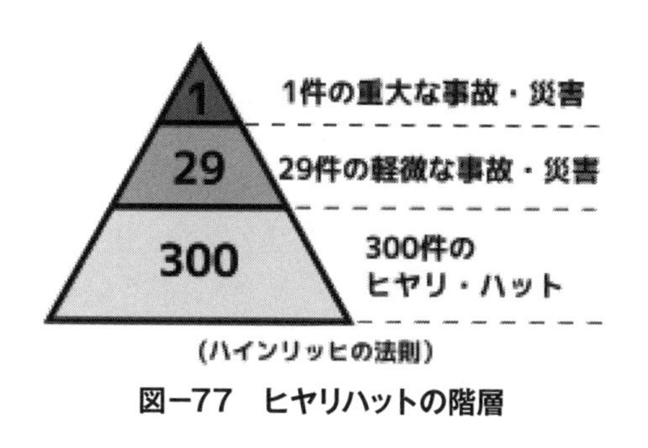

図－77　ヒヤリハットの階層

オ）改善提案

その職場で働く人が、日常の業務の中で考えた創意工夫、作業の効率、肉体への負担軽減等の安全に関する改善提案を広く集め、職場の安全衛生水準の向上や、快適さの改善に結びつけていく活動である。改善提案を意識することで、働く人たちの安全衛生に関する感受性が高まり、注意が喚起され、自分の提案が取り上げられることで働く意欲や職場のムードも向上し、作業員のモチベーションが高まるといった効果が期待される。

カ）安全行動調査による自己評価[98]

工場安全重点施策の一つとして「自分の安全は自分で守る“本質的安全人間づくり”」のため、各人の行動性向を知る「安全行動調査」を行って「安全行動評価票」による安全自己評価と上長評価を突き合わせて話し合う方法である。これにより、自己の安全レベルの向上を図るという方法がある。

この安全行動調査は、従業員一人ひとりの潜在的意識下では必ずしも気付かないまま現れている不安全な行動の原因になる恐れのある特性、傾向を調べ、不安全な行動を少しでもなくすことに役立てることを目的とするものである。

キ）経営層の姿勢と組織風土

マネジメントとして、経営層の安全理念・方針の策定・普及、リーダーシップ、安全組織、安全管理、安全教育、安全審査、企業資源の投入および適正なワーク管理ができていれば、作業現場での安全性は格段に向上する。また、組織風土として、安全への積極的関与、組織内・組織間の適切なコミュニケーション作りも大事である。

【転ばぬ先の杖】

1．あとから見れば防ぐことができた事故がたくさんある。
2．その事故をあらかじめ防ぐ仕組みが必要である。
3．特効薬はない。地道にすべきことをするにつきる。
4．5Sからはじめて、教育、訓練、リスクマネジメントなどまで真摯に取り組むことが重要である。
5．定期的に、また、ハードやソフトが変わったときは、リスクアセスメントやセーフティアセスメント、教育・訓練を実施する。
6．形骸化してしまえば、やっているということで油断をまねく。常に新たに、前向きに取り組む姿勢が必要である。

7．絶対安全はないのだから、仕事を続ける限り、また、仕事を順調に続けようと思うなら、その仕事を続けている間は安全に目を配らなければならない。

(6)潜在的リスクへの対応力

事故や火災は、化学物質による危険性の突発的な発現と捉えられるが、潜在的有害性を有する化学物質による長期間のばく露が原因となる危険性は、当該化学物質の長期毒性が判明していないと防げない。地味なようだが、リスクアセスメントの実践は欠かせない。

1)リスクアセスメントの実践

「リスクアセスメントの各種方法（p60 － 61)」および「リスクアセスメントの法的変遷（p118 － 121)」は前述したので、本節ではリスクアセスメントの実践について詳述する。

リスクアセスメントとしては、以下のア）からウ）までに掲げる事項を、安衛法第 57 条の３第１項、安衛則第 34 条の２の７第２項に基づいて実施し、安衛法第 57 条の３第２項に基づいてエ）を実施（努力義務）し、安衛則第 34 条の２の８に基づいてオ）に掲げる事項を実施しなければならない。

ア）危険有害要因を洗い出す（化学物質等による危険性または有害性の特定)。

イ）それらのリスクの大きさを見積り、評価する（ア）で特定された化学物質等による危険性または有害性並びに当該化学物質等を取り扱う作業方法、設備等により業務に従事する労働者に危険を及ぼし、または当該労働者の健康障害を生ずるおそれの程度および当該危険または健康障害の程度（リスク）の見積もり)。

ウ）労働者保護の観点から容認できないリスクレベルの危険有害要因を個別具体的に明らかにする（イ）の見積もりに基づくリスク低

減措置の内容の検討)。

エ) 許容できない危険有害要因を除去、低減するための対策を検討し、実施する

(ウ) のリスク低減措置の実施)。

オ) リスクアセスメント結果の労働者への周知

この一連の考え方は図－78に示すようにOSHMS（下記）の手順に含まれている。

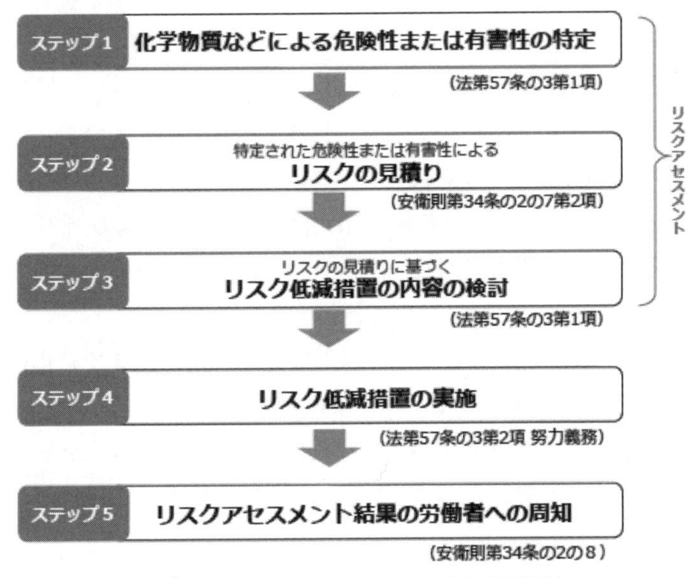

図－78 リスクアセスメントの実施手順

また、労働安全衛生に関係するリスクアセスメントとしては、次の三つの種類がある。

ア) 職場および作業のリスクアセスメント

イ) 機械・設備の設計・製造時のリスクアセスメント

ウ) 化学物質の導入前のリスクアセスメント

ア) の職場および作業のリスクアセスメントは、事業場における機械・設備等に係る危険有害要因を把握し、そのリスクレベルの評価結

果に基づき、対策を要するものを明らかにするものである。

イ）の機械・設備の設計・製造時のリスクアセスメントは、機械・設備の製造者（メーカー等）によって実施され、この結果に基づき、本質的な安全設計、安全防護等の安全対策によりリスクレベルをできるだけ抑えるため、安全な機械・設備が職場（ユーザー等）に提供されることになる。その際の「許容可能とするリスク」は、前者（ア）のリスクアセスメント）では、事業場としての政策的判断により、また後者（イ）のリスクアセスメント）では、社会的な見地から考えて、それぞれ設定されることになる。

ウ）の化学物質の導入前のリスクアセスメントは、対象物質を原材料として新規に採用したり、変更したりするときに実施されるもので、そのリスクレベルの評価結果に基づき、使用上の留意事項を明らかにし、作業員の安全を図るものである。

2)リスクアセスメントの具体化[99)]

リスクアセスメントについては、どの方法を使用すべきか2016年（平成28年）改正安衛法では具体的に定められてはおらず、事業者の実情に応じて選択・実施することができる。次にその一例を示す。

２－１）実施体制

事業者は、次に掲げる体制でリスクアセスメントおよびリスク低減措置（以下リスクアセスメント等）を実施することになる。

ア）総括安全衛生管理者が選任されている場合、当該者にリスクアセスメント等の実施を統括管理させること。総括安全衛生管理者が選任されていない場合、事業の実施を統括管理する者に統括管理させること。

イ）安全管理者または衛生管理者が選任されている場合、当該者にリスクアセスメント等の実施を管理させること。安全管理者または衛生管理者が選任されていない場合、職長その他の当該作業に従事する労働者を直接指導し、または監督する者としての地位にある者にリスクアセスメント等の実施を管理させること。

ウ）化学物質等の適切な管理について必要な能力を有する者のうちから化学物質等の管理を担当する者（以下「化学物質管理者」）を指名し、この者に、上記イ）に掲げる者の下でリスクアセスメント等に関する技術的業務を行わせることが望ましい。

エ）安全衛生委員会、安全委員会または衛生委員会が設置されている場合、これらの委員会においてリスクアセスメント等に関することを調査審議させ、また、当該委員会が設置されていない場合、リスクアセスメント等の対象業務に従事する労働者の意見を聴取する場を設ける等、リスクアセスメント等の実施を決定する段階において労働者を参画させること。

オ）リスクアセスメント等の実施に当たっては、化学物質管理者の他、必要に応じ、化学物質等に係る危険性および有害性や、化学物質等に係る機械設備、化学設備、製造技術等についての専門的知識を有する者を参画させること。

カ）上記の他、より詳細なリスクアセスメント手法の導入またはリスク低減措置の実施にあたっての、技術的助言を得るため、労働安全衛生コンサルタント等の外部の専門家の活用を図ることが望ましい。

２－２）事業者による教育

事業者は、２－１）のリスクアセスメントの実施を管理する者、技術的業務を行う者（(カ）の外部の専門家を除く。）に対し、リスクアセスメント等を実施するために必要な教育を実施するものとする。

3）実施時期

３－１）事業者は、安衛則第34の２の７第１項に基づき、次のア）からウ）までに掲げる時期にリスクアセスメントを行うものとする。

ア）原材料等として化学物質等を新規に採用するかまたは変更するとき

イ）化学物質等を製造または取り扱う業務に係る作業の方法若しくは手順を新規に採用し、または変更するとき

ウ）化学物質等による危険性または有害性等について変化が生じ、または生じる恐れがあるとき

具体的には、化学物質等の譲渡または提供を受けた後に当該化学物質を譲渡し、または提供した者が、当該化学物質等に係る安全データシート（SDS）の危険性または有害性に係る情報を変更し、その内容が事業者に提供された場合等が含まれるとき

３－２）事業者は、３－１）のほか、次のア）からウ）までに掲げる場合にも、リスクアセスメントを行うよう努めること。

ア）化学物質等に係る労働災害が発生した場合であって、過去のリスクアセスメント等の内容に問題がある場合

イ）前回のリスクアセスメント等から一定の期間が経過し、化学物質等に係る機械設備等の経年による劣化、労働者の入れ替わり等に伴う労働者の安全衛生に係る知識経験の変化、新たな安全衛生に係る知見の集積等があった場合

ウ）既に製造し、または取り扱っていた物質がリスクアセスメントの対象物質として新たに追加された場合等、当該化学物質等を製造し、または取り扱う業務について過去にリスクアセスメント等を実施したことがない場合

３－３）事業者は、３－１）のア）またはイ）に掲げる作業を開始する前に、リスク低減措置を実施することが必要であることに留意するものとする。

３－４）事業者は、３－１）のア）またはイ）に係る設備改修等の計画を策定するときには、その計画策定段階においてもリスクアセスメント等を実施することが望ましい。

4）リスクアセスメント等の対象の選定

事業者は、次に定めるところにより、リスクアセスメント等の実施対象を選定するものとする。

４－１）事業場における化学物質等による危険性または有害性等をリスクアセスメント等の対象とすること。

4－2）リスクアセスメント等は、対象の化学物質等を製造し、または取り扱う業務ごとに行うこと。

但し、例えば、当該業務に複数の作業工程がある場合、当該工程を一つの単位とする、当該業務のうち同一場所において行われる複数の作業を一つの単位とする等、事業場の実情に応じて適切な単位で行うことも可能である。

4－3）元方事業者（一つの場所で行う事業の仕事の一部を請負人に請け負わせている者のこと）にあっては、その労働者および労働関係請負人の労働者が同一の場所で作業を行うこと（以下「混在作業」）によって生ずる労働災害を防止するため、当該混在作業についてもリスクアセスメント等の対象とすること。

5）必要な情報の入手等

5－1）事業者は、リスクアセスメント等の実施に当たり、次に掲げる情報に関する資料等を入手するものとする。入手に当たっては、リスクアセスメント等の対象には、定常的な作業のみならず、非定常作業も含まれることに留意すること。

また、混在作業等複数の事業者が同一の場所で作業を行う場合にあっては、当該複数の事業者が同一の場所で作業を行う状況に関する資料等も含めるものとすること。

ア）リスクアセスメント等の対象となる化学物質等に係る危険性または有害性に関する情報（SDS 等）

イ）リスクアセスメント等の対象となる作業を実施する状況に関する情報

（作業標準、作業手順書等、機械設備等に関する情報を含む。）

5－2）事業者は、5－1）のほか、次に掲げる情報に関する資料等を、必要に応じ入手するものとすること。

ア）化学物質等に係る機械設備等のレイアウト等、作業の周辺の環境に関する情報

イ）作業環境測定結果等

ウ）災害事例、災害統計等

エ）その他、リスクアセスメント等の実施に当たり参考となる資料等

５－３）事業者は、情報の入手に当たり、次に掲げる事項に留意するものとする。

ア）新たに化学物質等を外部から取得等しようとする場合、当該化学物質等を譲渡し、または提供する者から当該化学物質等に係るSDSを確実に入手すること

イ）化学物質等に係る新たな機械設備等を外部から導入しようとする場合、当該機械設備等の製造者に対し、当該設備等の設計・製造段階においてリスクアセスメントを実施することを求め、その結果を入手すること

ウ）化学物質等に係る機械設備等の使用または改造等を行おうとする場合、自らが当該機械設備等の管理権限を有しないときは、管理権限を有する者等が実施した当該機械設備等に対するリスクアセスメントの結果を入手すること

５－４）元方事業者は、次に掲げる場合、関係請負人におけるリスクアセスメントの円滑な実施に資するよう、自ら実施したリスクアセスメント等の結果を当該業務に係る関係請負人に提供すること。

ア）複数の事業者が同一の場所で作業する場合であって、混在作業における化学物質等による労働災害を防止するため、元方事業者がリスクアセスメント等を実施したとき

イ）化学物質等にばく露するおそれがある場所等、化学物質等による危険性または有害性がある場所において、複数の事業者が作業を行う場合であって、元方事業者が当該場所に関するリスクアセスメント等を実施したとき

6）対象化学物質の危険性または有害性の特定

事業者は、化学物質等について、リスクアセスメント等の対象となる業務を洗い出した上で、原則として次のア）およびイ）に即して危険性または有害性を特定すること。また、必要に応じ、ウ）に掲げる

ものについても特定することが望ましい。

ア）日本工業規格 JIS Z 7253 に基づき分類された化学物質等の危険性または有害性（SDS を入手した場合には、当該 SDS に記載されている GHS 分類結果）

イ）日本産業衛生学会の許容濃度または米国産業衛生専門家会議（ACGIH）の TLV − TWA 等の化学物質等のばく露限界が設定されている場合、その値（SDS を入手した場合には、当該 SDS に記載されているばく露限界）

ウ）ア）またはイ）によって特定される危険性または有害性以外の、負傷または疾病の原因となるおそれのある危険性または有害性

この場合、過去に化学物質等による労働災害が発生した作業、化学物質等による危険または健康障害のおそれがある事象が発生した作業等により事業者が把握している情報があるときは、当該情報に基づく危険性または有害性が必ず含まれるよう留意する。

7）予想されるリスクの見積もり

事業者は、リスク低減措置の内容を検討するため、安衛則第 34 条の 2 の 7 第 2 項に基づき、次に掲げるいずれかの方法（危険性に係るものにあっては、次のア）またはウ）に掲げる方法に限る。）により、またはこれらの方法の併用により化学物質等によるリスクを見積もるものとする。

ア）化学物質等が当該業務に従事する労働者に危険を及ぼし、または化学物質等により当該労働者の健康障害を生ずる恐れの程度（発生可能性）および当該危険または健康障害の程度（重篤度）を考慮する、例えば、以下の方法が挙げられる。

表－62　発生可能性と重篤度を考慮する方法

方法	内　容
マトリクス法	発生可能性と重篤度を相対的に尺度化し、それらを縦軸と横軸とし、あらかじめ発生可能性と重篤度に応じてリスクが割り付けられた表を使用してリスクを見積る方法
ECETOC TRA法	労働環境における個人ばく露量（吸入経路）を、作業別の8時間－TWA（時間荷重平均値）として算出し、労働者のリスクアセスメントを実施するための方法
数値化法	発生可能性と重篤度を一定の尺度によりそれぞれ数値化し、それらを加算または乗算等してリスクを見積る方法
枝分かれ図を用いた方法	発生可能性と重篤度を段階的に分岐して行くことによりリスクを見積る方法
コントロール・バンディング法	化学物質リスク簡易評価法等を用いてリスクを見積もる方法
災表害のシナリオから見積る方法	化学プラント等の化学反応のプロセス等による災害のシナリオを仮定して、その事象の発生可能性と重篤度を考慮する方法

表－63　ばく露濃度と有害性の程度を考慮する方法

方法	内　容
実測値による方法	作業環境測定等によって測定した作業場所における化学物質等の気中濃度等を、その化学物質等のばく露限界と比較する方法
使用量などから推定する方法	数理モデルを用いて業務を行う労働者の周辺にある化学物質等の気中濃度を推定し、当該化学物質のばく露限界と比較する方法
予め尺度化した表を使用する方法	労働者のばく露程度と当該化学物質の有害性を相対的に尺度化し、予めばく露程度と有害性程度に応じてリスクが割り付けられた表を用いてリスクを見積る方法

イ）事業者はリスクの見積りを行うに際しては、用いる見積り方法に応じて、入手した情報等から次に掲げる事項等必要な情報を使用する。

（ⅰ）当該化学物質等の性状

（ⅱ）当該化学物質等の製造量または取扱量

（ⅲ）当該化学物質等の製造または取扱い（以下「製造等」という。）に係る作業の内容

（ⅳ）当該化学物質等の製造等に係る作業の条件および関連設備の状況

（ｖ）当該化学物質等の製造等に係る作業への人員配置の状況
（vi）作業時間および作業の頻度
（vii）換気設備の設置状況
（viii）保護具の使用状況
（ix）当該化学物質等に係る既存の作業環境中の濃度若しくはばく露濃度の測定結果または生物学的モニタリング結果

ウ）事業者は、リスクの見積りに当たり、次に掲げる事項等に留意するものとする。
（ｉ）過去に実際に発生した負傷または疾病の重篤度ではなく、最悪の状況を想定した最も重篤な負傷または疾病の重篤度を見積もること
（ii）負傷または疾病の重篤度は、傷害や疾病等の種類にかかわらず、共通の尺度を使うことが望ましいことから、基本的に負傷または疾病による休業日数等を尺度として使用すること
（iii）リスクアセスメント対象の業務に従事する労働者の疲労等による危険性または有害性への付加的影響を考慮することが望ましいこと

エ）事業者は、一定の安全衛生対策が講じられた状態でリスクを見積もる場合、用いるリスクの見積りについて、次に掲げる事項等を考慮すること
（ｉ）安全装置の設置、立入禁止措置、排気・換気装置の設置その他の労働災害防止のための機能または方策の信頼性および維持能力
（ii）安全衛生機能等を無効化するまたは無視する可能性
（iii）作業手順の逸脱、操作ミスその他の予見可能な誤使用または危険行動を行う可能性
（iv）有害性が立証されていないが、一定の根拠がある場合、当該根拠に基づく有害性

☆参考：【リスクアセスメントの方法についての意見】

簡易な方法で実施して（スクリーニングとしての位置づけを含む）、リスクが許容できない状況であれば、より詳細な方法で実施することが望まれる。

危険性（火災・爆発など）については、まず簡易な「スクリーニング支援ツール」＊または「マトリックス法」を実施し、より詳しく検討する場合に「災害シナリオから見積もる方法」を実施すべきである。

有害性（健康障害）については、まず簡易な「マトリックス法」または「コントロール・バンディング」を実施し、より詳しく検討する場合には「実測による方法」を実施すべきである。

出典：『損保ジャパン日本興亜 RM レポート　149　2016年5月20日』より[100)]

＊参照：厚生省公表のスクリーニング支援ツール[101)]

8）対象となる化学物質のリスクの評価

気中濃度を測定した場合を例に取り、ジオキサンのリスク評価例を以下に示す。

①化学物質などの気中濃度を測定し、ばく露限界値と比較する。

例：ア）有機ガスモニターを対象者の 襟元に1日装着

イ）有機ガスモニターを回収し，ガスクロマトグラフなどで測定対象物質の量を測定する。

ウ）ACGIH（アメリカ合衆国産業衛生専門官会議）の TLV（ばく露限界）値や日本産業衛生学会の許容濃度等と比較し評価する。

②許容濃度を算定する。

許容濃度とは、労働者が1日8時間、週40時間程度、肉体的に激しくない労働強度で有害物質にばく露した場合に、当該有害物質の平均ばく露濃度がこの数値以下であれば、ほとんどすべての労働者に健康上の悪い影響が見られないと判断される濃度をいう。ばく露時間が短い、あるいは労働強度が弱い場合でも、許容濃度を超えるばく露は避けるべきである。

③日本産業衛生学会の許容濃度の勧告（2015年度）を参照する。

【1,4－ジオキサン職業ばく露の許容濃度の検討】

メキシコで1,4－ジオキサンを手の洗浄に用いていた21歳の男性が死亡するという事故が起きた。この時の1,4－ジオキサンの部屋の平均濃度は、470ppm（208～650ppm）だった。死因は1,4－ジオキサンのばく露によるとの結論が下された。1,4－ジオキサンは脳と肝臓および腎臓障害に関与するという。

本物質のばく露期間とがんによる死亡率との相関性は認められないものの、1954年から1975年の間、ジオキサン製造部門で複数の作業員が死亡しており、1,4－ジオキサンの疫学調査も広く行われている[102)]。

ACGIH（アメリカ合衆国産業衛生専門官会議）は、発がん性および変異原性に関する情報に基づいて1,4－ジオキサンのTLV－TWA（Time-Weighted Average：1日8時間、1週40時間の時間荷重平均濃度）を20ppm、発がん性をA3と定めている。

また、DFG（ドイツ研究振興協会）は、ジオキサンの最大現場濃度（Maximum Workplace Concentration）を20ppm、発がん性をCategory 4（実験動物での発がん性は変異原性に基づいていない作用機構によるもの）と定めている。

許容濃度の勧告値は年度によって異なるので、最新のものを用いるべきである。また、許容濃度の勧告値は国によっても異なるので、これも国別で最新のものを用いるべきである。

表−64　各国の1,4−ジオキサンの許容値

		発がん性
ACGIH（2015）	TLV−TWA 20 ppm (72 mg/m3)。皮膚吸収あり	A3
DFG（2014）	MAK(時間荷重平均）として 20 ppm (72 mg/m3)	Category 4
日本産業衛生学会（2015）	2015年度（改定案） 許容濃度 1 ppm (3.6mg/m3)（皮） 1984年度（新設） 許容濃度 10ppm(36mg/m3)（皮）	第2群B

9）リスク低減措置の検討および実施

①事業者は、法令に定められた措置がある場合には、それを必ず実施する。法令に定められた措置がない場合には、次に掲げる優先順位でリスク低減措置の内容を検討する。但し、法令に定められた措置以外の措置にあっては、前述のリスクの見積り結果として、ばく露濃度等がばく露限界を相当程度下回る場合は、当該リスクは許容範囲内であり、リスク低減措置を検討する必要がないものとして差し支えない。

（i）危険性または有害性のより低い物質への代替、化学反応のプロセス等の運転条件の変更、取り扱う化学物質等の形状の変更等またはこれらの併用によるリスクの低減

（ii）化学物質等に係る機械設備等の防爆構造化、安全装置の二重化等の工学的対策または化学物質等に係る機械設備等の密閉化、局所排気装置の設置等の衛生工学的対策

（iii）作業手順の改善、立入禁止等の管理的対策

（iv）化学物質等の有害性に応じた有効な保護具の使用

②①の検討に当たっては、より優先順位の高い措置を実施することにした場合であって、当該措置により十分にリスクが低減される場合には、当該措置よりも優先順位の低い措置の検討をする必要はない。また、リスク低減に要する負担がリスク低減による労働災害防止効果と比較して大幅に大きく、両者に著しい不均衡が発生する場合であって、措置を講ずることが著しく合理性を欠く場合を除き、可能な限り高い優先順位のリスク低減措置を実施する必要がある。

③死亡、後遺障害または重篤な疾病をもたらす恐れのあるリスクに対して、適切なリスク低減措置の実施に時間を要する場合は、暫定的な措置を直ちに講ずるほか、①において検討したリスク低減措置の内容を速やかに実施するよう努めるものとする。
④リスク低減措置を講じた場合には、当該措置を実施した後に見込まれるリスクトレードオフを見積もることが望まれる。

≪リスク低減措置の内容の検討（留意事項）≫
⑴ 日常，危険に直面している労働者の意見を反映させることにより，実行可能な目標の設定，安全衛生計画の作成を行うことができ，計画等の形骸化を抑制できる。
⑵ 作業を実際行っている労働者の率直な意見を聞き，それを安全衛生活動に反映させる仕組みは，労働者の安全衛生活動への参画意欲を高める効果が期待できる。

10）リスクアセスメント結果等の労働者への周知およびリスクコミュニケーション

①事業者は、安衛則第34条の2の8に基づき次に掲げる事項を、化学物質等を製造しまたは取り扱う業務に従事する労働者に周知することになる。
ア）対象の化学物質等の名称
イ）対象業務の内容
ウ）リスクアセスメントの結果
（ⅰ）特定した危険性または有害性
（ⅱ）見積もったリスク
エ）実施するリスク低減措置の内容
②①の周知は、次に掲げるいずれかの方法による。

ア）各作業場の見やすい場所にリスクアセスメントの結果を常時掲示し、または備え付ける

イ）当該情報を書面として労働者に交付する

ウ）磁気テープ、磁気ディスク、光ディスクその他これらに準ずる物に記録し、かつ、各作業場に労働者が当該記録の内容を常時確認できる機器を設置する

③法第59条第1項に基づく雇入れ時教育および同条第2項に基づく作業変更時教育においては、安衛則第35条第1項第1号、第2号及び第5号に掲げる事項として、①に掲げる事項を含めること。

④リスクアセスメントの対象業務が継続し、①の労働者への周知等を行っている間は、事業者は ①に掲げる事項を記録し、保存しておくことが望ましい。

⑤利害関係者に対するリスクコミュニケーションは、以下の通りとする。

ア）化学物質の管理を適正に行っていくために、その化学物質に関係する全ての人（企業、行政、地域住民、製品の使用者等）とリスクに関する情報を共有することが必要である

イ）そのために行なわれる対話がリスクコミュニケーションである

ウ）リスクコミュニケーションを行うことで、関係者に信頼と安心が育ち、より適切な化学物質管理が行われる

11）リスクアセスメントの効果

有害性について、リスクアセスメントの結果を守れば被災しなかったとされる例がある。ただ、危険性については大きな効果が期待される一方で完全になくすのが難しく、特にヒューマンエラーによる事故等は、人間の注意力の限界なのか、なかなか根絶するのが難しい。

しかしながら、リスクアセスメントを実施することにより、以下の効果は確実に達成できるものと思われる。

①職場のリスクが具体的かつ明確になる

職場の潜在的な危険性または有害性がどこにあるかが明らかにな

り、危険の芽を事前に摘むことができ、安全性は高まる。

②リスクに対する認識を共有できる

リスクアセスメントは、実際に作業を行っている現場の作業者も参加し、管理監督者とともに対策を練るので、職場全体の安全衛生のリスクに対する共通の認識を持つことができる。

③安全衛生対策の合理的な優先順位が各人合意の上で決定できる

リスクアセスメントの結果を踏まえ、事業者は許容できないリスクを減らす必要があるが、リスクの見積り結果等を踏まえて安全衛生対策の優先順位を決めることができる。

④対策が遅れる残留リスクに対して「守るべき決めごと」の理由が明確になる

中には、技術的、時間的および経済的にすぐに適切なリスク低減措置ができないリスクもある。その場合、暫定的な管理的措置を講じた上で、対応を作業者の注意や工夫に委ね、後日の解決策につなげる必要がある。

この場合、リスクアセスメントに作業者が参加していると、なぜ、注意して作業しなければならないかの理由が理解されているので、守るべき決めごとが守られ、少なくとも不安全行動が起こらないようになる。

⑤職場全員が参加することにより「危険」に対する感受性が高まる

リスクアセスメントを職場全体で行うため、業務経験が浅い作業者も職場に潜在化している危険性または有害性を感じることができ、情報の相互交流が進むようになる。

12）その他

表示・通知義務対象物質以外のものであって、化学物質、化学物質を含有する製剤その他の物で労働者に危険または健康障害を生ずるおそれのあるものについては、法第 28 条の 2 に基づき、この指針に準じて取り組むことが努力目標になっている。

法改正後（化学物質管理関係については 2016 年（平成 28 年） 6 月

１日施行）は、危険有害性を有しているSDS交付義務対象物質がラベル表示された上で流通することになるため、当該化学物質等を受け取った事業者は、ラベルにより危険有害性等を把握し、SDSの確認およびリスクアセスメントの実施（アクションをとる）につなげることができる。当然、業界全体として、このような一連の取り組みを円滑に進めることが求められている。

練習問題

1 取り扱う化学物質の安全データが十分揃わない場合、また予測できない隠れたリスクがある場合に、これから起こるかも知れない事故を予測することは難しい。以下の問いに答えよ。

（1）事業者が取り組むべき課題を三つ挙げ、あなたの考える解決法を簡潔に示せ。

（2）企業の経営層は、数ある事業活動のすべてに優先して安全問題を取り扱うという安全文化に留意することが望まれる。その一つに「報告する文化」があるが、この文化の内容と組織にとっての重要性を解説せよ。

2 化学産業では、これまで安全対策技術の向上やリスクマネジメントシステムの導入等により、操業の安全性を大きく向上させてきている。しかし、「安全文化」が劣化したような誤操作や誤判断が発端となった大事故が目立つ。以下の問いに答えよ。

（1）安全文化の劣化の特徴を三つ述べ、簡潔に説明せよ。

（2）ヒューマンエラーが原因の場合、当該作業者への対応とその防止方法について、あなたの考え方を述べよ。

3 リスクアセスメントは、作業場の衛生環境を改善するために、ますます重要になってきている。以下の問いに答えよ。

（1）あなたの考える、化学品を扱う作業場でのリスクアセスメントの実施手順を述べよ。

（2）リスクアセスメントを実施することにより、確実に達成できるとあなたが考える効果を三つ挙げ、それらを作業員に説明するときに留意すべき点を具体的に述べよ。

[参考文献]

88）http://www.nihs.go.jp/hse/c-hazard/jirei/

89）構健一「印刷事業場で発症した胆管がんの原因究明の状況」産業保健　21　2012　第70号p1－4

90）http://www.amed.go.jp/news/release_20160418.html

91）http://www.jisha.or.jp/seizogyo-kyogikai/pdf/meetingNo6_1-1-3.pdf

92）http://www.jalcrew.jp/jca/safety/just_culture.html

93）http://takumi296.hatenablog.com/entry/2013/09/21/043226

94）http://www.shokubai.co.jp/ja/news/file.cgi?file=file1_0111.pdf

95）現場保安力強化ベストプラクティス集　ー日化協　安全表彰受賞事業所の取組事例ー平成26年3月、特定非営利活動法人　安全工学会

96）http://www.mhlw.go.jp/new-info/kobetu/roudou/gyousei/anzen/dl/1911-1_2e_0002.pdf

97）http://www.mhlw.go.jp/new-info/kobetu/roudou/gyousei/anzen/dl/110222-1_004.pdf

98）https://www.jisha.or.jp/oshms/pdf/survey01.pdf

99）http://www.7mhlw.go.jp/bunya/roudoukijun/anzeneisei14/dl/100119-3.pdf

100）損保ジャパン日本興亜 RM レポート　Issue 149　2016年5月20日

101）http://anzeninfo.mhlw.go.jp/user/anzen/kag/pdf/M1_risk-assessment-guidebook.pdf

102）http://www.nite.go.jp/chem/chrip/chrip_search/dt/pdf/CI_02_001/hazard/hyokasyo/No-13_1.1.pdf（Rutherford,1959）

Chapter

VII

企業の責務、産業界の対応

1 化学物質を扱う企業の責務、産業界の対応

化学物質を扱うそれぞれの企業は、化学物質の研究・開発から製造、物流、使用、成形品化、最終消費を経て廃棄に至るすべての過程において、自主的に安全・環境・健康を確保するとともに高い品質の維持・向上を目指さなければならない。なお、自主的な活動の成果は、社会に公表し、現在では対話とコミュニケーションを通じた社会貢献も求められている。

化学物質を扱う企業は、以下に述べるような「化学品安全」、「保安防災」、「労働安全衛生」、「環境保全・エネルギー効率向上」、および「製品の品質責任」の各分野に積極的に取り組むとともに、その取り組みの内容を自ら客観的に評価し、CSR 報告書という形で社会やステークホルダー（利害関係者）に対して責任ある情報を公開する必要がある。

(1)「化学品安全分野」

企業は、科学的な根拠に基づく化学物質の安全管理を推進し、リスク概念に基づく化学品の適切な管理に積極的に取り組む必要がある。また、安全性評価に関する知見と最新の科学的知識および先端技術を駆使し、化学品のリスク評価を迅速かつ精緻に実施していくことも求められている。

例えば、企業が年間1トン以上製造・販売している製品について、2020 年度までに適切なリスク評価を計画的に取り組むこととし、化学物質の「危険・有害性」と「人や環境へのばく露」の両面からリスク評価し、製品の全ライフサイクルにおいて人や環境に対する影響について評価することが国際的にも履行されている。

(2)「保安防災分野」

国内法的には、プロセスの安全性とプラント設備の健全性を確保し、事故を未然に防止するために、プロセスの研究・開発からプラントの設計・建設を経て運転・維持、さらには設備の廃棄に至るまで、各ステージに於いて安全性評価を行い、環境への配慮と無事故・無災害の継続に尽力することが求められている。また、企業はプラントのリスク評価を徹底するとともに、安全対策の継続的強化や自主保安管理体制の充実を図る必要がある。

最近では工場長の下に化学物質管理者を置いたり、工場全体で化学物質管理委員会を設けたりする企業もあり、化学物質パトロールや化学物質関連環境教育等による化学物質の徹底管理も行われている。

(3)「労働安全衛生分野」

「安全をすべてに優先させる」ために、災害の未然防止、働く人の安全と健康の確保を目指し、設備の改善やOSHMS（下記）の運用などに取り組む必要がある。

取組みの内容は、それほど難しいことではなく何を“不安全”と見るかを予め予想しておき、対策を分かり易く定めておけば良い。例えば、以下のような取り組みである。

①安全衛生推進者に選任された者を写真入りポスターを職場において掲示し、作業者各人の自覚と安全意識の周知を図る。

②インターロック機能付きの囲いを設け“ポカヨケ（工場などの製造ラインに設置される作業ミスを防止する仕組、装置による注意喚起)”を図る。

③指が挟まれる事故の図柄を表示し注意表示する。

④安全作業を標準化し、装置・設備の使用方法のポイントを明示し、立入禁止ゾーン等を表示する。

⑤安全衛生用の保護具、保護メガネを備え、着用が必要な作業時に着

用を義務化する。

⑥死角の見える化のためにモニター設置し、また「停止後10秒数え、回転中は手を出さない」、「回転がひと目で分かる可視化」等の安全表示をする。

OSHMS（Occupational Safety and Health Management System）……事業所における安全衛生水準の向上を図ることを目的として、計画的かつ継続的に安全衛生管理を推進するためのシステム。OSHMSは、国際的な基準としてISO（国際標準化機構）においてISO45001として策定されている。

（4）「環境保全・エネルギー分野」

エネルギー・資源の一層の効率的利用と、排ガス（温室効果ガスを含む）、排水、埋立、廃棄物といった環境中に排出される一連の環境負荷物質の発生量低減を目指し、運転方法の改善、設備・機器効率の改善、さらにはプロセスの合理化などに取り組む必要がある。

この取組みで最初に求められる予防的視点は3R（リデュース、リユース、リサイクル）である。例えば、省エネルギー面では、従来製品と比較し待機消費電力を40％削減するとか、環境効率*を向上させれば、環境への廃棄物質が減少し環境負荷が低減される。また、設計・技術面では、筐体の全樹脂成型部品の約80％に再生プラスチック材を使用する、従来製品と比較して体積を25％削減する、また従来製品と比較して質量を29％削減するといったことができれば、化学物質の使用量ひいては環境への排出量を減少させることができる。

＊【環境効率】[103)]

製品やサービスの環境側面を表す環境評価指標の一つ。持続的成長を目指すため、より小さな環境影響で、より大きな価値を創出する、すなわち「環境影響を最小化しつつ価値を最大化する」考え方を指標化したもの（以下）のこと

$$環境効率 = \frac{製品・サービスの価値}{製品・サービスを生み出すための環境負荷}$$

☆現在、ISO14045において、環境効率の標準化が進められている。

(5)「製造物責任分野」

企業は、顧客が満足し、かつ安心して使用できる品質の製品とサービスの提供を目指して取り組む必要があり、研究開発から製造を経て販売にいたるまで、各段階で法規制を順守するだけでなく、「製造物責任」の考え方に基づいて多面的なリスク評価を実施し、対策を講じることで安全性の高い製品の開発・製造に努めるよう求められている。

10年程前に、ペットフードの原料として輸出した小麦粉にプラスチックの原材料であるメラミンとシアヌル酸が化学反応してできた物質が混入していたことが原因で、ペットフードを食べた犬猫が腎不全で4,000匹ほど死亡した事件が米国で報道された。また米国オハイオ州の玩具販売店が輸入した水遊び用の子供用玩具の塗料から連邦法の基準を超える鉛が検出されたことが報道された。これらは論外だが、使用者が化学物質に詳しくない末端消費者なので、製品に含まれる化学物質の安全性には特に厳しい目が向けられるべきである。

2 企業を取り巻くリスクとその管理

(1) 企業を取り巻くリスク

リスクとは顕在化すると組織に好ましくない影響が発生する事象で、リスクはいつ、どこで、だれが関与し、どのような形で、なぜ発生するかは事前には分からない。リスクを要因別に見て行くと、事業形態によって異なるが、化学物質に関するリスクは、事業実施面では安定供給、品質、PL 訴訟 、法令違反等に関係してくるものであるが、製造・使用面では生産現場における爆発性、人に対する急性毒性、慢性毒性、発がん性、環境に排出された場合の生態へ及ぼす毒性等が考えられる。

人は化学物質を安全・安心に製造し使用したいと考える。例えば、飲料中のアルコールの場合には、摂取量が閾値内ならば体に害がないものの NOAEL（無毒性量）超えると中毒を起こす。食塩でも同様に摂りすぎるとよくない影響、例えば、のどの渇き、血圧上昇、むくみ等が出てくる。化学物質を安全に使うということは、日本の伝統的な玩具“やじろべえ”のように安全と有害性がバランスして揺れている姿を想起させる。バランスのとり方が重要である。

しかしながら、既述の化学物質による事故や事件を見ても分かるように、化学物質を原因とするリスクが企業に及ぼす影響は大きい。企業にとって一つの事故や事件は、作業員への健康被害への種々の対処のみに止まらず、原因究明ができるまでの間の操業休止、被害者への補償、風評による企業のイメージダウン等、連鎖的に企業全体のリスクにつながるものとして見積もる必要があると思う。

図－79 を見てみよう、右上（安全で安心）と左下（危険で不安）部分の化学品は、化学知識に疎い人でも取り扱いに迷わないだろうが、左上（危険要因排除の努力必要）と右下（安全だけど不安）部分の化学品の場合は、リスクを管理しながら便益を享受するという人間の英知が必要になってくる。人々には、化学物質は無くてはならないものという認識はあっても、リスクゼロはありえないという負のイメージが頭の片隅に残りがちである。ここで危険の認識・評価と対策によりリスクを災害にしない工夫並びに如何にリスクが現実の災害となる事を防止するかが、人間の英知として求められている。

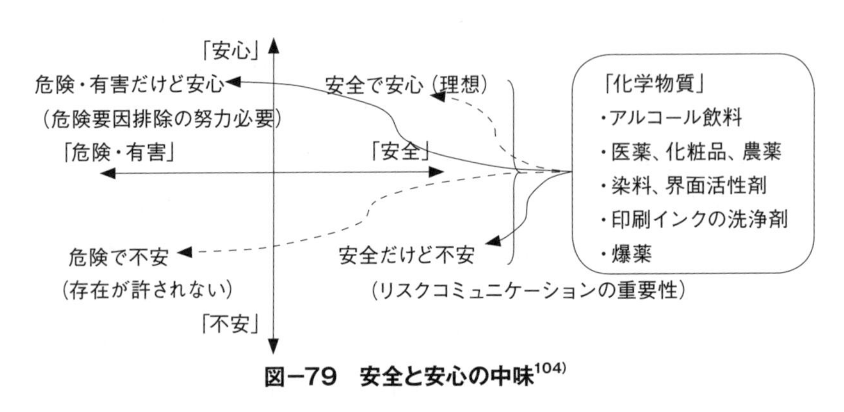

図−79　安全と安心の中味[104)]

工場は販売できる製品を作り出しているが、火災が起これば、企業の生産活動は停止し、操業停止のみでなく、サプライチェーンへの製品納入ショートといったリスクにさらされる。実際に起こった事故を見ると、設備に問題がある場合もあれば、製造プロセスに無理がある場合やヒューマンエラーの場合もある。品質の劣化や環境中への有害な化学物質の排出が起これば、企業のこうむる損害は、操業停止等により必然的に売上や利益減少にもつながってくる（図－80）。

こうした場合に対するリスクマネジメントは、完璧なマニュアルを作ることではなく、作業員から企業の上層部すべてにわたる安全意識の在り方が問題になる。実際の行動は、過去の経験を基にしたリスクアセスメント結果、SDSやラベル表示の情報、職場の５Ｓに企業全体の安全思想を組み合わせた日頃の安全教育結果が基準となると考えられる。

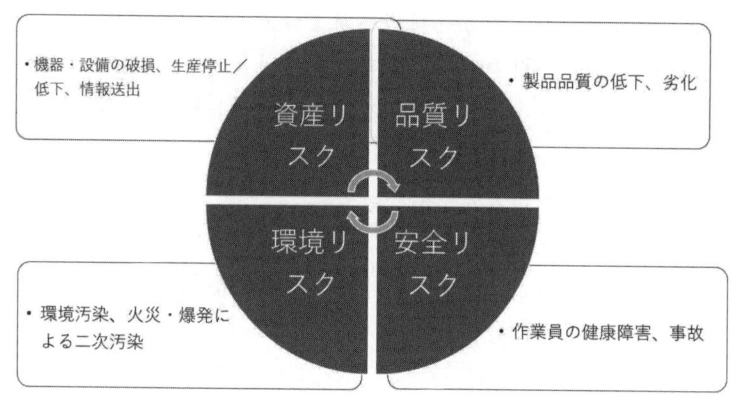

図－80　工場のリスク

ただし、リスクマネジメントは、企業の規模や業態に応じ内在するリスクをまず把握するところから始め、そのリスクに対し、企業の持ちうるリソースの範囲内で最適な対処をすることが合理的である。また、収益の基礎としてリスクを捉え、リスクのマイナスの影響を抑えつつ、リターンの最大化を追及するという視点を持つと化学物質管理と整合性がとれる。

(2) 事業者に求められるリスクアセスメント

労働安全衛生法の改正により、表示・文書交付対象物質について、リスクアセスメントの実施が義務付けられた（安衛法第57条の3；2016年（平成28年）6月1日より施行）。

これを受けて「化学物質等による危険性または有害性等の調査等に関する指針（2015年（平成27年）9月18日、公示第3号）105)」によって、リスクアセスメントの詳細が定められた。

この指針は、事業者による自主的な安全衛生活動への取組を促進するため、労働者に健康障害を生ずる恐れのある化学物質の危険性または有害性等のリスク調査を実施し、その結果に基づいて必要な措置が適切かつ有効に実施されるよう、基本的な考え方および実施事項が定められ、2016年6月1日から施行されている。

2－1）化学物質に関するリスクアセスメント実施義務化の背景

図－81は、過去10年間における化学物質による業務上疾病の発生状況である。疾病者数は全体的に減少傾向にあるものの、依然として無視できない人数であるのが現状である。

今回の化学物質に関するリスクアセスメント実施義務強化の背景には、化学物質に起因する業務上の疾病や労働災害の多発がある。

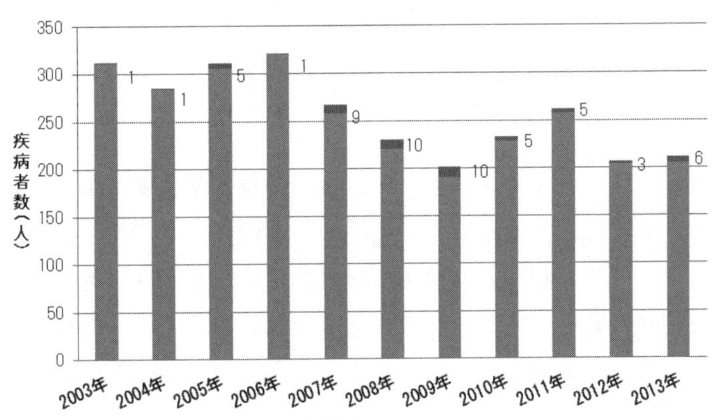

（※グラフ内の数値は全体のうちがんの発生件数）

出典：厚生労働省 労働災害統計を元に東京海上日動リスクコンサルティング㈱作成[106]

図－81　化学物質に起因する業務上疾病の発生状況

2－2）事業者におけるリスクマネジメントの実施手順・体制等

詳細は、前掲（p222～234）の（6）潜在的毒物対応力　2）リスクアセスメントの方法等の項を参照されたい。

2－3）現場の意見の重要性

厚生労働省の告示53号の指針では、安全衛生目標の設定および安全衛生計画の作成にあたり、労働者の意見を聞き、その意見を反映する手順を定めることとしている。労働者の意見を反映させることは、次のような点で大きな意義がある。

①日常、危険に直面している労働者の意見を反映させることにより、実行可能な目標の設定、安全衛生計画の作成を行うことができ、計

画等の形骸化を抑制できる。

②作業を実際に行っている労働者の率直な意見を聞き、それを安全衛生活動に反映させる仕組みは、労働者の安全衛生活動への参画意欲を高める効果が期待できる。

(3) 環境への影響を考慮した企業経営

3－1）環境への影響を考慮したこれからの「ものづくり」[107]

これまでのビジネスモデルによると、ものづくりの基本は、Q（Quality：品質）、C（Cost：コスト）、D（Delivery：納期）だったが、最近ではE（Environment：環境）が加わってきている（図－82）。

環境が加わった理由は、環境問題が国際的な課題としてクローズアップされているためであり、地球温暖化抑制のためのCO2の排出抑制、環境汚染や人の健康への被害防止のための化学物質規制、それに製品の利用場面で影響が出る電磁波や騒音などを含む製品によるリスクを低減するDfE（Design for Environment：環境配慮設計）などの諸要因が基になってきたからである。国際的に化学物質規制が厳しくなっており、この規制への対応ができない企業は、市場に参加することが難しくなり、中でも製品に含有されている化学物質の規制への対応が重要になってきている。そのため、自社製品に含まれている化学物質の情報を短時間に効率的に把握・管理し、その情報を顧客に提供することが喫緊の課題になっている。

自社製品が含有する化学物質の情報は、部品や材料の供給元の協力を得ることや、自社の製造プロセスの工程管理や製品の品質管理等が基になる。そのため、自社のプロセスの工程管理では、複数の化学物質を混合・調合する際に元の原材料以外の化学物質が混入したり、生成したりするかどうかを知ることがポイントとなる。混入や他の化学物質の生成がない、品質に変化がない場合は、通常供給元から入手した物質が、そのまま自社製品への含有物質になると判断できるのではないか。

自社の製造プロセス内で新たな化学物質が生成される場合は、新たに生成された化学物質を同定し、供給元から入手した製品情報、また客先からも納入品に関する諸情報を入手し、科学的な知見や自社の技術や実績等に基づいて、新たな化学物質が何か、その含有量や濃度等を把握する必要がある。含有化学物質の把握が難しい場合は、外部分析業者などの第三者による対応が必要となる。

ビジネスを勝ち抜く上では、上記のように自社製品の情報を正確に把握しておくこと、特に管理対象となっている副生化学物質の種類と量を把握し、製品情報の一つとして、積極的に公開していくことが、環境規制を新たなビジネスチャンスへ結びつける鍵になることを認識し、行動に移すことが重要になる。

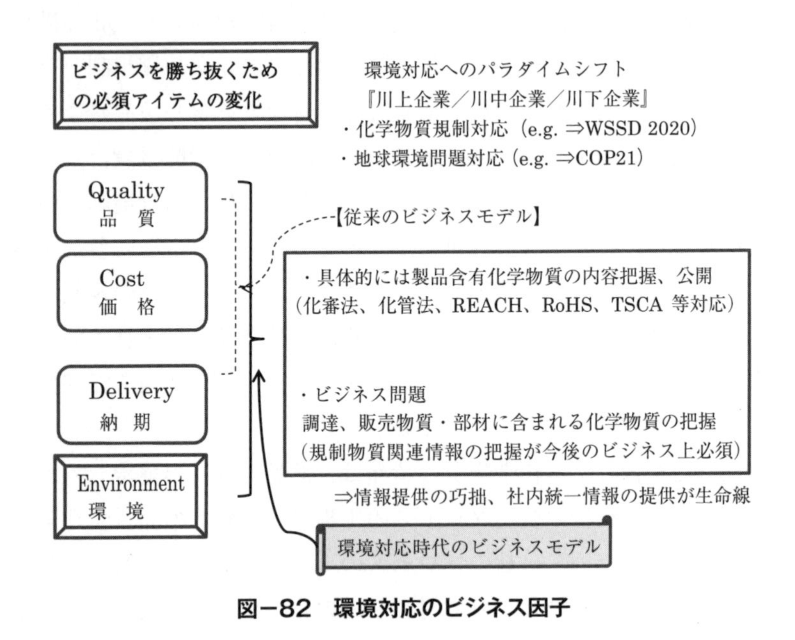

図－82　環境対応のビジネス因子

３－２）国際的な規制を念頭に入れた経営のすすめ

現在世界で化学物質を規制している法令の特徴は、有害性のある化学物質の使用禁止や、リスク評価を義務付けていることである。このため、これら法令への対応者は、化学品製造企業に留まらず、部品や最終製品を製造するサプライチェーン全体の企業まで及んでいる。従って、サプライチェーン内にある海外の企業も同様で、法令順守を怠ると、その国の法令違反として製品の回収や罰金、悪質なケースでは投獄されることもある。企業の経営者にとって見れば、法規制に今後も継続的に適合できるかどうかが重要な鍵になる。

規制に継続的に適合させるためには企業の人、物、金等の経営資源をどの程度、環境規制対応として配分しなければならないか、コストパーフフォマンスが合わなくなった製品をどのタイミングで市場から撤退させるか、企業にとってはなかなか頭の痛い経営的課題を突き付けられたことになる。グローバルにビジネスを展開している企業の海外法規制への対応は、経営戦略上キーファクターになっているように思われる。この点をステークホルダーに分かってもらうこととともに、従業員、作業者の考え方や行動にも反映してもらう必要が出てくる。化学物質関連の法令順守を、教育を通して企業の安全文化にまで仕上げていく必要性が今まさに生じてきているのではなかろうか。

図−83　世界の化学物質管理法制[108)]

(独法) 製品評価技術基盤機構、(一社) 日本化学工業協会、化学工業日報社、(一財) 化学物質評価研究機構、労働安全衛生コンサルタント会、中央労働災害防止協会等が化学物質を安全に取り扱うことを啓蒙するセミナーや講座の海外版を開催している。初学者はまず、これらのセミナーや講座に参加して海外法制の基礎知識を身に着けることをお薦めする。

現在のグローバルなビジネス環境下では、自社の部品、部材が何処の国で売られているかを問わず国際的な化学物質規制に対応することが必要となって来ている。特に、回収や罰金という制裁は、企業のブランドイメージを失墜させ、その後の取引に甚大な影響を及ぼすものとして強く意識する必要がある。その意味で、企業の経営者は、パラダイムシフトした業界の中で、否が応でも先頭に立って従業員を叱咤激励することが求められている。海外を含めた化学物質の法規制対応が、企業にとって経営上の必須科目になってきた。

これら課題への具体的な対応を思いつくままに挙げると、次のようなものになるように思われる。

① 法律等で規定されている禁止物質は「使用しない」「混入させない」「排出しない」こと、管理すべき物質は「見える化」を図る
② 部品図面、QC 工程図や作業指図書に管理項目を明記する
③ ISO9001 や ISO14001 を取得している企業では管理項目・水準を文書化する
④ サプライチェーン (取引先) との円滑な情報授受を行う等か。

3－3) 環境経営

環境経営は、「企業が地球環境への負荷を低減するため製品やサービスを含めて、その対応を経営戦略の要素として位置づけて具体化し、環境に与える影響に配慮した持続的な発展を目指す経営」であり、経営改善に環境の視点を加えたものといえるだろう。この経営には守りの面だけでなく、攻めの面もある。

“守り” の面は、電子機器の製造業での案件である。この業界では

製品に含有する化学物質を規制する法律が次々と施行され、特に外需系製造業（海外と取引する製造業や大手セットメーカー）は、RoHSなどのEU規制や各国の化学物質規制を守らないと、海外で製品を販売することができなくなっている。こうした規則に違反したとして、過去に日本の有名企業がペナルティーを課されたことがあった。製品は出荷停止となり、その損失金額は数十億円（あるいは実質100億円近い損失）以上にもなったという事例があったという。また、違法に混入した化学物質は、人に対して中毒等の健康被害を及ぼすのみでなく、廃棄処分された後でも土壌、水質等の生態環境へ汚染被害が出ると、原因探しから非難の矛先が自社に及ぶことになると、企業イメージがダウンしてしまう。一度ダウンした企業イメージを再生させることは大変難しく、その後の企業経営・活動に大きな支障をきたすことになる場合があるので気を付けるに越したことはない。転ばぬ先の杖で、どんなリスクがどこにあるか、事前に把握しておかなければならないという意味で、企業にとってこの“守り”の面は大事である。

もちろん原材料の使用量を少なくして環境負荷（及びコスト）を削減する、作業効率を高めて作業時間の短縮したり、投入エネルギーを削減する、ムダに捨てていた原材料を効率よく使用することも環境経営の一つの方法で、これらの施策は収益改善効果が期待できるものである。

他方“攻め”の面は、ハイブリッド車、自動運転、電気自動車、スマートシティ、スマートハウス、スマート家電、スマート農業等、自ら商品や製品やビジネスに安全・安心、省エネ・省資源、地球環境保護といった社会貢献を企業イメージとして化体させ、消費者の利益やユーザープレスティージに結びつけるとともに、順法以上のイメージを作り出す商品やビジネスモデルが出てきた。

「ここの企業の製品は世の中の役に立つ、世界の商品市場をリードしている」という評判によって満足感を与えるという新しい戦略である。これが企業にとって“攻め”の側面になる。

環境改善は地球のため、地域のためで社会貢献につながることが目に見えるので、単に利益を上げるための経営に比べて、環境経営に取り組むことによって、顧客から見た企業への評価が大きく向上することになる。COP21や最近のCOP25でも、環境への取り組みが企業の価値を高める方向に向かい、取引先企業やユーザーも環境経営に注力している企業と取引することで、世界の法規制に対応するだけでなく、自社の企業価値やイメージを高める方向を目指している。ビジネスチャンスをこうして広げて欲しいものである。

REACH規則等を策定したEUでは、製品・サービスの提供に際し、環境対応を国際競争力の一助にすべく環境政策を強化し、特に製造業では環境負荷を削減する技術開発に邁進している。なお、REACHが国際標準を目指しているという流れの中で、我が国企業は「環境技術」を戦略ツールとすべく、公害克服技術では世界に遅れを取るまいと技

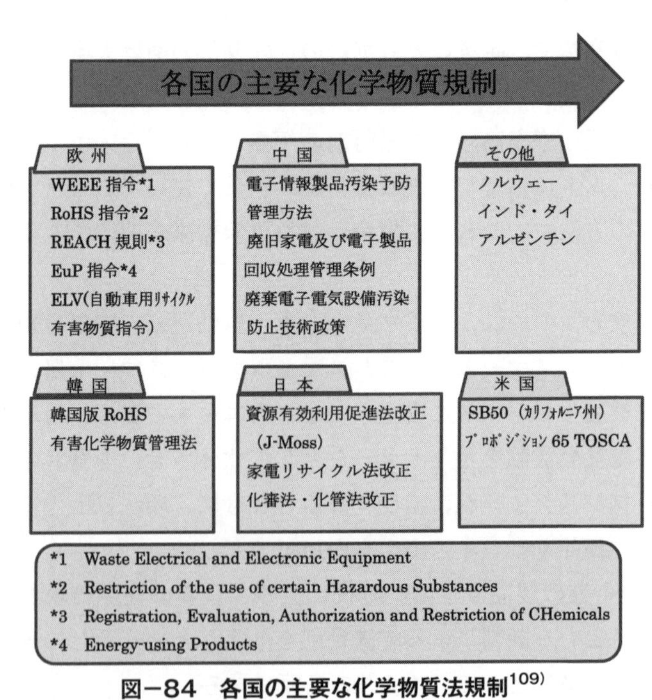

図－84　各国の主要な化学物質法規制[109)]

術開発を進め、海外マーケティングに組み込み、グローバル展開を図っている。

環境へ対応した企業活動として、各国の主要な化学物質規制に対応する一方で、ISO14001の認証取得を代表とする環境マネジメントシステム（EMS）の導入も並行して行われている。

環境経営には、EMS（Environmental Management System：環境マネジメントシステム）の導入、事業所内環境負荷低減の徹底化、販売製品やサービス全体への負荷低減のみでなく、サプライチェーンでも負荷低減しなければ意味がない。これらの活動を具体化する手法として、サプライチェーン内の企業にもEMSを導入し、環境方針を作成・実施・達成し、組織の体制・計画活動、責任、慣行、手順、プロセスおよび投入資源の検討、マテリアルフローコスト会計（MFCA）、環境配慮設計等の仕組みやツールを用いる必要がある。この活動の中で、サプライチェーン全体の環境負荷低減、環境事業の発展、顧客の環境意識向上への働きかけを行うことが企業戦略上望まれる。

また、サプライチェーンの川上から川下を一つの輪とみなし、環境

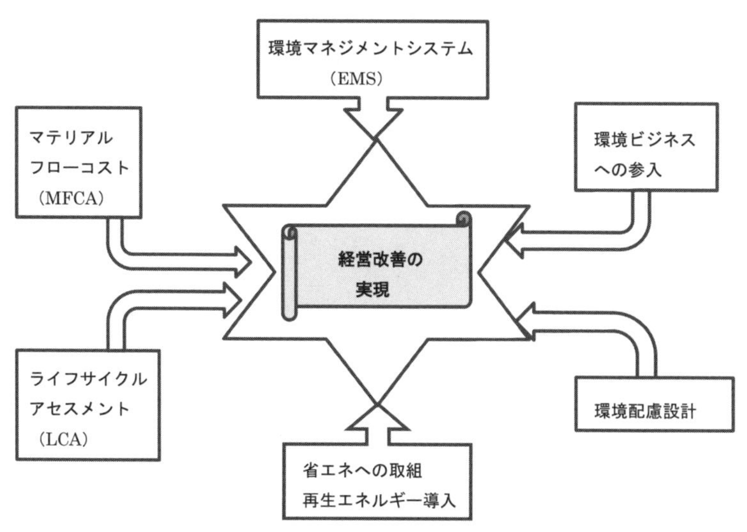

図−85　環境経営の手法と目的

負荷の少ない材料・部品を調達し、資源やエネルギーや水使用量を削減し、物流ルートの効率化を通じた環境負荷低減も併せ検討されるべきである。

但し、それらの導入・検討に加えて、それらをしっかりと組み合わせ、より経営の効率を引き上げることが本来の目的である。

環境の視点を加えた経営改善で成果が出た事業例を以下に示す。

・化学物質対応を自社のHPに載せたところ、大企業から今まで製造していたものと全く違う製品の依頼が来て、思いがけなく販路開拓ができた。
・マグネシウム等の金属および樹脂類の難加工材の切削・精密切断、ユニット製品の組み立て・電気調整までの一貫生産を行う企業が、RoHS対応企業として化学物質管理を行うとともに、高い生産精度・マネジメントシステム精度を向上させることより、環境負荷低減、コストダウンを実現できた。
・部品加工から表面処理まで大企業の要望に対する一貫処理生産を行う体制を持っている表面処理専業の中小企業が、化学物質管理に力を入れた環境経営を行い、RoHS、REACH（SVHC）対応工場として、大企業の要求に対してほぼ完全に対応し高い評価を受けた。

図−86　環境の視点を加えた経営改善で成果が出た事例[107),110)]

3 企業のCSR活動

CSRはCorporate Social Responsibilityの頭文字をとったもので、「企業の社会的責任」と訳されている。企業は人・金・物を使って利潤を追求し、人々のニーズを満たし、国に対して税金を支払うだけでなく、株主に対して配当を支払い、経済活動によって従業員や内外の取引先、消費者、地域社会や国際社会など、企業活動に関係をもつステークホルダーに対して、社会の一員としてふさわしい責任を果たさなければならない。この考え方をCSRと呼んでいる。CSR活動が注目されるようになったのは1990年代後半で比較的最近のことである。背景には次のような事情がある。

経済活動のグローバル化によって、多国籍企業だけでなく、国内外の多くの中小企業が工場や事業所を海外に移転するようになった。その陰で、文化や社会通念の異なる国々で、先進国企業が発展途上国の労働者に利益重視の劣悪な労働条件を押し付けたり、法律の未整備をいいことにして、児童労働等によって子ども達の人権を侵害したり、また環境破壊が進んだりする事例が散見されるようになった。発展途上国やNGO（非政府組織）関係者等から指摘・問題提起がなされるようになり、企業にCSR活動を意識させ、事業ポリシーに掲げることを求める機運が広く醸成されてきた。

また、大気汚染や土壌・水質汚染等の環境問題が地球規模にまで広がり、エネルギーの大量消費等によって引き起こされる炭酸ガスやフロン等の温室効果ガスによる地球温暖化防止が世界的な課題となり、環境に配慮した企業活動が国際的に求められるようになった。

さらに、食品の産地偽装や不当表示、個人情報の大量流出、リコール隠し、品質の偽装等の企業の不祥事が多発し、揺らぐ企業の信用に対して消費者や社会が厳しい目を向けるようになったことも、企業がCSRに力を入れざるを得なくなった理由の一つになっている。法令を守ることは勿論のこと、企業倫理を高め、障害者雇用や高齢者雇用、男女平等や従業員の能力開発等、広い意味での雇用責任を果たし、地域社会に対してもっと幅広く貢献していくことが近年重要視されるようになってきている。

そして、投資に際してその企業の財務状況だけでなく、環境や社会的責任についても判断基準とするSRI（社会責任投資：市場メカニズムを通じ、株主がその立場・権利を行使して、経営陣に対し、CSRに配慮した持続可能な経営を求めていく投資のこと。最近はESG投資ともいわれる）という公益重視の考え方が登場してきたことにより、CSRへの関心に拍車がかかってきた。

欧米格付企業は、CSRを果たしているかどうかで企業の格付けをしようとする姿勢を活発化させている。他方で、自社の環境に関する取り組みを報告する環境報告書を作成し、「CSR報告書」、「サスティナビリティ・レポート」のような社会貢献や法令順守状況、雇用責任等の社会責任を具体的に盛り込んだ文書を作成する企業が増加している。CSRを経営の重要な課題と位置づけて取り組んでいくことが、企業のブランド力を高めることになると認識されるに至って、CSRはあらゆる企業にとって重要なテーマになっている。

企業は、各々の事業の特性から、果たすべき役割や影響度の度合いは様々であり、自社の責任や課題を独自に見つけ、CSRポリシーを自ら創り上げていかなければならない。企業は、事業活動を続けていくにあたり、従業員、顧客、取引先、仕入先、消費者、株主、地域社会、自治体や行政など多様な利害関係者と関わっている。企業が利害関係者らと積極的に対話し、良好な関係を保ちながら経営を続けることがCSR活動に他ならない。

CSRの代表的なものとしては、納税や法令順守といった当たり前のことから、安心・安全な商品やサービスの提供、人権の尊重、公正な事業活動の推進、コーポレートガバナンスの向上、環境への取り組み、地域課題への取り組みなどが挙げられる。

しかし、大切にすべき利害関係者は企業によって異なるものであり、企業がCSRを推進する際には、本来自社の特徴を把握した上で優先すべき課題を選定し、最適な活動を創り出すことが求められる。以下に一例としてオムロン社のCSR活動を眺めてみる。他の多くの大手企業でも同様なCSR活動が行われている。

【ISO26000】
2010年11月に、国際標準化機構（ISO）が企業に限らない組織の社会的責任（SR）の実施に関する手引きを定めた国際規格であるISO26000を発行した。ISO26000の制定にあたっては、日本でも国内対応委員会が設置され、産業界、政府、労働者、消費者、NGO／NPO、その他などさまざまなステークホルダーによる検討・対応が行われた。ISO26000は規模や所在地に関係なく、あらゆる種類の組織を対象にしており、説明責任、透明性、倫理的な行動、法の支配の尊重、国際行動規範の尊重、人権の尊重といった、社会的責任に関する七つの原則をはじめとする社会的責任を、組織が実践していくための方策を定めている。

(1) オムロン社のCSR活動[111)]

オムロン社では、“企業は社会の公器である”との基本的考えのもとに、最適化社会において社会が企業に求める期待を踏まえ、以下のCSRの取り組みを方針として掲げている。

その1：事業を通じてよりよい社会をつくること

同社は雇用機会の提供や納税等を通して社会へ貢献するのはもちろんのこと、社会のニーズをいち早く感知し、優れた技術、商品、サービスを提供し続けていくことを大切にしている。公害や環境問題など工業化社会の忘れ物の解決のために、「安心、安全、環境、健康」に着目し、同社の中核技術であるセンシング&コントロール技術で、人が機械に合わせるのではなく、機械が人に合わせていくこと、つまり「人と機械のベストマッチング」の実現を目指している。

その２：社会が抱える課題に当事者として自ら取り組むこと

同社は、人権･労働問題や地球環境保全、貧困と人口増加の悪循環、少子高齢化といった社会の多様な課題に対して、社会を構成する当事者としての自覚をもって、オムロングループの特色を活かした解決への取り組みを続けている。

例えば、多様性の尊重を推進する取り組みとして、雇用機会の拡大を通して障害のある方々の社会参加を早くから支援し続け、この経験を活かし、これからも障害者雇用や支援について、法令遵守はもちろんのこと、社会をリードする取り組みを世界的に展開している。

また、女性の活躍機会の拡大をめざした取り組みや地球環境問題への取り組みも重要な課題として取り上げ、社会的動向やこれまでの環境改善活動の課題などを反映し、さらにグローバルな取り組みを強化している。

その３：企業活動を進める上で常に公明正大であること

法令順守、企業倫理、説明責任、情報開示などさまざまな課題に取り組み、より透明で公正な企業活動を実施していくことを目指している。 同社は、1998年に企業倫理綱領を作成するとともに、その具体的な行動指針となる「企業倫理・行動ガイドライン」を制定し、法令順守・企業倫理のグローバルな定着に努め、その後、2006年にはCSR行動ガイドラインを制定している。社会の持続的発展を目指す企業市民の一員として、企業倫理は何よりも優先すべきものと考えている。

①オムロン社の求めるよりよい社会の実現のために

同社は全社での取り組みとして、2006年に企業理念の再整理を行い、グローバルに広がっている全社員への意識浸透を図り、また、経営理念実践の模範となる事例を選出し共有することで、チャレンジし続ける組織風土作りに取り組んでいる。

同社は経営戦略の中に「CSR の体系化と実践」を組み込み、CSR マネジメントの強化を推し進めている。社員の一人ひとりがCSR を理解し取り組み、「オムロングループの存在そのものが、CSR を果たしている」と言えることを最終的な目標とし、これからもよりよい社会の実現のために事業活動を展開していくという。

経済的価値を創出しながら、社会的ニーズに対応することで社会的価値も創出するというアプローチ

【各社の CSV 活動】[112)]

1．伊藤園：茶産地育成事業

「緑茶の原料である茶葉を、安定的にかつ高品質で仕入れるための自社目的」vs「農家の教育と安定的な収入の確保の社会的課題解決」の二つを共通価値として取り入れた茶産地育成事業を実施。具体的には、茶葉農家と伊藤園が契約し、伊藤園のための茶葉を生産してもらう代わりに全ての茶葉を購入するという施策を行っている。

2．コーヒーメーカーのネスレ：共通価値を「栄養、水、農村開発」と定義した活動

乳業工場を現地の地下水を使わずに、操業する工場で取水量ゼロの技術を実施。具体的には、健康的な食生活と、運動も含めた健康的な生活習慣主要指標の推進のため「ネスレ ヘルシーキッズ プログラム」を 84 カ国で実施。コートジボワールでは、農園での児童労働の根絶、児童労働モニタリングと改善要請システムへの取組。

3．キリン：CSV 商品として新氷結の売り出し

東日本大震災の復興支援のため、2013 年、2015 年に福島産の桃と梨を使用した氷結を発売。

図－87　CSV活動の具体例

(2) 進化するCSR～どうなる?これからのCSR、ESG～

企業と社会がもっと CSR について考え、議論を深められるような

場や機会が増えることが、より良い社会をつくることにつながるので、CSR活動は進化する。

CSR報告書を定期的に発行したり、CSR活動を評価し仕入先を選定する「CSR調達」を取り入れるなど、日本の企業のCSR活動は活発化している。その理由として投資家が投資先を選定する際に、CSR活動の評価を取り入れるSRIが広がりつつあることや、学生が就職活動の際に企業のCSR活動を確認するといったことも当たり前になってきた。

現在、CSRは豊かな社会づくりにとって大変重要なテーマになってきており、そのため企業にとっては、さらに多様なステークホルダーを巻き込んでいくことが大切になる。

特に重要な役割を担うのが、我々消費者である。地球温暖化防止はもちろんのこと、東日本大震災を契機に省エネ意識を高め、家電商品を買い換えるとき少し割高でも省エネ型商品を選び、さらに進んで太陽光発電を設置するといった家庭が増えてきている。国民の意識が省エネにシフトして来ている証左でもある。国からの補助金は用いるが、太陽光発電を導入したことによって家族全員が発電量をこまめにチェックし、節電意識を高めると、国としてはトータルで自然エネルギー化がぐっと高まることにもなる。

これまで隣接する家屋がそれぞれ太陽光発電システムを設置すると、システムトラブルが発生することが普及の障害になっていたが、電気メーカーから多数台連系時の単独運転防止技術を搭載したパワーコンディショナーが発売されたことでこの問題が解決され、普及の後押しになっているという。

我々は毎日、いろいろな商品を購入し使用している。どこの企業の商品をより良いものとして選び、どんな企業を応援するかで、社会はよくも悪くもなる。そのためには、まず企業を知ることから始めねばならない。企業の発行するCSRレポートやWebサイトはそのためには重要な情報源になる。一人ひとりの判断の集積が世の中を良い方向に進めるベクトルになって行くのである。

その結果として、企業も消費者の声を反映して、環境負荷の低い、人間の生活に配慮した安全な商品を第一に作るようになり、社員も「社会に貢献している」ことで自分の会社に誇りを持てるようになるだろう。

なお、オムロン社に限らず、少なからぬ日本の化学、機械、電気電子、建設、食品等多くの企業はCSR活動の専門部署を設け、国際的にも遜色のないCSR活動を実施しており、それに磨きをかけている。

練習問題

1 化学物質を原因とするリスクが企業に及ぼす影響は小さくない。このようなリスクを低減化させるために必要な対策を取る必要がある。

（1）リスクアセスメントの手順について説明せよ。

（2）さらにリスクマネジメントを実施する手順について説明せよ。

2 企業を取り巻くリスクは、顕在化すると組織に好ましくない影響が発生する。しかし、リスクはいつ、どこで、だれが関与し、どのような形で、なぜ発生するかは事前には分からない。以下の問いに答えよ。

（1）化学物質に起因する事故災害が工場で起こった場合、工場が被るリスクを四つ示せ。

（2）大阪の印刷工場で起こった胆管がんを発症した労働災害の事案を基にし、この企業に求められるリスクアセスメントの手法について、あなたの考えを述べよ。

[参考文献]

103）http://lca-forum.org/environment/
104）小山 富士雄「事業者のための リスクコミュニケーションセミナー」2015. 6. 9
105）http://www.hourei.mhlw.go.jp/hourei/doc/kouji/K150918K0010.pdf
106）http://www.tokiorisk.co.jp/risk_info/up_file/201411111.pdf
107）http://www.kanto.meti.go.jp/seisaku/kankyo/recycle/data/keieikaizen_technic_kihonpart1.pdf
108）中小企業のための製品含有化学物質管理実践マニュアル【入門編】（第2版）2014 年2月　全国中小企業団体中央会
109）https://www.mcframe.com/column/environment/reach01.html
110）中小企業向け「経営改善事例集～環境視点が企業を変革する～」平成 25 年3月　関東経済産業局
111）http://www.omron.co.jp/about/csr/what/csr_efforts.html
112）https://kigyotv.jp/news/csv/

化学物質管理士資格制度

1 はじめに

化学産業の明るい未来を切り開くために、化学関係諸団体から「競争の焦点は製品から部材へ、そして素材に移りつつある。食糧・水不足など世界的課題を解決するマザーインダストリーとして、化学産業には大きなチャンスがある」という“動脈的”方向性、「世界最高水準の省エネルギー、環境関連技術の海外への移転、温室効果ガスを劇的に削減するための革新的な技術や製品開発など、地球環境問題の本質的な解決に取り組んでいく」という“静脈的”方向性が示されている。

2 化学物質管理の“深化と広がり”というパラダイムシフト

既に述べたように、2002年に南アのヨハネスブルグで開催された環境開発サミット（WSSD）で採択された“ヨハネスブルグ実施計画”は、ある意味で静脈技術を求めるものではないだろうか。

宣言は、『透明性ある科学的根拠に基づくリスク評価およびリスク管理を実施することによって、予防的アプローチに留意しつつ、人の健康および環境への深刻な影響を最小限にする方法で化学物質を生産し使用することを2020年までに達成することを目指す』となっている。

世界の化学物質管理のベクトルは、「ハザード管理からリスク管理」、「川上の化学産業から川中・川下企業までのサプライチェーン全体での化学物質管理」、「化学物質の安全・安心な製造・使用」へ向いている。これらが“パラダイムシフト”として化学産業のみでなくアプリケーション企業をも巻き込んだ“うねり”になっている。安全データの発信地たる最上流の化学産業の経営サイドは、“生物の進化の歴史を見ても、最も強い者や最も賢い者が生き残った訳ではない。最も変化に懸命だった者、最も環境変化に適応した者が生き残った”という言葉を「座右の銘」にするとよいのではないか。

安全性情報が製品の付加価値となり、透明性のあるリスク情報の提供が企業の信頼性に直結するように変わるので、これまでの機能・利益重視のビジネスモデルから脱皮して社会貢献の姿勢を前面に出さなければならない。つまるところ、グローバル化／技術革新の進展により加速度的に変化する環境下にあって、「何もしないこと」は、結果として日本および日本企業にとって「最大のリスクテーキング」になるため、安全性を担保する情報を従来の「人、モノ、金」のビジネスモデルに付加し、これからは静脈的であった化学物質管理のベクトルを動脈的にする具体策が必要になってくる。

3 化学物質の光と影

我々は多くの化学物質に囲まれて生活を送っていることは前述した。商品を市場に提供する事業者は、多くの公害、災害、毒物、内分泌攪乱乱物質、発がん性物質による被害を横目に見て、安全・安心にユーザーの求める各種化学品を市場に提供してきた。

しかし、ご存じのように化学物質が原因となる新たな問題が次々と判明している。家を新築した場合、建材や塗料などに含まれているホルムアルデヒド等が気密性の高い室内に放散されると「シックハウス症候群」が起こる。更に、既述のように界面活性剤や油溶性フェノール樹脂等の原料に使用されているノニルフェノールは水生生物や陸上生物に内分泌攪乱のリスクを及ぼすとEUで判定されている。

人間が生活の満足を得るために作り出した化学物質による公害や事故が“人災である”ことは頭では分かっているが、そうだと簡単に認めるのは余りにも悲しい。しかし、「科学の審判」にさらされていることは、我々も世界も分かってきた。そのため、“ヨハネスブルグ実施計画”が採択されたと考えられる。人間は『パンドラの箱』は開けてしまったが、まだ中には“希望”が残っている。その希望は人間の英知である。経産省、厚労省および環境省はそれぞれ担当する法律を改正しながらこの審判に対処しようとしている。世界の動静を見てもこのことが分かる。

4 「化学物質管理士資格」制度

(1)人材の育成

危険有害性の大きさと、そのばく露量から化学物質リスクを判断し、人の健康や環境に影響が及ばないように適切に管理するのがリスク管理だが、科学的にリスクを評価できる人材がいなければ実際にこれを行うのは難しい。豊洲市場の地下土壌に一定量以上のベンゼンが残留していることで築地市場の移転が延び延びなっていた等、化学物質の安全性に対する社会的な関心の高まりを受け、リスク評価ができる人材育成の重要性が日増しに増している。

少し古くなるが平成19年度と平成20年度に経済産業省の委託事業があり、「どんな人材が化学物質管理に目配りしたら良いか」について、三菱総合研究所と（財）日本システム開発研究所による調査報告書が公表された113) 114)。

前者では、今後必要とされる人材像として以下の項目が挙げられている。

①リスク評価を理解できる人材（全般）

②リスク評価と法規制を踏まえたリスク管理ができる人材（製造部門管理職）

③外部リソースを活用してリスク評価が実践できる人材（環境、研究、商品開発、製造部門等）

④リスクシナリオを作成できる人材（環境、商品開発部門等）

後者では「化学物質リスク評価人材認定制度（仮称）の必要性と有効性」という項目で、以下の点が挙げられている。

⑤中級レベルのスキルを有する人材育成に対する企業のニーズが十分にあり、このレベルの人材をまず育成して、一定の実務経験を積んだ後、上級レベルに達するキャリアアップの方法が望ましい。

⑥中級レベルの知識やスキルを認定し、方法論を普及させていく。
⑦ばく露シナリオに沿ってばく露量等を正確に評価し、リスク判定をする一連の手続きを認定するための中級レベルの評価人材認定制度を作る意義は大きい。

(2)一般社団法人化学物質管理士協会(Pro-MOCS)の誕生[115)]

（公社）日本技術士会化学部会の技術士が中心となり、2017年4月に（一社）化学物質管理士協会（東京都港区、林誠一代表理事）を設立した。国内外で厳しくなる化学物質管理規制の要求に応えるため、化学部会は2015年12月に部会内に「化学物質管理研究会」を設置し、この研究会が母体となって生みだした法人である。Pro-MOCSは、化学物質管理士および化学物質管理士補という民間資格制度をスタートさせ、現在実務経験を積んだ設立発起人6名がまず化学物質管理士となり、活動を開始した。厳しくなる要求に応え得る人材を世に送り出し、併せてグループ力を発揮してワンストップで企業や社会のニーズに応えていくことをミッションにしている。

Pro-MOCSは、化学物質管理士と化学物質管理士補、それに入会を希望する「研究会」会員ならびに個人･法人の賛助会員などで構成し、今後化学物質管理に関する企業向けコンサルティングを行い、サプライチェーン各社に適切な情報を提供するほか、SDS作成代行・支援など化学物質登録申請業務や化学物質管理士、化学物質管理士補の資格授与、商標使用（商標登録第6004659号）許可、セミナー・社員教育などを行う。

化学物質管理士は、化学物質の安全・安心な製造と使用を責務とするため、実務研修や実務経験を経て化学物質管理士補になるための化学物質管理試験の合格に加え､化学関連のの技術士資格が求められる。化学物質管理士になると企業の工場所属の化学物質管理委員会などのリードも望まれるため､より幅広い専門性が求められることに基づく。

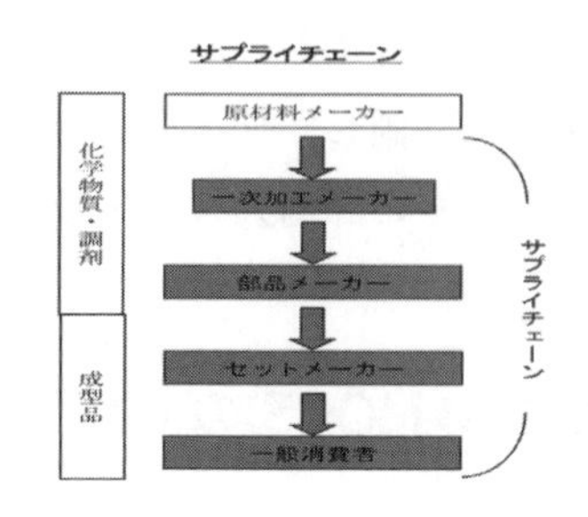

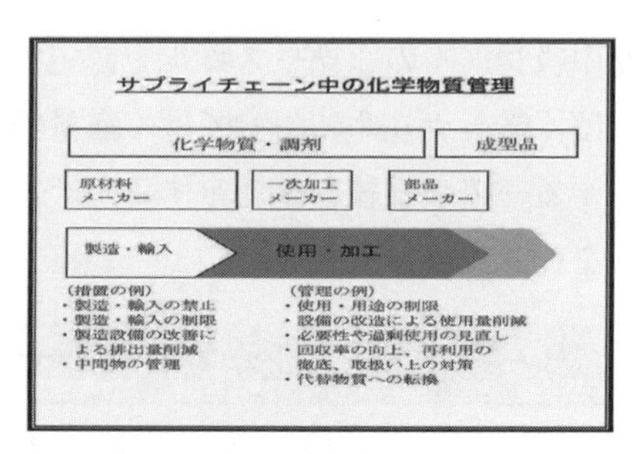

図−88　サプライチェーンと化学物質管理[6)]

化学物質管理士は、二つの条件をクリアーすることが必要とされており、そのうち一つは国家資格である技術士化学部門、環境部門、生物工学部門などの技術士資格取得者であること、もう一つは化学物質管理の知識、実務に詳しいことである。前者の要件はネット上等で既に公開されている技術士試験の問題から分かるように当該分野での一定以上の知識、実務経験を保有していることであり、継続研鑽（CPD）により専門性の維持が担保されている。また、企業毎に呼び名は異なるが、「私たちの行動指針」等により企業人は倫理観が求められているが、技術士は技術士法45条の2によって“公益確保の責務 ”が規定されており、別途「技術士倫理綱領」によって“公正・誠実な行動”が求められており、更なる倫理観が求められている。

もう一つの条件は、化学物質管理に関する知識と実務に対応できる知見の保有である。これは、化学物質に関する物理化学的、生化学的、毒性および疫学的実務的知見や経験並びに国内外の関係法令の知識が求められる。これは講演会、実務研修、セミナーおよび企業での経験を経た後Pro-MOCSの主催する試験に合格することにより、実務処理能力が担保される。

この資格試験は2019年度から実施している。Pro-MOCSでは、化学物質管理を資格制度とすることで社会的信用を高めつつ、将来はデファクトスタンダードを目指し、国家資格にできればよいと願っている。

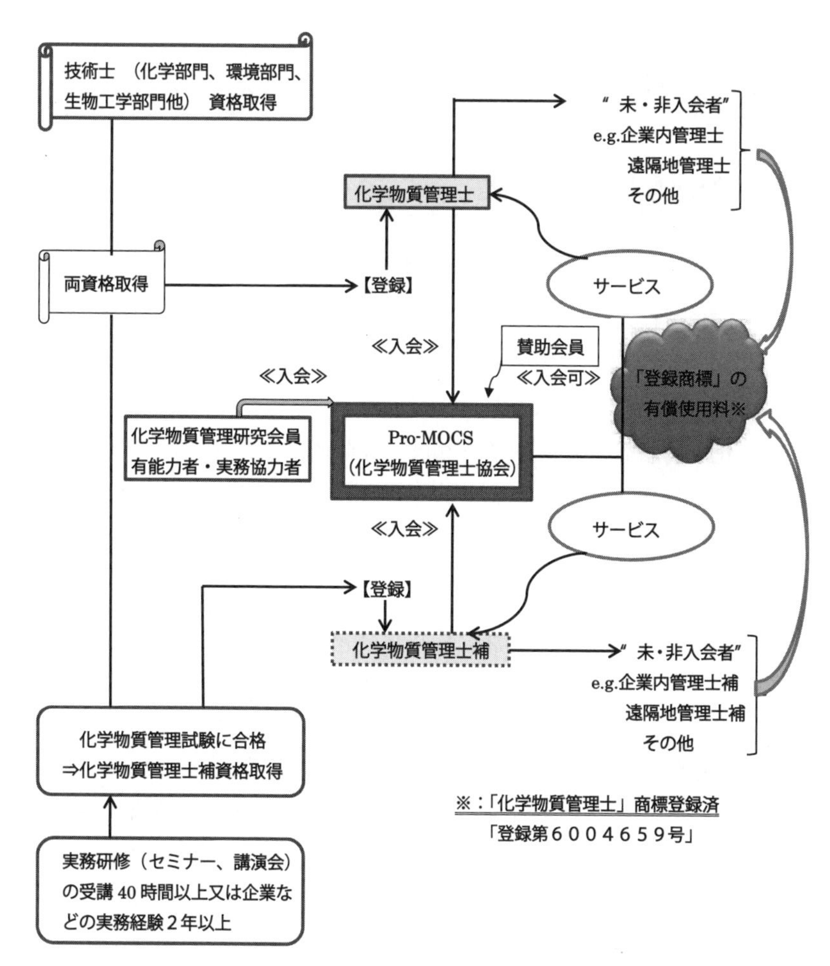

図−89　Pro−MOCS（化学物質管理士協会）の“かたち”

5 おわりに

(1)Pro-MOCSの目標

化学工業日報社が主催する化学物質管理に関する３回目の展示会「化学物質管理ミーティング 2017」が、8 月 24、25 日の２日間、横浜市のパシフィコ横浜で開催された(「同 2018」は 2018 年 5 月 17 日(木)・18 日（金）の２日間に実施)。

この化学物質管理ミーティングは、化学物質管理の対象を研究開発から製造・使用、廃棄、物流にいたるライフサイクル全体に広げており、化学物質管理で困っているサプライチェーンの企業のニーズと化学物質管理に専門性を有する事業者の提供できるシーズのマッチングを実現する絶好の場になるものと思われる。

Pro-MOCS は、登山に例えれば「登山口」に来たところだが、技術士個人の経験・力量に“グループ力・総合力”を加えたキャラバンを組み、『化学物質管理の“デファクトスタンダード山”』の山頂へ登ろうとしている。化学物質管理に取り組んでみたいという技術士化学部門、環境部門、生物工学部門他関連部門への受験者・合格者が増えることを望みたい。

2017 年は REACH 規則において予備登録された年間製造・輸入量

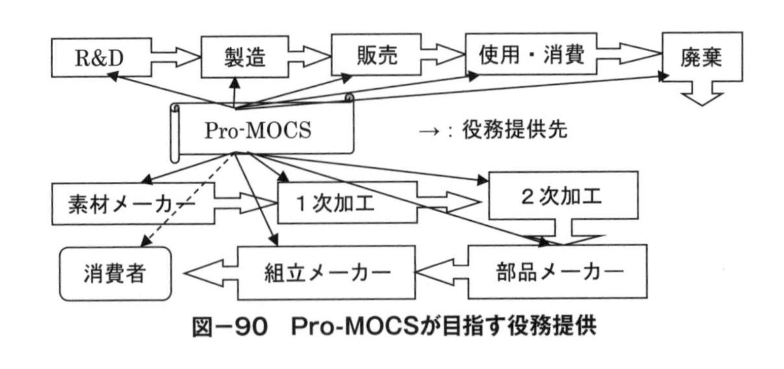

図−90　Pro-MOCSが目指す役務提供

1－100トンの化学物質の登録期限まで1年という時期もあって、化学物質管理により高い関心が集まっている。Pro-MOCSはこの波に乗れるよう努力する所存である（2018年、REACHは本格施行）。

(2) Pro-MOCSの望むこと

化学物質管理に関係する法律は濃淡合わせると下図のごとく裾野が広い。Pro-MOCS　は、努力はするが現状の活動範囲は化審法・化管法と化学物質が関係する安衛法によってカバーされる領域と考えている。同領域では既に先行して優れた活動をしている団体が数多くあるが、それらの団体と競争することは本意ではなく“協奏”することを目的としている。Pro-MOCSは経験と実績を積み上げつつ、カバーできる法域を将来的には消防法、化兵器取締法、毒劇法及び国際輸送関係法令へと広げて行きたいと思っている。

なお、REACHでは唯一の代理人、第三者代理人、中国や韓国でも代理人が化学物質管理に専門家として携わることが求められている。

Pro-MOCSは「製品に含有された化学物質をどう安全に取り扱うかが会社で問題提起されたとき、誰に相談して良いか分からない」というようなことが生じた場合、そのような方々の“灯台”になって代理人として業務ができればよいと思っている。

以上

[参考文献]

113）2007年度（平成19年度）化学物質安全確保・国際規制対策推進等（化学物質のリスク評価・管理のための人材育成事業）報告書　2008年（平成20年）3月　株式会社三菱総合研究所

114）2008年度（平成20年度）化学物質安全確保･国際規制対策推進等（事業者による化学物質のリスク評価･管理促進のための方策等調査）報告書　2009年（平成21年）3月　財団法人　日本システム研究所

115 秋葉恵一郎「化学物質管理士資格の船出～有能力者管理から有資格者管理へ～」 月刊「化学装置」2019年9月号　第61巻第9号　pp67－71

参考資料部

【化学物質関連データベース】

（1）Webkis-Plus 化学物質データベース（国立環境研究所）

化学物質安全情報提供システム（KIS-NET、神奈川県）などの化学物質データベースにいくつかのファイルを追加して作成した化学物質データベース。

データベースの検索方法は以下のようになっている。

- 簡易検索：簡易検索フォームから、物質名やCAS番号で化学物質情報を検索できる。
- カテゴリー検索からの絞り込み検索にも使用できる。
- カテゴリーから探す：法規制、リスク評価、物性などから検索できる。
- 物質の検索[詳細]：AND条件、OR条件などを使って、詳細な情報から検索ができる。
- カテゴリーの集計：カテゴリー間の関係から検索ができる。
- 農薬名の検索：農薬情報を、農薬の種類や商品名から検索できる。

⇒　http://www.nies.go.jp/kis-plus/

（2）Chemi coco（環境省）

化審法に係る化学物質の性質や有害性などについてのデータベースで、次の３分野の検索ができる。

- 名称（部分名称も可）
- 法令・適用区分
- 身の回り製品

⇒　http://www.chemicoco.go.jp/

(3) 職場の安全サイト(厚生労働省)

安衛法では、法ができた時点で化審法の既存化学物質であったものを安衛法でも既存化学物質とし、法が施行されて以降申請されたものを公表化学物質としている。
厚生労働省の告示により，化審法番号より小さい番号の化合物は安衛法でも既存化学物質として扱うことになった。
⇒ http://anzeninfo.mhlw.go.jp/index.html

(4) TOXNET (NIH U.S. National Library of Medicine)

TOXNETには多くのデータベースを掲載している。いずれも重要なデータベースであるが、化学物質の物理化学的性状のデータ、有害性情報および環境有害性情報の検索によく用いられるHSDB (Hazardous Substances Data Bank) について紹介されている。

HSDBは有害性のある化学物質についての毒性データベースで、ヒトへのばく露情報、労働衛生、緊急時の処理法、環境中の運命、法規制、ナノ物質およびそれらに関連する分野についての情報が載せられている。HSDBの情報は「Scientific Review」による評価を受けている。
⇒ https://toxnet.nlm.nih.gov/

(5) 有害性評価支援システム統合プラットフォーム(HESS)

HESSは，化学物質の反復投与毒性を類似物質の試験データから推定すること（カテゴリーアプローチ）を支援するシステムとして開発され，2012年（平成24年）6月にNITEホームページから無料で公開されている。
⇒ http://www.nite.go.jp/chem/qsar/hess.html

(6) ASEANケミカルセーフティーデータベース

日本ASEAN経済産業協力委員会（AMEICC）の枠組みのもと、ASEAN各国と協力して構築をしたデータベースで、ASEAN各国の政府から直接提供された化学物質の各国規制情報や有害性情報、GHS分類結果や参考SDS等を収載している。

⇒　http://www.ajcsd.org/chrip_search/html/AjcsdTop.html

――完――

キーワード索引

あ行

か行

さ行

た行

な行

は行

ま行

や行

ら行

A

B

C

D

U

V

秋葉恵一郎

1944年　東京に生まれる。
1968年　東京大学農学部農芸化学科卒業　住友化学(株)入社、農薬事業部配属
1999年　技術士(化学部門)登録
2005年　住友化学(株)退社
2006年　秋葉技術士事務所開設　所長
2016年　NITE客員調査員(～2017年)
2018年　化学物質管理士
現　(公社)日本技術士会化学部門　化学物質管理研究会　顧問
　(一社)化学物質管理士協会　副代表理事

林　誠一

1944年　東京に生まれる。
1972年　東京工業大学大学院博士課程修了(工学博士)
1972年　東京工業大学工学部助教(～1982年)
1973年　アメリカ　オハイオ州立大学博士研究員(～1975年)
1982年　日本化薬(株)入社(～2004年)
1993年　技術士(化学部門)登録
2004年　林技術士事務所開設　所長　現在に至る
2016年　NITE客員調査員(～2017年)
2018年　化学物質管理士
現　(公社)日本技術士会化学部門　化学物質管理研究会　会長
　(一社)化学物質管理士協会　代表理事

これからの化学物質管理

広がりゆく化学物質管理の裾野

一般社団法人 化学物質管理士協会　編

2020年9月29日　初版1刷発行

発行者　織田島　修
発行所　化学工業日報社
〒103-8485　東京都中央区日本橋浜町3-16-8
電話　03(3663)7935(編集)
　　　03(3663)7932(販売)
振替　00190-2-93916
支社　大阪　**支局**　名古屋、シンガポール、上海、バンコク
HPアドレス　https://www.chemicaldaily.co.jp/

印刷・製本：平河工業社
DTP・カバーデザイン：創基

ISBN978-4-87326-726-5　C3043